石油工业技术监督丛书 10

天然气流量计量

《天然气流量计量》编写组 编

石油工业出版社

内 容 提 要

本书对天然气流量计量的各方面进行了广泛介绍，内容涉及流量计量基础知识、流量测量方法及流量计等方面的原理、参数、技术、标准、管理和法规等。特别是对我国目前使用最广的孔板流量计标准、设计安装、使用管理等各有关方面的技术知识进行了较为详细的阐述。

本书可作为天然气流量测量工程人员和管理人员的工具书之一，也可供高等院校相关专业师生参考。

图书在版编目(CIP)数据

天然气流量计量/《天然气流量计量》编写组编.
北京：石油工业出版社，2001.2
ISBN 978-7-5021-3248-4

Ⅰ．天…
Ⅱ．天…
Ⅲ．天然气输送-流量计量
Ⅳ．TE 832.2

中国版本图书馆 CIP 数据核字(2001)第 03256 号

出版发行：石油工业出版社
（北京安定门外安华里2区1号 100011）
网　址：www.petropub.com.cn
编辑部：(010) 64523535　发行部：(010) 64523620
经　　销：全国新华书店
印　　刷：北京中石油彩色印刷有限责任公司排版印刷

2001年2月第1版　2012年8月第3次印刷
850×1168毫米　开本：1/32　印张：12.375
字数：330千字　印数：3501—5500册

定价：40.00元
（如出现印装质量问题，我社发行部负责调换）
版权所有，翻印必究

《石油工业技术监督丛书》编审委员会

顾　问　张永一　李天相　金钟超　史久光
主　任　张兴儒
副主任　金志俊
委　员　（按姓氏笔划为序）
　　　　石国栋　杨　果　张及良　张克勤
　　　　张孝文　张宗愚　张家茂　李儒沛
　　　　李鹤林　周　明　陈赓良　赵宗仁
　　　　郭福民
主　编　金志俊（兼）

《天然气流量计量》编写组

组　长　游明定　黄　和
组　员　游明定　黄　和　郭绪明　何名轩
　　　　唐海萍　文代龙　陈汝培
主　审　周学厚　李士伦
审　定　魏廉敦

序　言

我国石油工业经济的发展,虽然早在北宋科学家沈括(公元1031~1095年)所著《梦溪笔谈》中第一次提出"石油"这个名称时就已启动了,但历经近千年后,在石油工业已进入了现代化的社会主义市场经济条件下,其技术监督工作也已作为建立和完善现代企业制度的重要基础工作之一,成为我国石油工业在国内、外市场竞争中宏观调控和规范市场的有效手段。作为石油工业技术监督工作主要内容的质量管理与质量监督、标准化、计量工作,多年来在我国石油、天然气和石油化工企业的发展中,起到了十分重要的作用,新中国成立以来,石油工业质量、标准化、计量工作在50年的迅速发展中,已取得了显著成效,为提高石油企业的经济效益起到了巨大的推动作用,石油工业技术监督专业管理队伍已基本形成,产品质量和计量技术检测人员的素质也有了明显提高。

为了进一步提高我国石油、石化工业质量管理、标准化、计量管理人员和技术机构的业务水平、技术监督法制意识,以保证国家《计量法》、《标准化法》、《产品质量法》在石油和石化工业系统的认真贯彻实施,并为广大石油工业质量管理、质量监督检验、标准化、计量工作者提供一套系列参考书和培训教材。中国石油天然气集团公司(原"中国石油天然气总公司")质量、标准化、计量主管部门组织有关专家和技术监督管理工作者,总结了石油工业生产和建设多年来质量、标准化、计量现场工作经验,并从其理论上作了较系统的整理,编写了《石油工业技术监督丛书》。

这套《丛书》在编写过程中,坚持遵循法规性、科学性、专业性、实用性的原则。其内容包括了石油天然气工业质量管理、质量监督检验、质量认证;石油工业标准化及其发展;石油工业计量管理工作和计量技术检测工作;还适当介绍了石油工业系统贯彻实施国家《计量法》、《标准化法》和《产品质量法》的情况。《丛书》第一次较系统地整理了新中国成立50年来，我国石油天然气工业质量管理与质量监督检验、标准化、计量管理和技术检测的发展历史，力求在叙述石油工业企业贯彻实施国家技术监督"三法"情况的同时，努力体现石油天然气工业和企业在技术监督工作方面的特色。

本套《丛书》的编写者，都是多年从事石油天然气工业质量管理与质量检验、标准化管理与标准制修订、计量管理与计量检测的工作者。大多数作者具有丰富的生产实践和技术监督管理经验，且具有一定的质量、标准化、计量方面的理论基础。为保证《丛书》的质量，还特邀部分技术专家和管理工作者组成编审委员会对《丛书》进行了审查把关。《丛书》的编写和审定得到了原石油工业部副部长、原中国石油天然气总公司副总经理李天相同志和原中国石油天然气总公司副总经理、原国家原油大流量计量检定站站长金钟超同志的关心和具体指导。还得到了国家原油大流量计量检定站、中国石油天然气集团公司石油工业标准化研究所、中国石油天然气集团公司原油及石油产品质量监督检验中心、四川石油管理局天然气研究院、中国石油天然气集团公司工程技术研究院、中国石油天然气集团公司江汉机械研究所、中国石油天然气集团公司石油管材研究所等单位的大力支持。在此，仅表示衷心地感谢。

本套《丛书》，计划由石油工业出版社出版共十二分册，由于时间的推移和工作机构的变化，《丛书》后部的各分册名称和内容，在原计划基础上作了部分调整。我们盼望这套《丛书》能系统地反映我国石油天然气工业现阶段质量工作、标准化工作、计量工作的特色，为推动石油天然气工业技术监督工作起到应有的推动作用。

由于本套《丛书》所涉及的技术专业面较广，编写人员较多，编写时间又不集中，出版时间较分散，书中存在的问题和缺点在所难免，热忱欢迎广大读者提出批评和指正。

金志俊

2000年3月20日

专家的话

天然气既是清洁能源和优质化工原料,又具有开采、输送方便等有利因素,更有雄厚的资源潜力,近数十年间产、销量不断增涨,据有关专家预测,到 2015 年世界天然气产量将超过石油,并在总能源结构中代替石油跃居首位,从能源的角度看,21 世纪将被视为"天然气的世纪"。我国是最早开采、利用天然气的国家,天然气资源丰富,虽然现代天然气工业起步较晚,但在已经到来的21世纪其前景也必将和世界发展的趋势一致。

由于天然气是多组分混合气体,其组分及温度、压力等条件的变化,将引起有关流量计量计算参数的变化,使流量计量问题变得比较复杂,从 20 世纪 20 年代起,一些工业先进国家即已开始对天然气流量计量开展研究工作,至今从未间断。近数十年间随着跨国管网的逐步形成,液化天然气海上运输事业的不断发展,天然气已成为贸易量很大的国际商品,其流量计量方法的标准化问题更显突出,为此国际标准化组织(ISO)和美国燃气协会(AGA)等机构通过不断地协调、磋商和进行大量的试验研究工作,企图使各国天然气流量计量标准能够逐渐一致。为了加速和国际接轨的进程,1993 年我国等效采用了国际标准化组织所颁《用差压装置测流量 第一部:安装在充满流体的圆形管道中的孔板、喷嘴、文丘里管》标准(ISO 5167—1)作为我国流体测量通用标准,即 GB/T 2624—93,1996 年中国石油天然气总公司又根据天然气流量计量特点,以 GB/T 2624—93 标准为依据,结合我国国情,参照美国 AGA NO.3 报告及 PAR NX—19 关于天然气有关物性参数的计算方法,制定了用以规范我国天然气流量计量的行业标准《天然气流量的标准孔板计量方法》,即 SY/T 6143—1996。但是要提高天然气流量计量工作的水平,除了需要一本严谨、合理、可操作性强的标准外,还要有一大批具有较高素质,能够严格掌握标准,贯彻执行标准的管理和操作人员,为此,原中国石油天然气总公司责成四川石油管理局组织专家编写《天然气流量计量》一书作为天然气流量计量工作者的继续培训教材。参加本书编写工作的游明定、黄和等同志都是长期从事天然气流量计量管理及研究设计工作有着丰富实践经验和较高理论水平的专家。本书内容着重于当前我国天然气流量计量工作仍占主导地位的差压式标准孔板计量方法,并从理论基础、应用技术到实践经验诸方面进行了比较详尽的阐述,也适当介绍了其他计量方法,是一本很有价值的培训教材。相信本书的出版发行,将有助于我国天然气流量计量工作水平的进一步提高,促进天然气工业的不断发展。

周学厚

1999 年 8 月 3 日

前　言

　　天然气流量计量是一门综合性的学科,涉及面广,影响因素多。为使从事天然气计量的人员,对天然气计量有较全面的认识,本书试图从理论基础知识、实践应用技术、计量管理到标准化等诸方面对天然气计量进行阐述。

　　编写本书以我国近40年来天然气流量计量的实践经验为主,详细阐述了孔板流量计在天然气流量测量中的运用技术。在参考美国API气体和液体计量教材的基础上,介绍了近十多年来在天然气流量计量领域里引用的其他类型流量计。本书是石油工业技术监督丛书的一个分册,也是一本培训天然气流量计量人员较全面且重要的教材,并且是天然气流量计量人员必读之物,本书可作为高等院校相关知识教育的参考资料。

　　由于编者的学识所限,书中不当之处尚请专家们指正,编者由衷希望有更好的专著出版,为天然气计量专业提供更多、更实用的参考书。

　　本书第一章、第二章、第三章由四川石油管理局勘察设计研究院游明定高级工程师编写,第四章由何名轩高级工程师编写,第五章由黄和高级工程师编写,第六章由唐海萍、文代龙高级工程师编写,第七章、第八章由郭绪明高级工程师编写,由陈汝培整理附录。

　　本书由四川石油管理局教授级高工周学厚、西南石油学院教授李士伦和原中国石油天然气总公司技术监督局副局长、教授级高工金志俊主审,由四川石油设计院教授级高工魏廉敦审定。杨果、黄飞、郑琦、王学文、潘兆伯、李金国、唐蒙等给予了大力支持,并提供了许多宝贵意见,经过多次修改而成,在此谨向给予本书大力支持的所有专家和同仁表示诚挚的谢意。

编　者
1999年10月

目 录

第一章 天然气流量计量基础知识 …………………………………… (1)
  第一节 概述 …………………………………………………………… (1)
  第二节 天然气理化性质 ……………………………………………… (2)
  第三节 气体力学基础知识 …………………………………………… (10)
  第四节 天然气计量的常用计量单位 ………………………………… (28)

第二章 天然气的流量测量 …………………………………………… (36)
  第一节 概述 …………………………………………………………… (36)
  第二节 天然气流量测量常用的流体参数 …………………………… (43)
  第三节 天然气流量测量方法及流量计 ……………………………… (65)
  第四节 流量计选型原则 ……………………………………………… (76)
  第五节 天然气流量测量系统 ………………………………………… (84)
  第六节 流量计量标准化发展简介 …………………………………… (90)

第三章 天然气用孔板流量计 ………………………………………… (102)
  第一节 孔板流量计的标准化 ………………………………………… (102)
  第二节 孔板流量计的组成和安装 …………………………………… (112)
  第三节 孔板流量计的流量计算 ……………………………………… (142)
  第四节 孔板流量计的选型及测量系统设计 ………………………… (197)
  第五节 用好孔板流量计确保流量计量的准确度 …………………… (236)

第四章 天然气用其他流量计 ………………………………………… (262)
  第一节 气体涡轮流量计 ……………………………………………… (262)
  第二节 气体超声波流量计 …………………………………………… (271)
  第三节 气体涡街流量计 ……………………………………………… (277)
  第四节 气体旋进旋涡流量计 ………………………………………… (281)
  第五节 气体腰轮流量计 ……………………………………………… (284)
  第六节 临界流流量计 ………………………………………………… (287)

第五章 天然气质量流量测量与能量流量计量 ……………………… (296)
  第一节 概述 …………………………………………………………… (296)
  第二节 间接式质量流量计 …………………………………………… (298)
  第三节 直接式质量流量计 …………………………………………… (300)

第四节　天然气能量流量计量 …………………………………… (304)
第六章　天然气流量计量用辅助测量设备 …………………………… (322)
　　第一节　天然气取样 ………………………………………………… (322)
　　第二节　露点仪或水分分析仪 ……………………………………… (326)
　　第三节　密度计或相对密度计 ……………………………………… (335)
　　第四节　硫化氢分析仪 ……………………………………………… (340)
　　第五节　气相色谱仪 ………………………………………………… (344)
第七章　天然气流量计量系统不确定评估与校准 …………………… (349)
　　第一节　天然气流量测量不确定度的评估 ………………………… (349)
　　第二节　天然气流量测量系统的检定与实流校准 ………………… (358)
第八章　天然气计量管理 ……………………………………………… (363)
　　第一节　概述 ………………………………………………………… (363)
　　第二节　天然气计量体系的建立 …………………………………… (365)
　　第三节　计量器具的管理 …………………………………………… (368)
　　第四节　计量资料的管理 …………………………………………… (370)
　　第五节　防止非计量漏失 …………………………………………… (374)
附录 ……………………………………………………………………… (377)
参考文献 ………………………………………………………………… (382)

第一章 天然气流量计量基础知识

第一节 概 述

我国是世界上发现和利用天然气最早的国家。大约3000年前就能钻达600多米深的井,从地层中采出天然气,采用竹筒制作的"笕"输送并用来熬盐。据有关文献介绍,日本在公元615年才钻得天然气井。美国和西欧对天然气的开采起步较晚,但输送和利用发展得特别快。我国由于长期封建统治,阻碍了生产力的发展,在3000多年的岁月里,天然气开采与利用仍然十分落后,新中国成立后,才逐步发展起来。1958年建设成我国第一条天然气输送管道,从四川永川县的黄瓜山气田至永川化工厂,输送作为化工原料用的天然气,全长为20km,管径为426mm,开创了我国向城市供气的历史,从此才开始有了我国天然气的贸易计量。

天然气是一种优质的燃料和化工原料。作为燃料,由于它燃烧完全,单位发热量大,燃烧后产物对环境污染小,因而深受人们青睐。作为化工原料,由于它洁净、质优、成本低,可用它生产种类众多的精细化工产品和高附加值产品,也深受人们欢迎。天然气在世界能源结构中所占比例正在不断上升。据统计,1970年为17.7%,1980年为18.8%,1990年为21.5%,预计2000年为22.3%,2010年为24.3%。根据有关专家对我国20世纪90年代和20世纪末的预测,天然气在一次能源(自然界中存在的天然能源)结构中所占的比例将由1992年的2%上升到2000年的2.65%,在今后的15年中将成为我国主导能源之一。

由于天然气的价值高,其价格也不断上涨。世界各国自从第二次世界大战以来每立方米天然气的井口价格由几角增至将近两元,在不久的将来预计会更高。我国在改革开放前每立方米天然气的井口价格仅 0.03 元,到目前已增至约 0.60 元。随着人民生活水平的不断提高和对环境保护要求日益严格,作为工业用和民用燃料用气量将越来越大,天然气工业会更加蓬勃发展,在一次能源结构中所占比例会越来越大,价格也会越来越高。在这种情况下,天然气计量的重要性显著增加了,计量的准确度要求也将大大地提高。

在市场经济的今天,天然气计量与合理利用是一个与供需双方经济效益密切相关的问题,因而重视计量和准确计量,按计量法规办事,是企业生产技术管理水平的一项基本工作。

天然气为一种自然界存在的,有高度压缩性、高度膨胀性、密度较低的以碳氢化合物为主的混合气体。天然气来自地表深处的岩缝中。天然气中最主要的成分是甲烷,甲烷是最轻的一种碳氢化合物。而不同构造中的天然气组分略有不同。通常,天然气也含有其他的碳氢化合物,如乙烷、丙烷等。天然气也可含有少许非碳氢化合物气体,如氦、氮和二氧化碳等,是一种易燃气体。

第二节 天然气理化性质

碳和氢的化合物称为碳氢化合物,它们可以以多种形式化合成烷烃类 C_nH_{2n+2},烯烃类 C_nH_{2n} 和炔烃类 C_nH_{2n-2},同分异构物(同分子式不同结构)也较多,常将它们统称为烃类化合物。

甲烷是天然气中的主要成分,亦是碳氢化合物家庭中最轻的成员,它的分子式为 CH_4。天然气中其他重要的碳氢化合物是乙烷(C_2H_6)、丙烷(C_3H_8)、丁烷(C_4H_{10})、戊烷(C_5H_{12})和己烷(C_6H_{14})。图 1-1 表示出一些碳氢化合物的结构。除碳氢化合物外,天然气还可含有二氧化碳(CO_2)、氮(N_2)、硫化氢(H_2S)、水蒸气(H_2O)和氧(O_2)等。

化合物的分子量是该化合物中原子量的算术和。甲烷的相对分子质量为 16.043,因为甲烷中有一个碳原子(相对原子质量

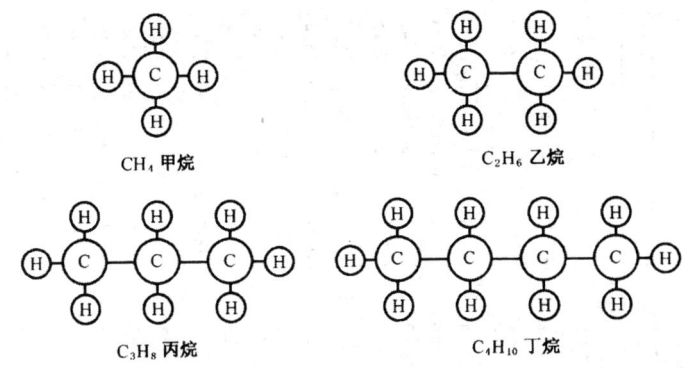

图 1-1 四种碳氢化合物燃料的分子结构

12.011)和 4 个氢原子(每个氢原子的相对原子质量为 1.0079),所以甲烷的相对分子质量就等于 12.011+4.0316,即 16.043。

天然气中也常含有其他几种轻烃化合物以及其他一些非碳氢化合物气体成分,如空气、水汽和氧气等。天然气中常见气体的分子式、相对分子质量和物理常数列于表 1-1 中供查阅。

相对分子质量是表示一种物质的量和摩尔密度。而相对密度是一定体积的气体密度与同等体积的干空气密度之比值。空气的相对密度视为 1.000。从表 1-1 中可查到甲烷的理想相对密度为 0.5539,大约是空气密度的一半。因为甲烷比空气轻,在空气中很容易向周围上方扩散。

既然天然气常常作为一种燃料供使用,那么有些时候计量它的发热量是十分必要的。计量热的单位我国计量法规定用焦耳(J)。从表 1-1 中,$1m^3$ 甲烷在 101.325kPa,293.15K 条件下理想高位发热量为 33.356MJ,也就是说当燃烧 $1m^3$ 甲烷时,它能释放出约 33.356MJ 的热能。

天然气中还含有其他的轻烃化合物,除甲烷用作燃料外,这些轻烃化合物也可用作燃料使用,并且有着比甲烷高的发热量值。例如,乙烷 C_2H_6,相对密度是 1.0382,理想高位发热量是 59.362 MJ/m^3;丙烷 C_3H_8,相对密度是 1.5224,它在空气中往下沉,且消散较慢,其发热量是 94.978MJ/m^3;丁烷 C_4H_{10},相对密度是

表1-1 天然气中常见气体组分纯气理化常数表

项目号	1	2	3	4	5	6	7	8		9	10
								理想定压热容和比热容 (101.325kPa 288.15K)			
序号	组分	分子式	相对分子质量 G_i	理想密度 ρ_i, kg/m³ (101.325kPa 293.15K)	理想相对密度 G_i	求和因子 $\sqrt{b^*}$ (101.325kPa 293.15K)	压缩因子 Z^* (101.325kPa 293.15K)	比定压热容 c_p kJ/(kg·K)	热容比 c_p/c_v $(\kappa_i)^{***}$	气体粘度 μ^{**} mPa·s (101.325kPa 288.15K)	Pitier 偏心因子 ω
1	甲烷	CH_4	16.043	0.6669	0.5539	0.0424	0.9982	2.204	1.315	0.01078	0.0126
2	乙烷	C_2H_6	30.070	1.2500	1.0382	0.0900	0.9919	1.706	1.180	0.00901	0.0978
3	丙烷	C_3H_8	44.097	1.8332	1.5224	0.1349	0.9818	1.625	1.130	0.00788	0.1541
4	丁烷	C_4H_{10}	58.124	2.4163	2.0067	0.1844	0.9660	1.652	1.100	0.00732	0.2015
5	2-甲基丙烷	C_4H_{10}	58.124	2.4163	2.0067	0.1792	0.9679	1.616	1.110	0.00724	0.1840
6	戊烷	C_5H_{12}	72.151	2.9994	2.4910	0.2293	0.9474	1.622	1.070	—	0.2524
7	2-甲基丁烷	C_5H_{12}	72.151	2.9994	2.4910	0.2045	0.9528	1.600	1.076	—	0.2286
8	2,2-二甲基丙烷	C_5H_{12}	72.151	2.9994	2.4910	0.1992	0.9603	1.624	1.076	—	0.1967
9	己烷	C_6H_{14}	86.178	3.5825	2.9753	0.2877	0.9172	1.613	1.062	—	0.2998
10	2-甲基戊烷	C_6H_{14}	86.178	3.5825	2.9753	0.2740	0.9249	1.602	1.065	—	0.2784
11	3-甲基戊烷	C_6H_{14}	86.178	3.5825	2.9753	0.2748	0.9245	1.578	1.065	—	0.2741
12	2,2-二甲基丁烷	C_6H_{14}	86.178	3.5825	2.9753	0.2551	0.9349	1.593	1.065	—	0.2333
13	2,3-二甲基丁烷	C_6H_{14}	86.178	3.5825	2.9753	0.2661	0.9292	1.586	1.052	—	0.2475
14	庚烷	C_7H_{16}	100.205	4.1656	3.4596	0.3538	0.8748	1.606	1.054	—	0.3494
15	2-甲基己烷	C_7H_{16}	100.205	4.1656	3.4596	0.3369	0.8865	1.595	1.054	—	0.3303
16	3-甲基己烷	C_7H_{16}	100.205	4.1656	3.4596	0.3367	0.8866	1.581	1.054	—	0.3239

续表

项目										10
序号	1	2	3	4	5	6	7	8	9	Pitier 偏心因子 ω
	组 分	分子式	相对分子质量	理想密度 ρ_i, kg/m³ (101.325kPa 293.15K)	理想相对密度 G_i	求和因子 $\sqrt{b^*}$ (101.325kPa 293.15K)	压缩因子 Z^* (101.325kPa 293.15K)	理想定压热容和比热容 (101.325kPa 288.15K)	气体粘度 μ^{**} mPa·s (101.325kPa 288.15K)	
								比定压热容 c_p kJ/(kg·K)	热容比 c_p/c_v $(\kappa_i)^{***}$	
17	辛烷	C₈H₁₈	114.232	4.7488	3.9439	0.4309	0.8143	1.601	1.046	—	0.3981
18	2,2,4-三甲基戊烷	C₈H₁₈	114.232	4.7488	3.9439	0.3594	0.8708	1.599	1.046	—	0.3041
19	环己烷	C₆H₁₂	84.162	3.4987	2.9057	0.2762	0.9237	1.211	1.080	—	0.2098
20	甲基环己烷	C₇H₁₄	98.189	4.0818	3.3900	0.3323	0.8896	1.324	1.068	—	0.2364
21	苯	C₆H₆	78.114	3.2473	2.6969	0.2596	0.9326	1.014	1.080	—	0.2095
22	甲苯	C₇H₈	92.141	3.8304	3.1812	0.3298	0.8912	1.085	1.060	—	0.2633
23	氢气	H₂	2.016	0.0838	0.0696	—	1.0006	14.24	1.412	0.00871	—
24	一氧化碳	CO	28.010	1.1644	0.9671	0.0200	0.9996	1.040	1.395	0.01725	0.0442
25	硫化氢	H₂S	34.076	1.4166	1.1765	0.0943	0.9911	0.996	1.320	0.01240	0.0920
26	氦气	He	4.003	0.1664	0.1382	−0.016	1.0005	5.192	1.660	0.01927	—
27	氩气	Ar	39.948	1.6607	1.3792	0.0265	0.9993	4.994	1.668	0.02201	—
28	氮气	N₂	28.013	1.1646	0.9672	0.0173	0.9997	1.040	1.400	0.01735	0.0372
29	氧气	O₂	31.999	1.3302	1.1048	0.0265	0.9993	0.9166	1.397	0.02006	0.0200
30	二氧化碳	CO₂	44.010	1.8296	1.5195	0.0595	0.9946	0.833	1.295	0.01439	0.2548
31	水(气态)	H₂O	18.015	0.7489	0.6220	0.167	0.972	1.862	1.335	—	0.3434
32	空气	N₂+O₂+⋯	28.964	1.2041	1.0000	—	0.99963	1.005	1.400	0.01790	—

续表

项号	序号	10 组分	11 临界常数 压力 p_c, kPa	11 温度 T_c, K	11 容积 V_c, m³/kg	12 沸点 t, ℃ (101.325 kPa)	13 理想发热量, kJ/Pa· (101.325kPa, 293.15K) 高位 H_{is}	13 低位 H_{id}	14 蒸发热 H_2, kJ/kg (101.325 沸点温度)	15 燃烧理想气体需要空气量 (空气/气体), m³/m³	16 气体和空气混合燃烧时极限体积,% 高限	16 低限
1	1	甲烷	4604	190.55	0.00617	-161.52	37033	33356	509.86	9.54	15.0	5.0
2	2	乙烷	4880	305.43	0.00492	-88.58	64877	59362	489.36	16.70	13.0	2.9
3	3	丙烷	4249	369.82	0.00460	-42.07	92331	84978	425.73	23.86	9.5	2.1
4	4	丁烷	3797	425.16	0.00439	-0.49	119655	110463	385.26	31.02	8.4	1.8
5	5	2-甲基丙烷	3648	408.13	0.00452	-11.81	119307	110116	366.40	31.02	8.4	1.8
6	6	戊烷	3369	469.60	0.00421	36.06	147063	136034	357.22	38.18	8.3	1.4
7	7	2-甲基丁烷	3381	460.39	0.00424	27.84	146729	135700	342.20	38.18	8.3	1.4
8	8	2,2-二甲基丙烷	3199	433.75	0.00420	9.50	146250	135221	315.34	38.18	8.3	1.4
9	9	己烷	3012	507.40	0.00429	68.74	174459	161589	334.81	45.34	7.7	1.2
10	10	2-甲基戊烷	3010	497.45	0.00426	60.26	174137	161268	322.52	45.34	7.7	1.2
11	11	3-甲基戊烷	3124	504.40	0.00426	63.27	174247	161378	325.82	45.34	7.7	1.2
12	12	2,2-二甲基丁烷	3081	488.73	0.00417	49.73	173751	160882	305.24	45.34	7.7	1.2
13	13	2,3-二甲基丁烷	3127	499.93	0.00415	57.98	174087	161218	316.50	45.34	7.7	1.2
14	14	庚烷	2736	540.20	0.00431	98.42	201849	187141	316.33	52.50	7.0	1.0
15	15	2-甲基己烷	2734	530.31	0.00420	90.05	201555	186848	306.06	52.50	7.0	1.0
16	16	3-甲基己烷	2814	535.19	0.00403	91.85	201697	186989	307.27	52.50	7.0	1.0

续表

项号	10	11			12	13		14	15	16	
		临界常数			沸点 t,℃ (101.325 kPa)	理想发热量,kJ/m³ (101.325 kPa*, 293.15K)		蒸发热 H_2,kJ/kg (101.325 kPa 沸点温度)	燃烧理想气体需要空气量, (空气/气体) m³/m³	气体和空气混合时燃烧极限体积,%	
		压力 p_c, kPa	温度 T_c, K	容积 V_c, m³/kg		高位 H_{is}	低位 H_{id}			高限	低限
序号	组分										
17	辛烷	2486	568.76	0.00431	125.67	229219	212673	301.26	59.65	—	0.96
18	2,2,4-三甲基戊烷	2568	543.89	0.00410	99.24	228588	212041	271.44	59.65	—	1.0
19	环己烷	4074	553.50	0.00368	80.73	164393	153364	355.95	42.95	7.8	1.3
20	甲基环己烷	3472	572.12	0.00375	100.93	191329	178461	317.03	50.11	—	1.2
21	苯	4898	562.16	0.00328	80.09	137280	131765	393.32	35.79	7.9	1.3
22	甲苯	4106	591.80	0.00343	110.63	164163	156809	360.14	42.95	7.1	1.2
23	氢气	1297	33.20	0.03224	-252.87	11889	10051	450.40	2.39	74.2	4.0
24	一氧化碳	3499	132.92	0.00332	-191.49	11763	11763	215.70	2.39	74.2	12.5
25	硫化氢	9005	373.50	0.00287	-60.31	23393	21555	548.01	7.16	45.5	4.3
26	氦气	227.5	5.2	0.01436	-268.93	—	—	—	—	—	—
27	氩气	4876	150.82	0.00187	-185.83	—	—	—	—	—	—
28	氮气	3399	126.10	0.00322	-195.80	—	—	204.00	—	—	—
29	氧气	5081	154.70	0.00229	-182.96	—	—	213.00	—	—	—
30	二氧化碳	7382	304.19	0.00214	-78.51	—	—	573.27	—	—	—
31	水(气态)	22118	647.30	0.00318	100.00	—	—	2257.00	—	—	—
32	空气	3771	132.40	0.00323	-194.20	—	—	214.00	—	—	—

2.0067，发热量是 110.463MJ/m³。应当特别注意，1m³ 丁烷产生的热量是 1m³ 甲烷产生热量的 3 倍多，1m³ 丙烷产生的热量是 1m³ 甲烷产生热量的两倍多。丙烷和丁烷视作液化石油气（LPG），当对这些气体施压，它们就有液化趋势，当将它们释放于大气中，液化石油气又再变成气体。

在天然气计量中，通常并不写碳氢化合物的正规分子式，而以标准碳原子个数为代表。例如，甲烷 CH_4 通常缩写成 C_1，相应的乙烷 C_2H_6 缩写成 C_2，丙烷 C_3H_8 缩写成 C_3，丁烷 C_4H_{10} 缩写 nC_4（异构物缩写为 iC_4）等。

表 1-1 说明：

（1）该表数据在右上角注"＊"项引用 GB/T 11062；注"＊＊"项引用 AGA NO3 报告；注"＊＊＊"项引用米勒著《流量测量工程手册》；其余引用气体加工工程数据手册。干空气标准组分与 GB/T 11062 同：以摩尔分数表示 N_2 为 0.7809，O_2 为 0.2095，Ar 为 0.0093，CO_2 为 0.0003。

（2）组分为天然气中常见的若干种气体，它可以含有几种或十几种或全有，并且还可能含有未列出的气体组分。在这种情况下需查询另外的资料才能获得，因为各地天然气含量不一样，该表列出为纯气组分时的理化常数。

（3）分子式是表示气体一个分子中所含一种或几种元素的原子数目的表达式。

（4）相对分子质量 M 是以下面这些相对原子质量为基础的：C=12.011；H=1.008；O=15.995；N=14.0067；S=32.06。

（5）理想密度 ρ_i 是该气体服从理想气体定律的情况下单位体积的质量，单位 kg/m^3。

（6）理想相对密度 G_i 是该气体与干空气理想密度之比，亦即相对分子质量之比值。

（7）求和因子是用以求出天然气压缩因子的参数。

（8）压缩因子是因为各种气体属于真实气体，它会偏离理想气体定律,数值大小说明偏离的程度,按 $Z=\dfrac{pV}{RT}$ 计算。R 称为气体通用常数,其值为 8.31448J/(mol·K)。

(9)理想气体的比定压热容是气体加工工程数据手册根据参考文献中所列的定压摩尔热容计算的。摩尔热容用分子分配函数进行计算,其值与压力无关。热容比从米勒著《流量测量工程手册上》查得,在相同的状态条件下,同一组分的气体其热容比应是相同的 $\kappa_i = C_p/C_V$。

(10)气体粘度由 AGA NO_3 报告中查得天然气中几种主要组分的气体粘度,供查阅。

(11)偏心因子 w 是用来计算复杂混合物同简单流体的偏差,它是按下列公式计算的:

$$w = -\lg(\dfrac{p}{p_c}) - 1$$

(12)临界常数:临界压力为气体临界状态所具有的压力,一般用符号 p_c 表示(Pa);临界温度为气体处于临界状态所具有的温度,一般用符号 T_c 表示(K),临界容积是气体物质在临界状态时变成液体物质单位质量所占有的最大容积,一般用符号 V_c(m³/kg)。这三者统称临界常数。

(13)沸点是气体在 101.325kPa(绝)压力条件下,气、液处于平衡状态下的温度点(℃);

(14)理想发热量是不考虑气体压缩因子,在规定的压力温度条件下与空气完全燃烧单位气体产生的发热量(kJ/m³)。高位理想发热量 H_{is} 为与空气完全燃烧生成的水在规定压力、温度条件下,始终保持液相的单位气体所释放的发热量(kJ/m³);低位发热量 H_{id} 为与空气完全燃烧生成的水在规定压力、温度条件下始终保持气相,单位气体所释放的发热量(kJ/m³)。

(15)蒸发热等于在 101.325kPa 压力和沸点温度下,饱和蒸气的焓减去相同条件下液体的焓。焓是内能和压力位能的总和。

(16)燃烧理想气体所需要的空气量可通过燃烧反应式计算而得。

（17）气体和空气混合的燃烧极限是当空气中含有该项中低限至高限范围内的体积百分含量气体时即着火燃烧，密闭容器会发生爆炸。

第三节　气体力学基础知识

一、气体分子的运动

在地球的大气中，氮气和氧气是大气最基本的气体。在273.15K温度和101.325kPa压力参比状态条件下，1cm³空气含有约260亿个分子。

在任何情况下，虽然1cm³体积中包含了大量的分子，但每一个分子周围仍然拥有很大的空间。在压力较低时，分子周围的空间尺寸比分子本身体积所占的空间大得多，因此，相比之下，分子所占的那点空间是可以忽略不计的。气体分子本身是不可以被压缩的。气体被压缩，实际上是减少分子周围空间体积，缩小了分子与分子之间的距离。

气体分子是处在剧烈的运动中，分子是作直线运动，在与其他分子碰撞或在撞击四壁时方改变方向。所有的碰撞都是弹性碰撞，故没有能量损失。

二、分子运动所引起的压力

气体施加的压力取决于气体分子对盛装这种气体的容器器壁碰撞强烈程度和碰撞频率。容器中的分子数目越少，分子碰撞器壁的次数也越少，因而，气体施加的压力就越低。

在理想状况下，一定数量分子之间的碰撞次数和这些分子施加的压力是正比关系。为升高压力，在容器体积不变的情况下，分子数量就必须增加，例如一段管线，若分子数量不变，需要把容器的空间减小，就像一个往复运动引擎的活塞那样压缩空间。如欲降低容器中的压力，必须减少分子的数量，或者在分子数量不变的情况下，增加容器的空间。

在理想状况下，气体施加的压力是气体的动力压力或理想压力。实际压力是动压力和一个小得多的称作动态压力的和。动态压力是两个分力之和:一个力是由分子的吸引力引起的,而另一个力是由相同分子间的斥力引起的。这些关系可用下面的公式表示出来:

$$p = p_k + p_b \quad (1-1)$$

$$p_b = p_d + p_r \quad (1-2)$$

$$p = p_k + p_d + p_r \quad (1-3)$$

式中 p——分子施加的实际压力;
p_k——理想压力或动压力;
p_b——动态压力;
p_d——分子之间的吸引力;
p_r——分子之间的排斥力。

分子之间的吸引力 p_d 削弱由分子碰撞容器器壁而产生的动压力 p_k,降低了分子的运动速度,从而减小了分子对容器壁的冲击力,因此略微减少了分子施加的压力。容器中分子数量越多,分子彼此间应越靠越近,分子间的吸引力也越大。既然分子间的吸引力对动压力来说,是一个负效应,那么随着压力升高,这个反力也越大。为了维持一个既定的实际压力,应需要在容器中有比在理想状况下更多的分子数量。

分子之间的排斥力 p_r 的表现与吸引力相反。当容器中气体分子数量增加时,气体的压力也随之升高,分子的运动也彼此靠近。其结果是,分子运动的空间大大地缩小了,在很高的压力时,分子与分子靠得非常紧,开始威胁到彼此的空间。因为分子不得不被迫维持住其外部空间,以便不被其他分子占有,于是分子就施加一个排斥力,排斥力使得动态压力或称偏移压力增大。

随着进入容器密闭空间中分子数目的增多,压力亦随之增加,分子间排斥力也随之抵消分子间吸引造成的作用,负作用降低了。当压力增加,将会达到某一点,在这个点上,分子之间的排斥力等于分子之间的吸引力,在此情况下,分子施加的实际压力应等于动压力或称理想压力。大于这个压力,排斥力超过了吸引力。这时,排斥力造成的影响就增加了。综合力的影响可以用超压缩性与压力的曲线关系来表示(图1-2)。

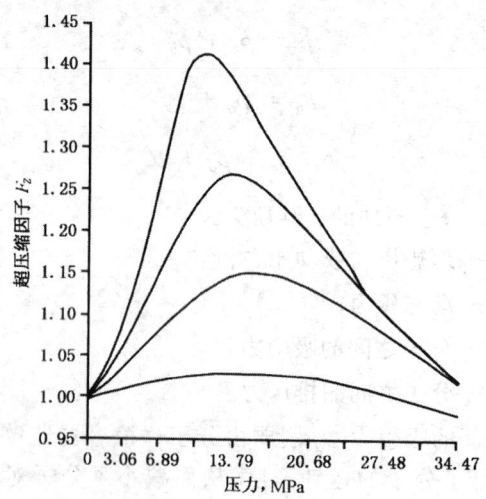

图1-2 相对密度为0.6的纯碳氢化合物气体的超压缩因子F_Z,在4个温度下,与压力的关系

当计量天然气时,实际压力、动态压力和动压力是必须研究的3种压力。在现场的人也会知道观察压力、表压、大气压和绝压。图1-3是由这些压力制成的一个图。由图可见,观察压力(或绝对压力)是大气压和表压相加的一个结果。表压是安装在盛装或流动流体的容器或管线上的仪表测得的压力。大气压是施加在容器或管线上的压力,大气压随测压地点和海拔高度而变化,海拔越高,大气压越低。在图1-3中,真空度是低于大气压的一个压力。

三、温度的影响

温度也影响气体分子的行为,例如,温度越高,气体分子运动就越快。分子运动加快就引起分子间的碰撞增多和分子对容器壁的碰撞也增多,即使容器的体积没改变,压力会随着温度升高而升

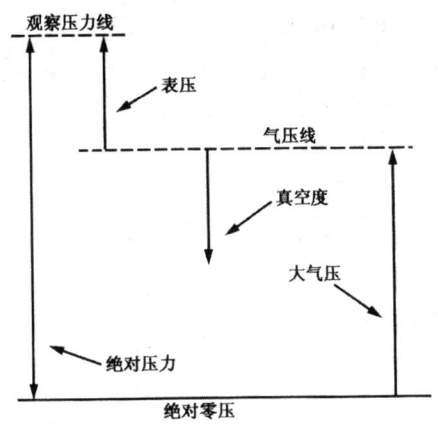

图 1-3 压力类别

高。温度越低,分子运动就越慢,结果是分子之间的碰撞和分子对容器壁的碰撞就少一些。在容积不变的情况下,压力随温度增加而增加。

当温度增加,为了维持密闭空间的压力不变,就必须释放一些气体分子。同样,当温度降低,为了维持压力不变,就必须向密闭空间中增加气体分子。由图 1-2 可见,在较高温度时,压缩性因子的变化不如较低温度时变得那么快,因为在高温下,分子运动较快,分子间的吸引力变小了;相反,温度越低,对偏离作用的影响就越大。

图 1-4 画出了用以表示流体温度的两种温标。我国计量法规定,温度测量单位使用摄氏温标和开氏温标。在日常生活中使用摄氏温标较多。在流体计量中,也常常用到开氏温标。用摄氏温标表示的温度,称摄氏温度;用开氏温标表示的温度,称热力学温度,也常将它称为绝对温度。

四、气体分子的热能

能是做功的能力。能可以以热能、机械能、电能、化学能或原子能的形式储存在物体中;能也可以从一种形式转换成另一种形式。例如,如果加热一盆水,水储存的热能增加了。如果用天然气

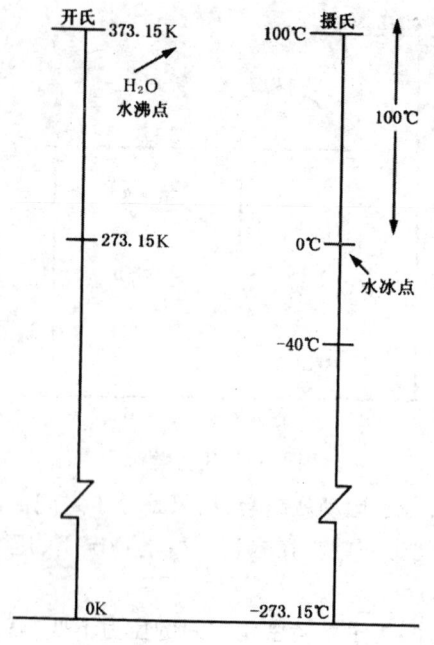

图1-4 温标

的火焰加热一盆水,那么化学能就转变成了热能,可用以下公式来表示:

$$CH_4 + 2O_2 \longrightarrow 2H_2O + CO_2 + 热 \qquad (1-4)$$

公式(1-4)是一个化学式,化学式必须平衡。也就是说,在化学式两边的原子数必须相等。例如公式(1-4)中,在左边有一个碳原子、4个氢原子和4个氧原子,产出一个碳原子、4个氧原子和4个氢原子在右边。公式(1-4)表示,甲烷加上氧,生成水、二氧化碳和热。如果一盆水在电炉上加热,电能就转换成了热能。热能也可以转换为电能。

为了将物质从一种状态改变到另一种状态,例如,将液态变为气态这中间包含了热能。热能可以加入其中,也可被释放出来。要把一种固体变成液体或把液体变成气体,必须进行加热,反之,必须释放热能。要更好地理解这种现象,就应考虑到分子在下面

3种状态中的每一种状态的行为：

(1)气体,在密闭空间中,气态分子是在所有方向上自由、快速运动。

(2)液体,液态分子在液体内自由运动,但在这有限空间的运动并不是不受限制。因为分子之间有一种强的吸引力是表面张力。

(3)固体,固体分子的运动是极受限制的,这种仅分子级距离的运动是很短路程的运动,几乎是在振动。

如前所述,要将固体改变成液体,需要热能。当对固体加热时,分子开始快速振动,随着热能增加,分子运动加快、加大,直到温度达到能打破分子间的边界壁。这个壁的破坏需要有热能储存。欲将液体变成气体,在破坏处于液体表面的、限制分子的屏障之前,需更多的热能,分子方能逃逸表面张力的吸引力,然后在一个受限的空间自由运动。

五、阿伏加德罗定律

阿伏加德罗定律指出,在相同温度和相同压力下,相同体积内所包容的气体分子数目相同。在273.15K、101.325kPa状态条件（一公斤分子）气体的体积为22.4m³,一克分子气体的体积是22.4L。在该状态条件下,任何22.4L的气体所含分子数为6.02204×10^{23},这就是阿伏加德罗数。气体计量是与气体分子数量有关的,因为这是一个天文数字,所以计量单位是用立方米来表示。

六、气体分子直线运动的动能

动力学理论描述了在密闭空间中气体分子的行为。气体分子在快速的运动,它们互相之间进行碰撞,并与容器壁碰撞。科学家们称这种运动为直线运动。就一个分子而言,直线运动的意义是分子的运动。气体分子的质量、速度和直线运动的动能之间存在一定关系,这个关系用下面公式来表示：

$$E_k = \frac{1}{2}mv^2 \qquad (1-5)$$

式中 E_k——直线运动的动能;

m——分子的质量;

v——分子的速度。

在温度和压力不变的情况下,所有的气体分子传递相同的动能。质量大的气体分子以一个比质量小的气体分子慢的速度进行运动。在分子数相同的情况下,质量大的分子和质量小的分子所产生的压力是一样的。虽然质量大一些的分子,因为其分子质量大一些,它对容器壁的冲击力应大一些,但是这些分子比质量小一些的分子运动速度慢,碰撞的机会也少一些;质量小一些的分子,因为其速度快些,碰撞的机会就多一些,只是每次碰撞的冲击力小一些。

七、玻义耳定律

如果在恒温下,压缩一定体积量的气体,那么,气体的体积变小;如果这一气体在同样条件下膨胀,其体积就增大。英国科学家罗伯特·玻义耳研究了这个现象,并发现,在温度不变的情况下,气体的体积变化与压力的变化正好相反。玻义耳发现,如果压力降低,则气体的体积增大;反之,气体体积变小。玻义耳定律可用下面公式来表示:

$$p = k\frac{1}{V} \qquad (1-6)$$

式中 p——气体的绝压;

V——气体的体积;

k——常数。

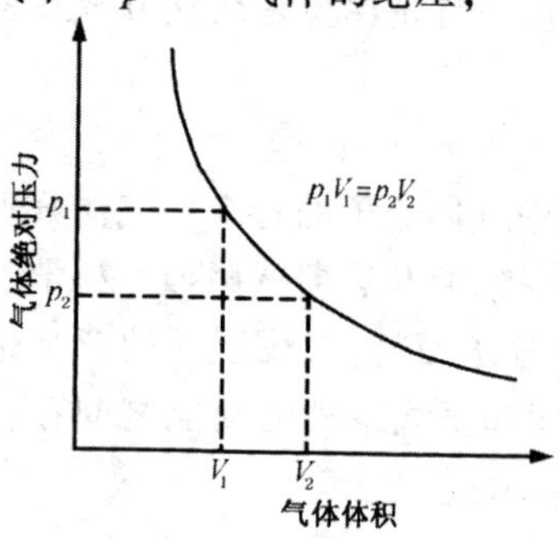

既然在温度不变时,气体的绝对压力和气体体积的乘积是一个常数,那么,如果初始的气体绝对压力和体积是已知的,对这个气体的绝对压力和体积如何变化就可以求出来,见式(1-7)。这个关系可用图1-5表示。

图1-5 玻义耳定律

$$p_1V_1 = k = p_2V_2 \qquad (1-7)$$

或

$$p_1V_1 = p_2V_2$$

式中 p_1——初始绝对压力；

V_1——初始体积；

p_2——变化后的绝对压力；

V_2——变化后的体积。

八、查尔斯定律

玻义耳定律公布后约一百年左右，法国科学家雅克·埃·查尔斯发现了气体体积和气体温度之间的关系。查尔斯定律指出，在恒压下，气体的体积与气体的热力学温度成正比关系。查尔斯定律可用以下公式表示：

$$V = kT \qquad (1-8)$$

或

$$\frac{V}{T} = k$$

式中 V——体积；

T——热力学温度；

k——常数。

既然在恒压下，体积与热力学温度的比值是一个常数，那么，如果初始体积和初始温度值是已知的，就可求出变化后的体积和温度的关系。用下面公式表示这种关系：

$$\frac{V_1}{T_1} = k = \frac{V_2}{T_2} \qquad (1-9)$$

或

$$\frac{V_1}{T_1} = \frac{V_2}{T_2}$$

式中　V_1——初始体积；

　　　T_1——初始热力学温度；

　　　V_2——变化后的体积；

　　　T_2——变化后的热力学温度。

同样，当气体体积不变，如果初始的绝对压力和温度是已知的，就可求出变化后的绝对压力和温度。用下列公式表示查尔斯定律的这种状态：

$$\frac{p_1}{T_1} = k = \frac{p_2}{T_2} \qquad (1-10)$$

或

$$\frac{p_1}{T_1} = \frac{p_2}{T_2}$$

式中　p_1——初始绝对压力；

　　　T_1——初始热力学温度；

　　　k——常数；

　　　p_2——变化后的绝对压力；

　　　T_2——变化后的热力学温度。

这些关系可用图1-6来表示。

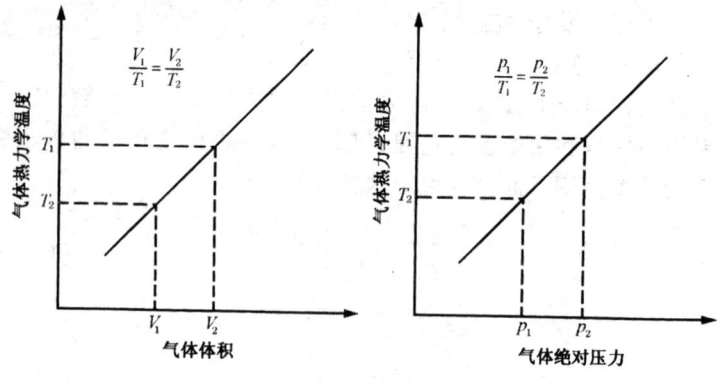

图1-6　查尔斯定律图

九、理想气体定律

把玻义耳定律和查尔斯定律综合到一个公式中,包括了压力、体积和温度的理想气体定律为

$$\frac{pV}{T} = k \qquad (1-11)$$

式中　p——绝对压力;
　　　V——体积;
　　　T——热力学温度;
　　　k——常数。

当初始条件已知,理想气体定律公式常用来求变化后的参数。综合为下列公式:

$$\frac{p_1 V_1}{T_1} = k = \frac{p_2 V_2}{T_2} \qquad (1-12)$$

或

$$\frac{p_1 V_1}{T_1} = \frac{p_2 V_2}{T_2} \qquad (1-13)$$

如已知变化后的压力和温度,又已知初始的压力、体积和温度,用理想气体公式便可求出变化后的体积:

$$V_2 = V_1 \times \frac{p_1}{p_2} \times \frac{T_2}{T_1} \qquad (1-14)$$

十、真实气体与理想气体定律的偏移

因为分子之间的吸引力和排斥力,以及分子本身要占居空间,所以真实气体与理想气体定律有偏移。为改正这个偏移值,在理想气体公式中增加一个压缩因子。这个压缩因子是作为对动压力、理想压力中的动态压力影响的一种补偿。以下为真实气体定律公式:

$$pV = ZnRT \qquad (1-15)$$

式中 p——绝对压力；

V——体积；

T——热力学温度；

Z——气体的压缩因子；

n——气体的摩尔数(mol)；

R——通用气体常数(当用摩尔来表示气体的体积时,在理想气体定律中的系数 k 就变成了在真实气体定律中的 R。因为无论任何一种气体,R 的值不变,所以 R 就称通用气体常数。因此,就不必求每一种气体的气体常数)。

当已知气体初始状态的各参数值时,可用真实气体公式求出气体状态变化后的某参数。真实气体的综合公式是

$$\frac{p_1 V_1}{Z_1 T_1} = \frac{p_2 V_2}{Z_2 T_2} \qquad (1-16)$$

或

$$V_2 = V_1 \times \frac{p_1}{p_2} \times \frac{T_2}{T_1} \times \frac{Z_2}{Z_1}$$

式中 p_1——初始绝对压力；

V_1——初始体积；

Z_1——初始压缩因子；

T_1——初始热力学温度；

p_2——变化后的绝对压力；

V_2——变化后的体积；

T_2——变化后的热力学温度；

Z_2——变化后的压缩因子。

如果在常压下,假定 Z_2 为 1,那么,在常压下,将 Z_2 值为 1 代入公式就为

$$V_2 = V_1 \times \frac{p_1}{p_2} \times \frac{T_2}{T_1} \times \frac{1}{Z_1} \qquad (1-17)$$

传统习惯上,气体工程师采用数学表达式如下:

$$\frac{1}{Z_1} = (F_Z)^2 \qquad (1-18)$$

实际上,真实气体即使在常压下压缩因子也不等于1,目前已考虑其值。因此式(1-18)已变为

$$\frac{Z_2}{Z_1} = (F_Z)^2$$

因此,可将公式(1-17)改写为

$$V_2 = V_1 \times \frac{p_1}{p_2} \times \frac{T_2}{T_1} \times (F_Z)^2 \qquad (1-19)$$

这个公式在密闭空间中,按标准立方米计算气体的体积是很有用的,这里的 V_2 是以标准立方米为单位的体积,V_1 是另一状态条件下的体积。

十一、道尔顿分压定律

道尔顿分压定律指出,非化学反应形成混合气体总压力是等于每种气体的分压力之和,每种气体的分压力数值与其体积分数值相同,且无相的变化。道尔顿定律能用数学式表达为

$$p_n = p_1 + p_2 + p_3 + \cdots + p_i \qquad (1-20)$$

式中 p_n——混合气体的总压;

p_i——每种组分气体的分压;

n——互相不进行化学反应的气体数。

举一个道尔顿定律的实例,空气中含有21%的氧和79%的氮,在计算这两种元素各自的分压时,可将21%(0.21)乘以101.325和将79%(0.79)乘以101.325即可。所以,在101.325 kPa(绝)大气压下,氧的分压力大约为21.278kPa(绝),而氮的分

压力大约是 80.047kPa(绝)。同样,如果有一条压力为 10MPa(绝)的天然气管线,含有的甲烷量体积分数是 95%。那么甲烷的分压力就是 9.5MPa(绝),其余所有组分的分压力之和为 0.5MPa(绝)。

十二、格雷厄姆扩散定律

格雷厄姆扩散定律指出,一种气体的扩散率与这种气体的相对密度的平方根成反比。格雷厄姆扩散定律数学表达式为

$$\text{扩散率} \approx \frac{1}{\sqrt{\text{相对密度}}} \quad (1-21)$$

可用下列公式来比较两种气体扩散率的不同:

$$\frac{R_{d1}}{R_{d2}} = \frac{\sqrt{G_2}}{\sqrt{G_1}} \quad (1-22)$$

式中 R_{d1}——第一种气体的扩散率;

R_{d2}——第二种气体的扩散率;

G_1——用相对分子质量表示的第一种气体的相对密度;

G_2——用相对分子质量表示的第二种气体的相对密度。

例如,甲烷的相对分子质量是 16.043,空气的相对分子质量是 28.964,而丙烷的相对分子质量是 44.097,那么,甲烷气体的扩散率 R_{d1}、丙烷气体的扩散率 R_{d2} 与空气扩散率 R_{d3} 的比值分别为

$$\frac{R_{d1}}{R_{d2}} = \frac{\sqrt{28.964}}{\sqrt{16.043}} = \sqrt{1.805} = 1.344$$

$$\frac{R_{d3}}{R_{d2}} = \frac{\sqrt{28.964}}{\sqrt{44.097}} = \sqrt{0.657} = 0.811$$

答案表明,甲烷气体的扩散率比丙烷气体的扩散率快 1.658 倍(1.344 除以 0.811 约等于 1.658)。

十三、范·德·韦沃斯状态公式

已知气体质量可用体积、压力和热力学温度的关系来定义这种气体的物理状态。范·德·韦沃斯是定义状态公式的最重要的早

期研究者,他企图用数学方法得出在分子上的综合力。他用以下公式定义分子的引力 P_e:

$$P_e = \frac{a}{V^2} \qquad (1-23)$$

式中 P_e——分子引力;
a——常数(严格按分子引力定律);
V——气体占有的体积。

下面是范·德·韦沃斯的状态公式:

$$(p + \frac{a}{V^2})(V - b) = nRT \qquad (1-24)$$

式中 p——真实绝对压力;
a——分子引力定律常数;
b——在气体的总体积中,气体分子所占有的那部分体积;
n——气体的摩尔数;
R——气体通用常数;
T——热力学温度。

在描述气体行为方面,范·德·韦沃斯的状态公式比理想气体定律大大进了一步,但是在商业性气体计量中,这个公式是不够准确的。

十四、对比状态定律

各种气体的物理性质和行为有其一致性的地方,且受控于临界点的状态。在临界温度和临界压力下,物质由双态变成单一态。在温度和压力均相同的情况下,不同气体的行为相差极大。但是,如果把这些气体的行为与临界值的当量比较,其物理性质是基本或部分相同。例如碳氢化合物的气体混合物,如果临界温度和临界压力相同(一般是按压力和温度的等对比坐标),其物理性质(如压缩性)是相同的或部分是相同的,图1-7~图1-9均说明这种物理性质。

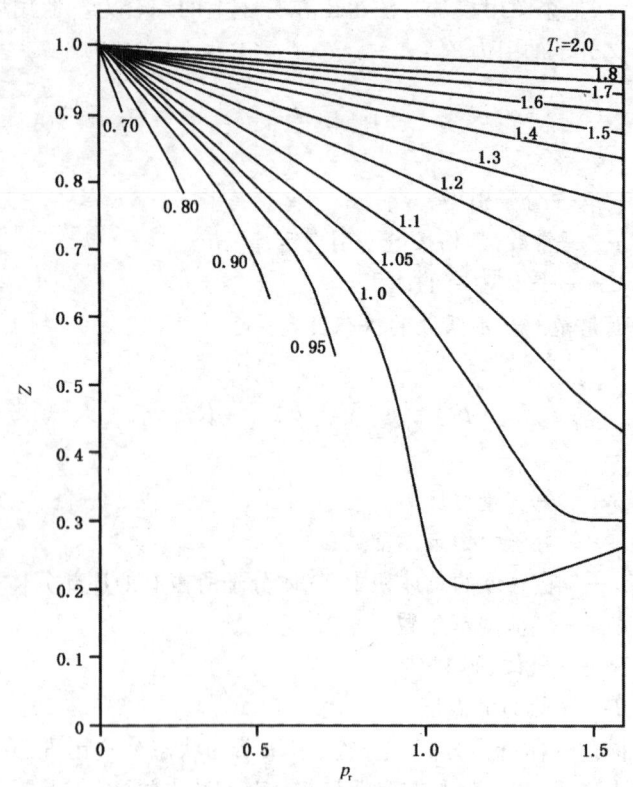

图1-7 低对比压力的压缩因子

为更好理解对比状态定律,有必要定义几个概念:

(1)临界温度(T_c)是指气体在高于此温度下,无论施加多高的压力,这种气体也不会液化。

(2)临界压力(p_c)是指气体在临界温度时,使这种气体液化的压力。

(3)临界体积(V_c)是气体在其临界温度和临界压力下的比容。

(4)压力、温度和体积的对比值是这些参数值与其临界值的比。对比值可按下列公式求出:

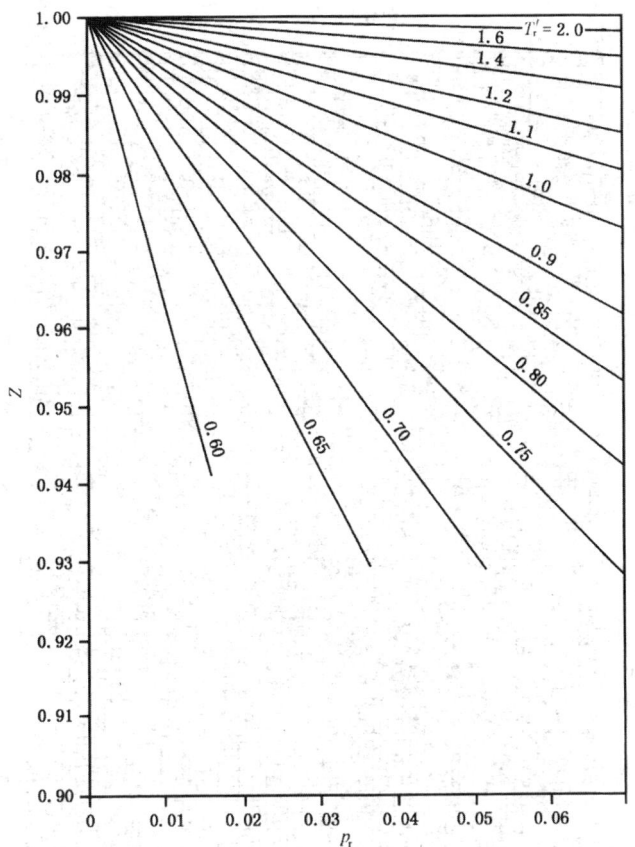

图 1-8 压力接近大气压的气体压缩因子

$$p_r = \frac{p}{p_c} \quad T_r = \frac{T}{T_c} \quad V_r = \frac{V}{V_c} \qquad (1-25)$$

式中 p——绝对压力；

T——热力学温度；

V——体积；

p_c, T_c, V_c——临界值；

p_r, T_r, V_r——对比值。

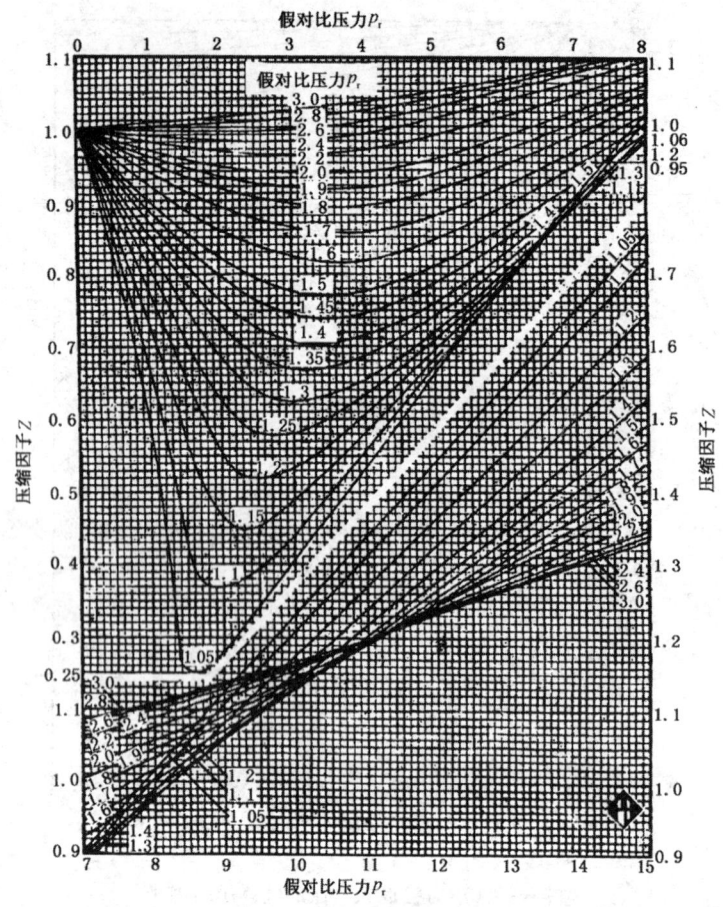

图 1-9 假对比压力、假对比温度下的气体压缩因子

对在不同温度条件下研究气体的行为。图 1-10 中,纵坐标表示压力,横坐标表示气体的体积。3 条等温线:曲线③是高于临界温度的等温曲线,曲线②是临界温度的等温曲线,曲线③是低于临界温度的等温曲线。液相、气相和双相区域均表示了出来。

观察等温曲线②,从右至左查看曲线和走向,我们注意到,在到达临界点的临界压力 p_c 之前,气体压力增加,其体积减小。在

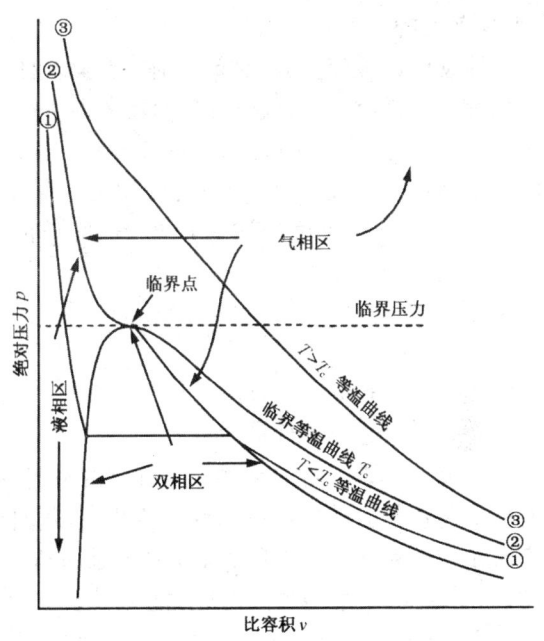

图 1-10 气体在各种温度下的状态

临界点附近,当气体液化时,压力的增量并不大,而体积急剧减小。临界点是双相的最高点,气体直接由气态变成液态。在临界点以上,压力增量很大,而体积减小值却很小,这就表明,液化气的压缩性不大。

从右到左观察在临界温度以下的等温曲线(曲线①),我们注意到,在到达两相区域之前,当压力增加,气体的体积减小。跨进双相区域,当发生液化时,并无压力增大,而体积急剧减小。在完全液化前,气、液两相是共存的。在这条等温线的液相段,沿临界等温线可见,压力增量很大时,体积的减小量很微。

研究临界温度之上的等温曲线(曲线③),我们注意到,无论压力值是多少,总是气相状态。

图 1-10 就是我们经常说的气体、液体物质在不同的压力、温度条件下,相互转化的状态图(简称相图)。

十五、流体流动的节流

在管道中流动的流体(包括液体和气体)是连续的,当遇到在管道中安装的缩口元件时(孔板或喷嘴等),流通面积突然缩小,在压头作用下增大流速,形成流束收缩,挤过节流孔。在挤过节流孔之后,流速又由于流通面积的变大和流束的扩大而降低。这时在节流件上、下游管壁处的流体静压力产生差异,形成静压力差 Δp,其值为

$$\Delta p = p_1 - p_2 \qquad (1-26)$$

式中　p_1——节流件上游管壁处静压力;
　　　p_2——节流件下游管壁处静压力。

这种现象称为节流。具有一定能量的流体才能在管道中流动,流动流体具有位能和动能。流体静压力就表现出它的位能,流体流动速度就表现出它的动能。这两种能量形式在通过节流孔的过程中相互转化,位能减少,动能增加因而形成静压力差。这个静压力差的大小主要取决于流体流量的大小,并且还与其他许多因素有关,例如节流件的形式,流体介质物理性质(属性、密度和粘度等)。对于液体由于它几乎是不可压缩的,在节流孔上下游 p_1、p_2 的静压力下密度是不变的;对于气体由于它的可压缩性而导致气体通过节流孔后,在其上下游 p_1、p_2 的不同静压力下,密度是变化的。节流引起静压力降低,气体密度也要降低,其比容增大,这就是气体节流膨胀。

根据能量守恒定律和流体流动连续性定律,就可以导出流体流过节流孔的流量方程通用式,这将在第三章详细介绍,此略。

第四节　天然气计量的常用计量单位

一、我国法定计量单位

从事天然气计量的工作者,正确领会、掌握和使用我国法定计量单位是十分必要的。为了统一计量制,国务院于1959年发布了

"关于统一计量制度的命令",确定米制为我国的基本计量制度,全面推行米制、改革市制、限制英制和废除旧杂制。为适应我国国民经济、文化教育事业的发展,推进科学技术进步和扩大国际经济、文化交流,国务院决定在采用先进的国际单位制基础上,进一步统一我国的计量单位,于是1984年2月27日发布了"关于在我国统一实行法定计量单位的命令"。

中华人民共和国法定计量单位由以下6个部分组成:
(1)国际单位制的基本单位(表1-2)。
(2)国际单位制的辅助单位(表1-3)。
(3)国际单位制中具有专门名称的导出单位(表1-4)。
(4)国家选定的非国际单位制单位(表1-5)。
(5)由以上单位构成的组合形式的单位。
(6)由词头和以上单位所构成的十进倍数和分数单位(表1-6)。

表1-2 国际单位制的基本单位

量的名称	单位名称	单位符号
长度	米	m
质量	千克	kg
时间	秒	s
电流	安[培]	A
热力学温度	开[尔文]	K
物质的量	摩[尔]	mol
发光强度	坎[德拉]	cd

表1-3 国际单位制的辅助单位

量的名称	单位名称	单位符号
[平面]角	弧度	rad
立体角	球面度	sr

表1-4 国际单位制中具有专门名称的导出单位

量的名称	单位名称	单位符号	其他表示式例
频率	赫[兹]	Hz	s^{-1}
力,重力	牛[顿]	N	$kg \cdot m/s^2$
压力,压强,应力	帕[斯卡]	Pa	N/m^2
[能量],功,热量	焦[耳]	J	$N \cdot m$
功率,辐[射能]通量	瓦[特]	W	J/s
电荷[量]	库[仑]	C	$A \cdot s$
电位,电压,电动势	伏[特]	V	W/A
电容	法[拉]	F	C/V
电阻	欧[姆]	Ω	V/A
电导	西[门子]	S	A/V
磁通[量]	韦[伯]	Wb	$V \cdot s$
磁通[量]密度,磁感应强度	特[斯拉]	T	Wb/m^2
电感	亨[利]	H	Wb/A
摄氏温度	摄氏度	℃	
光通量	流[明]	lm	$cd \cdot sr$
[光]照度	勒[克斯]	lx	lm/m^2
[放射性]活度	贝可[勒尔]	Bq	s^{-1}
吸收剂量	戈[瑞]	Gy	J/kg
剂量当量	希[沃特]	Sv	J/kg

表1-5 国家选定的非国际单位制单位

量的名称	单位名称	单位符号	换算关系和说明
时间	分	min	$1min = 60s$
	[小]时	h	$1h = 60min = 3600s$
	天,[日]	d	$1d = 24h = 86400s$
[平面]角	[角]秒	(″)	$1″ = (\pi/648000)rad$ (π 为圆周率)
	[角]分	(′)	$1′ = 60″ = (\pi/10800)rad$
	度	(°)	$1° = 60′ = (\pi/180)rad$

续表

量的名称	单位名称	单位符号	换算关系和说明
旋转速度	转每分	r/min	1 r/min = $(1/60)\text{s}^{-1}$
长度	海里	n mile	1n mile = 1852m（只用于航程）
速度	节	kn	1kn = 1n mile/h = (1852/3600)m/s （只用于航行）
质量	吨 原子质量单位	t u	1t = 10^3kg 1u ≈ $1.6605655 \times 10^{-27}$kg
体积	升	L,(l)	1L = 1dm^3 = 10^{-3}m^3
能	电子伏	eV	1eV ≈ $1.6021892 \times 10^{-19}$J
级差	分贝	dB	
线密度	特[克斯]	tex	1 tex = 1g/km

表1-6 用于构成十进倍数和分数单位的词头

所表示的因数	词头名称	词头符号
10^{24}	尧[它]	Y
10^{21}	泽[它]	Z
10^{18}	艾[可萨]	E
10^{15}	拍[它]	P
10^{12}	太[拉]	T
10^{9}	吉[咖]	G
10^{6}	兆	M
10^{3}	千	k
10^{2}	百	h
10^{1}	十	da
10^{-1}	分	d
10^{-2}	厘	c

续表

所表示的因数	词头名称	词头符号
10^{-3}	毫	m
10^{-6}	微	μ
10^{-9}	纳[诺]	n
10^{-12}	皮[可]	p
10^{-15}	飞[母托]	f
10^{-18}	阿[托]	a
10^{-21}	仄[普托]	z
10^{-24}	幺[科托]	y

表1-2至表1-6的说明：

1. 周、月、年(年的符号为a)为一般常用时间单位。
2. [ ]内的字，是在不致混淆的情况下，可以省略的字。
3. ( )内的字为前者的同义语。
4. 角度单位度分秒的符号不处于数字后时，用括弧。
5. 升的符号中，小写字母l为备用符号。
6. r为"转"的符号。
7. 人民生活和贸易中，质量习惯称为重量。实际上两者有区别，重量受地域和海拔高度影响。
8. 公里为千米的俗称，符号为km。
9. 10^4称为万，10^8称为亿，10^{12}称为万亿，这类数词的使用不受词头名称的影响，但不应与词头混淆。

二、天然气计量中常用非法定计量单位及其换算

在天然气计量中，除上述常见的法定计量单位外，在国外贸易和计量技术资料的交换中，也常遇到一些非法定的英制单位和原用工程单位。如体积单位中的英尺(呎)、美加仑、美油桶；质量单位的磅；粘度单位的泊、磅/(呎·秒)、呎²/秒；压力单位的公斤/厘米²、巴、标准大气压、毫米水柱、磅/吋² 等。现将这些在天然气流量计量中常见的非法定计量单位与法定计量单位的换算关系列表如下：

(1)体积单位换算表(见表1-7)；

(2)体积流量单位换算表(见表1-8)；

(3)质量单位换算表(见表1-9);
(4)质量流量单位换算表(见表1-10);
(5)动力粘度单位换算表(见表1-11);
(6)运动粘度单位换算表(见表1-12);
(7)压力单位换算表(见表1-13)。

表1-7 体积单位换算表

米^3 m^3	分米^3(升) dm^3(L)	厘米^3 cm^3	呎^3 ft^3	美加仑 gal	美油桶 bbl
1	1000	10^6	35.3	264.2	6.29
0.001	1	1000	35.3×10^{-3}	0.2642	6.29×10^{-3}
10^{-6}	0.001	1	35.3×10^{-6}	264.2×10^{-6}	6.29×10^{-6}
3.785×10^{-3}	3.785	3.785×10^3	0.1337	1	1/42
0.159	159	159×10^3	5.613	42	1

注:1964年国际计量委员会第20届国际计量大会决议:声明"升"词作为分米^{3}的专门名称。因此,"升"与分米^{3}不再有数量差别。

表1-8 体积流量单位换算表

米^3/秒 m^3/s	分米^3(升)/秒 dm^3(L)/s	升/分 L/min	米^3/时 m^3/h	分米^3(升)/时 dm^3(L)/h	呎^3/秒 ft^3/s	美加仑/秒 gal/s	美油桶/秒 bbl/s
1	1000	60×10^3	3600	3.6×10^6	35.3	264.2	6.29
0.001	1	60	3.6	3600	35.3×10^{-3}	0.2642	6.29×10^{-3}
16.7×10^{-6}	0.0167	1	0.06	60	589×10^{-6}	4.41×10^{-3}	105×10^{-6}
278×10^{-6}	278×10^{-3}	16.7	1	1000	9.8×10^{-6}	73.5×10^{-3}	17.5×10^{-3}
278×10^{-9}	278×10^{-6}	16.7×10^{-3}	0.001	1	9.8×10^{-6}	73.5×10^{-6}	17.5×10^{-6}
3.785×10^{-3}	3.785	227	13.6	13.6×10^3	0.134	1	1/42
0.159	159	9.54×10^3	572	572×10^3	5.61	42	1

表 1-9 质量单位换算表

千克(公斤) kg	吨 t	克 g	磅 lb
1000	1	10^6	2205
1	0.001	1000	2.205
0.001	10^{-6}	1	2.205×10^{-3}
0.454	0.454×10^{-3}	454	1

表 1-10 质量流量单位换算表

千克/时 kg/h	千克/分 kg/min	千克/秒 kg/s	吨/时 t/h	磅/时 lb/h	磅/秒 lb/s
1	16.7×10^{-3}	278×10^{-6}	0.001	2.205	612×10^{-6}
60	1	16.7×10^{-3}	0.06	132.3	36.7×10^{-3}
3600	60	1	3.6	7.94×10^3	2.205
1000	16.7	278×10^{-3}	1	2205	612×10^{-3}
0.454	7.56×10^{-3}	126×10^{-6}	0.454×10^{-3}	1	278×10^{-6}
1633	27.2	0.454	1.633	3600	1

表 1-11 动力粘度单位换算表

克·秒/厘米² (泊) g·s/cm²(P)	泊/100 P/100	公斤·秒/米² (帕斯卡·秒) kg·s/m²	公斤力·秒/米² kgf·s/m²	公斤·时/米² kg·h/m²	磅·秒/呎² lb·s/ft²	磅力·秒/呎² lbf·s/ft²
1	10^2	0.1	10.2×10^{-3}	3.60×10^2	6.720×10^{-2}	2.089×10^{-3}
10^{-2}	1	10^{-3}	10.2×10^{-5}	3.60	6.720×10^{-4}	2.089×10^{-5}
10	10^3	1	10.2×10^{-2}	3.6×10^3	0.6720	2.089×10^{-2}
98.1	9.81×10^3	9.81	1	3.53×10^4	6.592	0.205
2.778×10^{-3}	0.2778	2.778×10^{-4}	2.833×10^{-5}	1	1.867×10^{-4}	5.801×10^{-8}
14.88	1.488×10^3	1.488	0.1518	5.357×10^3	1	3.108×10^{-2}
4.788×10^2	4.788×10^4	47.88	4.882	1.724×10^5	32.17	1

表 1-12 运动粘度单位换算表

米^2/秒 m^2/s	厘米^2/秒 (斯托克斯) cm^2/s(St)	毫米^2/秒 (厘斯托克斯) mm^2/s(cSt)	米^2/时 m^2/h	呎^2/秒 ft^2/s	呎^2/时 ft^2/h
1	10^4	10^6	3600	10.76	38.75×10^3
10^{-4}	1	100	0.36	1.076×10^{-3}	3.875
10^{-6}	0.01	1	3.6×10^{-3}	10.76×10^{-6}	38.75×10^{-3}
277.8×10^{-6}	2.778	277.8	1	2.99×10^{-3}	10.76
92.9×10^{-3}	929	92.9×10^3	334.5	1	3600
25.8×10^{-5}	0.258	25.8	92.9×10^{-3}	278×10^{-6}	1

表 1-13 压力单位换算表

公斤力/ 米^2 kgf/m^2	公斤力/ 厘米^2 kgf/cm^2	牛顿/米^2 (帕斯卡) N/m^2	巴 bar	标准大气压 atm	毫米水柱 mmH$_2$O	毫米水银柱 mmHg	磅/吋^2 lb/h^2
1	10^{-4}	9.81	9.81×10^{-5}	0.9678×10^{-4}	1	73.56×10^{-3}	1.422×10^{-3}
10^4	1	98.1×10^3	0.981	0.9678	10^4	735.6	14.22
0.102	10.2×10^{-6}	1	10^{-5}	0.9869×10^{-5}	0.102	750×10^{-3}	145×10^{-6}
10.2×10^3	1.02	10^5	1	0.9869	10.2×10^3	750	14.50
1.0332×10^4	1.0332	1.0133×10^5	1.0133	1	1.0332×10^4	760	14.696
1	10^{-4}	9.81	9.81×10^{-5}	0.9678	1	73.56×10^{-3}	1.422×10^{-3}
13.6	1.36×10^{-3}	133.3	1.333×10^{-3}	1.316×10^{-3}	13.6	1	19.34×10^{-3}
703	70.3×10^{-3}	6.89×10^3	68.9×10^{-3}	68.05×10^{-3}	703	51.72	1

第二章 天然气的流量测量

第一节 概 述

一、采集输配工艺环节的需要

天然气是在不同的地质条件下生成运移的,并以一定压力埋藏在深度不同的地层缝隙中而形成的一种可燃的混合气体。从气田或油田中采出的天然气,以甲烷为主要成分,是一种优质的燃料和化工原料。

我国天然气的主产地是四川,目前仍然是四川。一般甲烷含量(按体积分数)在80%～98%范围内变化,多数含甲烷量在90%以上;乙烷含量变化范围为0.11%～5.8%;丙烷含量变化范围为0.14%～1.89%;二氧化碳含量变化范围为0%～4.51%;硫化氢含量变化为0%～6.75%,同时还含有其他极少量的重烃和非烃类气体。四川气田的天然气大多数含硫。凝析气田的天然气,除含有甲烷、乙烷外,还含有较多数量的丙烷、丁烷及戊烷以上的轻烃气体、芳香烃和天然汽油等。油田伴生气的组分与分去凝析油以后的凝析气田天然气相类似。

天然气利用气井从气层中采出来,经用集输配系统将各气井天然气集中起来,进行净化处理并输送分配给用户,几乎在每一个工艺环节都需要计量,特别是流量计量。单井计量是确定气井产气能力和气藏可采储量的重要资料,配气计量数据是供需双方进行经济结算的依据,站(厂)计量是衡量产品质量、设备效率、成本核算的主要数据。因此天然气计量在天然气开采、集输、净化、配给的生产调度中特别重要。

天然气采集输配系统工艺流程简图一般如图2-1所示。

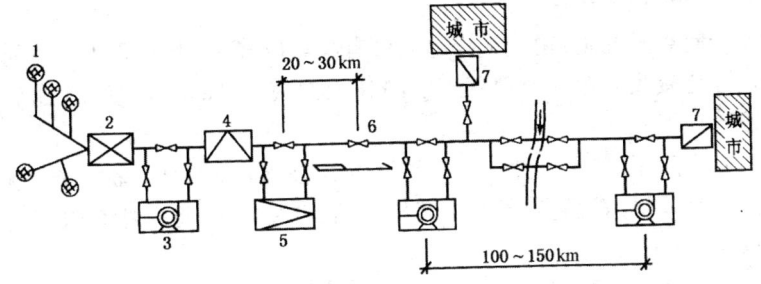

图2-1 天然气采集输配系统简图
1—井场装置；2—集气站；3—压气站；4—天然气处理厂；
5—干线首站；6—截断阀；7—城市门站

天然气采集输配系统是由井场装置、气田集输管网、气体净化、输气干线、输气支线以及各种用途的站场组成，它完全是一个统一的密闭的连续采集输配过程。

1．井场装置

井场装置一般设于气井附近，从气井开采出来的天然气，经节流后，在分离器中除去油、游离水及机械杂质等物，计量后送入集气管线。

2．集气站

集气站一般是将两口以上的气井用管线分别从井口连接至集气站，在集气站上对各气井输送来的天然气分别进行节流、分离、计量后集中送入集气管线。

3．矿场压气站

矿场压气站是在气田开采后期（或低压气田），当地层压力不能满足生产和输送要求时，需设置矿场压气站，将低压天然气增压至规定的压力，然后输送到天然气处理厂或输气干线。

4．天然气处理厂

天然气处理厂是当天然气中硫化氢（H_2S）、二氧化碳、凝析油等含量和含水量超过管输标准时，则需设置天然气处理厂进行脱硫、脱水、脱二氧化碳等，符合标准的净化气方能允许进入输气干线。

5.干线压气站

起点压气站：输气干线起点设有起点压气站，也称首站。它的任务是接收天然气处理厂来的净化天然气，经除尘、计量、增压后输送至下一站。

中间压气站：天然气沿管路不断向前流动，压力不断下降，就需在管线沿途设置若干个中间压气站，继续加压，将天然气送至终点。

6.调压计量站

调压计量站一般设于输气干线或输气支线的起点和终点，有时管线中间有用户也需设调压计量站，其任务是接收输气管线来气或配给用户。在站内进行除尘、调压、计量后，将气体直接配给用户或通过城市门站及其配气系统送到用户。

7.清管站

清管站是为清除管内铁锈和水等污物以提高管线输送能力而设置的，常于集气干线和输气干线设置清管站。清管器有球形和刷形二种结构。

天然气流量计量是由天然气用流量计（或装置）本体、二次仪表（或检测补偿计算装置）以及天然气组分分析系统构成，具有测量、分析、计算和积算设备所组成的完整体系。最常用的是孔板流量计（或称标准孔板流量计）和容积式流量计。近年来有许多新型流量计出现，如涡轮流量计、超声波流量计、涡街流量计、旋进旋涡流量计和新结构不同形式的旋转容积式流量计和不同原理和结构形式的质量流量计等。几乎大多数流量计都要求其前后有一段规定的直管段要求，以期望达到流体在流入流量计前其流动状态达到充分发展的速度分布，确保流量测量的准确度。

二、流量测量的意义

测量是人们揭示自然界物质运动的规律，借以定量描述和定性区别周围物质世界，从而达到认识世界和改造世界的一种重要手段。计量是指为保证单位统一、量值准确可靠的测量，或者说是以实现单位统一、量值准确可靠为目的的测量。计量涉及整个测量领域,并在法律规定下,对测量起着指导、监督、保证和仲裁作用。测量是为计量服务的。

天然气是气体,气体和液体都富于流动性和相似的运动规律,故合称它们为流体,其流量测量有许多相似之处。流体流量测量指的是测量单位时间内通过某一横截面的流体量。流量以质量表示时,称为质量流量;以体积表示时,称为体积流量;以能量表示时,称为能量流量。

天然气是带压管道输送的,其流量是针对通过管道某一横截面而言的。供需双方之间输送天然气的多少,是通过安装在输气管道上的流量测量装置(即流量仪表)的计量数据确定的。这个流量计量数据就作为供需双方之间贸易结算的依据。这个流量计量数据也是衡量单位生产技术水平的一项重要基础资料。作为输出部门,天然气是产品,作为用气部门,天然气是原料或能源,其计量值的准确、可靠和统一直接关系到原料的消耗、产品质量、节约能源和成本核算等技术经济指标。因此,天然气流量计量是企业生产和经营管理中一项日常进行的、重要的技术基础工作。准确地计量天然气流量,可以适时地改进生产工艺,提高产品质量,降低产品成本,确保安全生产,合理经营管理和提高经济效益及社会效益。

流量计量是通过流量测量而得到的。流量测量是流量计量的手段和基础。然而由于流量是由质量、长度、温度、时间等基本量的综合导出的量,是在流动过程中测得的,具有导出性、综合性和动态性,要测准它十分困难。特别是气体又因具有很大的压缩性和膨胀性,又增大了一层难度。天然气流量测量是气体流量测量中的一个特例,它是由地层中采出来的,其成分复杂且变化范围大,有时含有不等量的粉尘、水分和机械杂质,它的压力和温度在采集、净化、输送等过程中每一阶段都是不同的状态。天然气流量测量是流体流量测量中最为难以测准的一种物质流量之一。

为了提高天然气流量测量的准确度,原石油天然气总公司四川石油管理局投入了巨额的资金和技术力量建设成我国第一套以天然气作介质的 mt(质量时间)法一级流量标准装置,作为我国天然气流量的量值基准,确保天然气流量量值准确、可靠和统一,用以作为天然气流量的工作计量器具的量值溯源和天然气流量标准量值传递检定的实物标准,以适应我国气体流量技术现代化和提高我国天然气流量测量管理水平。

尽管测准天然气流量的难度很大,但只要测准天然气流过输气管道某一横截面体积流量,输气管道中的静压力、热力学温度和天然气组分,其标准体积流量、质量流量和能量流量便可以按有关标准的规定计算出来。

三、流量测量的特点

天然气是一种在管道中流动的,成分复杂多变,流动压力、温度不固定的流体物质,其流量测量与其他热工参数测量相比,有其自身的特点。

1. 对流体流动状态的控制

各类物理参数测量仪表大都用实物标准进行刻度,而流体流量的实物标准是一套庞大的装置,有许多特定的条件,在流量标准装置上标定的流量计用于现场就存在许多影响因素。因此,控制这些影响因素是保证流体流量测量准确度的关键。

在实验室里标定流量计是在实验室特定条件的流动状态下标度的,在应用于现场,流体的流动状态一般都达不到实验室特定条件,根据计量学的相同性和相似性原理可知,由于流动状态条件的偏差,就会增加流量测量的附加误差。为了保证流量计测量流体流量的准确度,流量计的结构设计和制造应能适应流态的变化。在流量计选型和计量系统设计时,应充分考虑流量计上、下游各种工艺设备和管件对流态的扰动。不同测量原理和不同结构形式的流量计对扰动流的敏感度不一样。在有扰动流存在的情况下,选择多声道超声流量计比较理想。因为它可以通过多声道测量出流体流动的速度剖面,因此在有扰动流情况下仍能保持流量计流量测量的准确度。流量计在管道上的安装应当保证相应标准和产品使用说明书的技术要求。

对于差压式流量计而言,要求流体流入节流件前,其入口速度剖面应达到充分发展,流束是轴对称、轴平行的,并且无旋转、无斜向和无脉动流存在。对于旋转容积式流量计应考虑降压脉动的影响。

为了克服或减小管道上、下游各类工艺设备和管件对流态的扰动,在流量计安装设计时,一般采用在安装流量计的上、下游设置足够长的直管段或在上游直管段一定的位置上设置流动调整器(整流器),以达到流体流动的入口速度剖面充分发展。因此,对于流体流量计量准确度要求高的计量回路,往往将流量测量作为一个系统来进行设计、建设、施工、验收、校准和使用,用以确保流量测量准确、可靠和统一。

2. 对流体物质属性的控制

不同的流体,其物理化学性质不相同,对流量计有着不同的要求,流量计的结构设计、安装设计、标定等应适应被测流体的属性。用水流量标准装置标定的流体流量计用来测量油流量,虽然它们都是液体,但无法保证它们测量出的油流量是准确的;用空气流量标准装置标定出的气体流量计用来测量天然气流量,同样道理,它们虽然都是气体,但也无法保证它们测量出的天然气流量是准确的。

3. 对流体清洁度的控制

气体中含有过多的液体和固体微粒,或液体中含有过多的气泡和固体微粒,对流量计的正常工作十分有害。一方面它们可能形成双相或三相流动而影响流量测量的准确度;另一方面要磨损和腐蚀流量计,使之测量准确度下降和(或)发生计量事故。天然气是从地层中采出来的,虽然经过分离、过滤、净化等工艺处理,但不可避免仍存在一些液体和固体微粒,在进行流量测量设计和使用中应充分予以考虑,并在实际应用中应采取相应措施。

4. 相关参数的准确测量

流量测量属于多参数间接测量,除了按其测量原理对主体关键参数进行准确测量外,还应考虑将其他影响主体参数(或流量测量值)的物理参数进行准确的测量,并按其相关关系式进行正确、准确地计算。例如差压式流量计,除了准确测量出主体关键参数差压外,还应准确测量出压力、温度、粘度或流体密度,对于天然气还应准确实时地分析出气体的组分,以便计算其压缩因子、等熵指数等相关参数。同理,速度式和容积式流量计,除了分别准确地测量出流体速度和流体体积外,也应准确地测量出流体的压力、温度等相关参数。天然气是一种成分复杂多变,在采集输配过程中压力和温度也是变化的一种流体物质,相关参数多,对流量测量的影响大,所以其流量测量较其他液体或组分稳定(单质),气体的流量测量更难测准。

5. 应考虑节约能源

流动流体是一种具有能量的物质,能源节约包含着两个方面的内容:一方面是能量合理有效地使用;另一方面能源输送中的压力能要尽可能小的损失。目前使用的流量计,绝大部分测量元件与被测流体相接触,造成一定的能量损失来达到流量测量的目的。虽然超声波流量计可以达到无能量损失的流量测量目的,但研制成功较晚,在1998年美国才形成AGA NO9报告。另外,价格昂贵,工业性推广上普及应用还处于初期阶段。最理想的测量方法,是如何实现与流体介质不接触的、非接触性的流量测量,这是一种最理想的流量测量技术,也是今后流量测量的发展技术之一。天然气是用管道输送的高压大流量的流体物质,是国家最贵重的一次性能源和化工原料,在流量测量中应考虑如何节约其能源。

6. 标准状态条件的规定

流体流量当以体积流量或以能量流量计量时,特别是贸易交接计量时应根据国家法规、标准或供需双方合同,规定一个体积流量或能量流量的计量标准状态条件。对于天然气流量计量而言,其标准状态参比条件为国际标准 ISO 13443《天然气标准参比条件》规定的标准状态条件:绝对压力等于 101.325kPa,热力学温度等于 288.15K(15℃);我国国家计委、财政部有关文件及石油天然气行业标准 SY/T 6143—1996《天然气流量的标准孔板计量方法》

规定的标准状态条件和GB/T 17291—1998《石油液体和气体计量的标准参比条件》均为：绝对压力等于101.325kPa,热力学温度等于293.15K(20℃)。绝对压力规定是相同的,都是一个标准大气压,热力学温度规定是不同的,相差5℃,但可以通过相应的标准公式(ISO 13443标准规定的换算公式)进行换算。

7. 测量过程中的安全性

天然气与空气混合达到5%～15%的比例范围时便具备着火燃烧条件,在密闭空间中还会发生可怕的爆炸,因此天然气是易燃、易爆物质。天然气中大都含有硫化氢(H_2S)、二氧化碳(CO_2)及水汽(H_2O),有毒和有强烈的腐蚀性。对于天然气的流量测量除了要求量值准确、可靠和统一外,对其流量计的结构设计和选材一定要采取适当的措施,保证测量系统和计量站的安全。有时候流量测量量值准确、可靠和统一与安全性之间有些矛盾,但测量中的安全是第一位。因此,在计量站和测量系统的设计、建设、施工和验收上,流量计选型上、使用上和标定时必须同时考虑它们综合的技术指标,确保天然气计量站和流量测量系统既安全,流量测量量值又准确、可靠和统一。

第二节 天然气流量测量常用的流体参数

流量测量属于多参数间接测量,流量测量的准确度除取决于基于不同测量原理的主参数测量准确度外,还取决于对流量测量有较大影响的辅助参数测量的准确度,常用的流体参数有下列7个。

一、流体压力

因为流体具有流动性,对容器壁表面就有一种作用力,这种力称之为压力。工程上常把单位面积上作用的力(压强)称作压力,单位为$Pa(N/m^2)$,常叫作帕斯卡。大气是一种流动的空气,对物体表面也会产生一种作用力,这种作用力称为大气压力。测量压力的仪表叫压力计,通常在大气压下校准零点和标定刻度,因此,

用压力计测出的压力称为表压力。流体绝对压力是表压力和当地大气压力之总和,其计算关系式为

$$p = p_0 + p_a \qquad (2-1)$$

式中　p——流体绝对压力,Pa;

　　　p_0——大气压力,Pa;

　　　p_a——流体的表压,Pa。

压力是流体的物理参数(有时也叫热工参数)之一,它影响流体的体积流量测量和能量流量测量,对于气体,其影响更为显著。因为与气体流量测量有关的物理参数:压缩因子、等熵指数和粘度都与压力有关。

二、流体温度

温度是表征流体物质冷热程度的物理量。热力学温度亦称绝对温度、开氏温度,是用热力学温标标注的温度。热力学温标是建立在卡诺循环基础上理想的、科学的温标,1927年第7届国际计量大会采用,作为最基本的温标,并经1960年第11届国际计量大会规定用单一固定点(水三相点273.16K)来定义。水的三相点变成一个固定点,它是热力学温标和国际实用温标的共同值。热力学温度被作为基本温度,参数符号用T,单位符号用K(开尔文)。

测量流体温度的温度计是用摄氏温标标注的摄氏温度,参数符号用t,单位符号用℃(摄氏度)。热力学温度与摄氏温度之间的换算关系式为

$$T = t + 273.15 \qquad (2-2)$$

式中　T——流体的热力学温度,K;

　　　t——流体的摄氏温度,℃。

因为热力学温度每相差一度,摄氏温度也相差一度,所以流体的温度差可用K表示,也可用℃表示。例如0℃是在水三相点之下0.01℃或0.01K。热力学温标的零点称为绝对零点(0K)。

温度与压力一样,同样是流体主要物理参数之一,影响流体体

积流量测量和能量流量测量,对气体流量测量也同样影响压缩因子、等熵指数和粘度。同时,还要引起流量计材质几何尺寸的变化而降低流量测量的准确度。

三、流体密度

流体的密度定义为单位体积的流体所具有的质量,参数符号为 ρ,单位为 kg/m^3(公斤/米^3)。各种流体的密度都随着流体的压力和温度的改变而变化。气相流体、压力和温度的改变对其密度的影响更大。在流体流量测量过程中,测量流体物质的密度是必不可少的,并且应当准确测量或说明流体物质属性、组分和所处的压力及温度状态。

液相流体流动时的密度用液体密度计直接测量。气相流体流动时的密度可以用气体密度计直接测量,也可以通过测量气体的组分,气体流动时的压力和温度等相关参数,按其规定的标准关系式进行计算。

气相流体的密度计算可以按下述步骤进行:先将气相流体当作理想气体看待,然后把压缩因子考虑进去就可计算出真实气体流动时的密度。

对于理想气体,在标准状态条件下($p_n = 101.325 kPa$, $T_n = 293.15 K$),其标准状态体积 V_n 为

$$V_n = \frac{RT_n}{p_n} \qquad (2-3)$$

式中 R 为通用气体常数,其值与所取单位有关。对于 1mol 理想气体,在 101.325kPa、293.15K 的标准状态条件下所占有的标准体积 $V_n = 24.0552 m^3$,因此 $R = 8.31448 J/(mol \cdot K)$。

因此,在标准状态条件下理想气体的理想密度为

$$\rho'_n = \frac{M}{V_n} \qquad (2-4)$$

式中 M——该气相流体的摩尔质量。

引入该气相流体在标准状态条件下的压缩因子 Z_n,就可以按

下式计算出气相流体在标准状态条件下的真实密度 ρ_n。

$$\rho_n = \frac{\rho'_n}{Z_n} \quad (2-5)$$

对于组分十分复杂多变的天然气,可采用气体密度计直接测量法。在我国由于多数气体密度计在结构上和适应性上还满足不了管输天然气的实际需要,给直接测量天然气密度带来一定困难,可靠性和准确性得不到保证。因此,目前我国在天然气流量测量工程中的天然气密度,仍主要采用通过用气相色谱仪分析出天然气的组分,再按标准 GB/T 11062 规定的关系式计算出天然气的密度来。在个别条件较好的计量站上,引入了外国公司生产的在线全自动气相色谱分析仪,用来完成这一工作,例如陕京输气管线的北京门站等。

天然气是多组分的气体混合物,其摩尔质量计算式为

$$M_r = \sum_{i=1}^{n} M_i X_i \quad (2-6)$$

根据式(2-3)至式(2-5)可推导出计算天然气在标准状态条件下的真实密度 ρ_n 的关系式为

$$\rho_n = \frac{\sum_{i=1}^{n} M_i X_i}{Z_n V_n} \quad (2-7)$$

在流动状态条件下天然气的真实密度 ρ_f 计算式为

$$\rho_f = \frac{\sum_{i=1}^{n} M_i X_i}{Z_f V_f} \quad (2-8)$$

式中　M_r——天然气的摩尔质量;
　　　M_i——天然气 i 组分的摩尔质量;
　　　X_i——天然气中 i 组分的摩尔分数;
　　　n——天然气的组分个数;

V_f——1mol 天然气在流动状态条件下的体积；

Z_n——在标准状态条件下天然气的压缩因子，按式(2-9)计算；

Z_f——在流动状态条件下天然气的压缩因子，其值按 SY/T 6143—1996 标准所列 AGA PAR NX-19 的有关公式先计算出超压缩系数 F_Z，因为 Z_n 可由式(2-9)求出，从而便可计算出 Z_f 来。

因为

$$F_Z = \sqrt{\frac{Z_n}{Z_f}}$$

而

$$Z_n = 1 - (\sum_{i=1}^{n} X_i \sqrt{b_i})^2 + 0.0005(2X_H - X_H^2) \quad (2-9)$$

式中　$\sqrt{b_i}$——天然气中 i 组分的求和因子；

X_H——天然气中所含氢气的摩尔分数。

目前在我国的天然气流量计量中，均采用在标准状态条件下的体积流量作为交接计量和贸易计量的结算数据。为了计算上的方便，在推导和简化标准体积流量计算的实用公式时，采用了相对密度的概念。因为空气的成分比较稳定，常常将干空气的密度作为标准密度与天然气的密度相比，这就是相对密度的概念，常常将符号 G 加脚注表示。因为气体密度有理想气体密度和真实气体密度之分，故相对密度也分理想气体相对密度和真实气体相对密度，它们之间就多一个偏离理想气体定律的校正因子——压缩因子 Z。

天然气的理想相对密度 G_i 定义为天然气的理想密度与干空气的理想密度之比，亦即分子量之比，其关系式为

$$G_i = \frac{M_r}{M_a} \quad (2-10)$$

式中 M_r——天然气的摩尔质量,由式(2-6)计算;

M_a——干空气的摩尔质量,按 GB/T 11062 标准规定,标准组分的空气计算出的值为 28.9641。

天然气真实相对密度按下列各式计算:

在标准状态条件下的真实相对密度 G_{nr} 的计算式为

$$G_{nr} = \frac{G_i Z_{na}}{Z_n} \qquad (2-11)$$

式中 G_i——天然气的理想相对密度,其值按式(2-10)计算;

Z_{na}——干空气在标准状态条件下的压缩因子,其值按 GB/T 11062 标准规定组分的空气计算为 0.99963;

Z_n——天然气在标准状态条件下的压缩因子,其值按式(2-9)计算。

同理,在流动状态条件下的真实相对密度 G_{fr} 计算式为

$$G_{fr} = \frac{G_i Z_{fa}}{Z_f} \qquad (2-12)$$

式中 Z_{fa}——干空气在相同的流动压力和流动温度条件下的压缩因子,其值根据流动压力和流动温度按相应的曲线(或公式)查取(或计算)。

由于天然气的压缩因子与干空气的压缩因子随压力、温度的变化不同步,因此其真实相对密度亦存在一个状态问题,在不同的状态条件下真实相对密度的值是不同的。天然气的真实相对密度可以用相对密度计实测,也可用式(2-11)和式(2-12)计算。无论是实测或者是计算,在天然气流量测量中确定天然气在标准状态条件下的真实相对密度较确定天然气在流动状态条件下的真实相对密度重要,简单易行,因此常使用的是前者而不是后者。

四、流体粘度

流体粘度是流体内分子之间对剪切应力阻抗的一种量度,是表征流体内摩擦力的一个参数。对管流而言,这种性质影响流速

分布,从而影响流量计的计量性能。

粘度分动力粘度和运动粘度。

1. 动力粘度 μ

动力粘度有时也称绝对粘度,参数符号用 μ。图 2-2 表示出测量流体动力粘度 μ 的实验方法和变化性质。用两块等面积的平行板,其间以小间距的液体分开,施加稳定的力于顶板上,使板带液体匀速运动。接触底部固定板的流体没有速度,在施加的力、板面积和线性位移间的关系式如下:

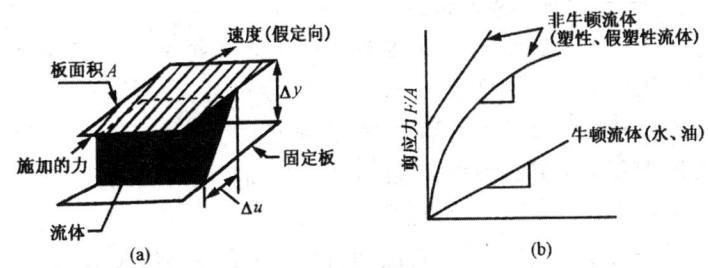

图 2-2 流体粘度测量试验方法及变化性质
(a)实验方法示意,在平板之间为牛顿流体;(b)牛顿流体和非牛顿流体
变化性质:剪切应力与剪切变形之间的关系曲线(无时间性)

$$F = \mu A \frac{\Delta u}{\Delta y} \quad (2-13)$$

式中　F——施加于平行板上的剪切应力,N;

　　　A——平行板面积,m^2;

　　　Δu——两平行板之间的速度差,m/s;

　　　Δy——两平行板之间的间距,m。

由式(2-13)可以导出动力粘度的计算式为:

$$\mu = \frac{F}{A} \cdot \frac{\Delta y}{\Delta u} \quad (2-14)$$

动力粘度的单位为 Pa·s,单位推导如下:

$$\mu = \frac{N}{m^2} \cdot \frac{m}{m/s} = \frac{N \cdot s}{m^2} = Pa \cdot s \quad (2-15)$$

2.运动粘度 γ

将动力粘度除以流体密度,粘度单位中就不包含流体质量,其结果称为运动粘度,它们之间的关系式为

$$\gamma = \frac{\mu}{\rho} \qquad (2-16)$$

式中 γ——流体运动粘度,m^2/s;
  μ——流体动力粘度,$Pa·s$;
  ρ——流体密度,kg/m^3。

在流体流量测量中,尤其是在天然气流量测量中,常常用动力粘度而很少用运动粘度。

液体粘度随着压力升高而增大,随着温度升高而变小。而气体粘度随着温度升高而增大,随着压力升高也略有变大,但是即使在较高的压力下,这种变大也是很小的。

对于大多数气体,从经典的动力学理论和试验结果得知,在压力达到10MPa时的粘度变化仍然很小。在许多气体流量测量中,粘度的变化没有特别关系,影响甚微,通常取测量点的平均流动压力和平均流动温度下的粘度值。或者取常温、常压下的粘度值。一者通常的测量压力达不到10MPa这样高的值,再者在流量测量中的气流通常具有很高的雷诺数,粘度影响雷诺数,间接影响流出系数。即使粘度有较大变化,但对流出系数的影响也是很微的,通常可以忽略不计。

天然气是以甲烷为主兼含少量其他气体组分的烃类气体混合物,其粘度不服从叠加规律,应该用试验方法确定。根据许多试验研究资料分析,气体混合物的粘度具有相互影响的相关性,可根据相应图表和相应公式查值和精确计算,但相当繁琐,可操作性很差。在天然气流量测量中,由于天然气的粘度变化对流量测量值影响很微,无须进行精确计算,或采用常温、常压和平均相对密度下的平均粘度值,或采用甲烷在测量状态下的粘度值作为天然气在测量状态下的粘度进行天然气的雷诺数计算。美国 AGA NO3

报告(美国天然气用孔板流量计计量标准)历年来的版本均采用15.6℃（60°F），天然气相对密度为 0.65 时的平均粘度为 0.0103mPa·s，来计算天然气在管道中流动的雷诺数，它适用于粘度变化范围为 0.0088~0.0118mPa·s，相应的温度变化为 -1~32℃，相对密度变化为 0.55~0.75。在此范围内，对流量测量的准确度影响甚微，可忽略不计。我国历年来的天然气流量测量，采用甲烷在天然气测量状态下的粘度值，作为天然气在测量状态下的粘度，进行天然气在管道中流动的雷诺数计算。1983 年制定的 SYL04—83 标准《天然气流量的标准孔板计量方法》，1996 年修订后的 SY/T 6143—1996 标准均采用这种方法。这种方法简单易行，准确度较其取固定值高。

五、雷诺数

所谓雷诺数，在流体力学相似理论中，它是表征流体在流动时的惯性力与粘性力(内摩擦力)之比，是一个表征流动介质流动特性的无量纲量。当有几个几何上相似的流速流动时，如果雷诺数相等，这时它们的流出系数也是相等的。雷诺数要针对具体参数而言，流体流过圆形截面管道的雷诺数，用符号 Re_D 表示，其一般表达式可写成

$$Re_D = \frac{Du\rho}{\mu} \qquad (2-17)$$

式中　D——管道内径，m；

　　　u——流体在管道中的平均流速，m/s；

　　　ρ——流动流体的密度，kg/m³；

　　　μ——流动流体的动力粘度，mPa·s。

流出系数是差压式流量计的最关键参数，是真实流量与理论流量的比率。流出系数随着雷诺数变化而变化，但是当雷诺数增大到某一数值时，这种变化就小了，并逐渐趋于稳定。对孔板流量计而言，法兰取压法 Re_D 应在 10^6 以上，角接取压法 Re_D 应在 2×10^5 以上。

在天然气流量测量中雷诺数计算实用式推导如下。

设流过管道的天然气在工作状态条件下的体积流量为 Q_{fs}（m³/s），则有

$$Q_{fs} = \frac{\pi D^2}{4} u \qquad (2-18)$$

因此天然气流经管道的流速为

$$u = \frac{4Q_{fs}}{\pi D^2} \qquad (2-19)$$

将式(2-19)代入式(2-17)得

$$Re_D = \frac{4Q_{fs}\rho_f}{\pi D \mu} \qquad (2-20)$$

当天然气密度的单位采用 kg/m²，管道内径用 mm 计，式(2-20)可化简为

$$Re_D = 1.27 \times 10^6 \frac{Q_{fs}\rho_f}{D\mu} \qquad (2-21)$$

式(2-21)中的 $Q_{fs}\rho_f$ 是天然气流经管道的质量流量。质量流量在工作状态条件下与标准状态条件下是相等的。则有

$$Q_{fs}\rho_f = Q_n\rho_n \qquad (2-22)$$

利用真实相对密度概念，可得到天然气在标准状态下的密度 ρ_n 为

$$\rho_n = G_{nr}\rho_a \qquad (2-23)$$

式中　G_{nr}——天然气在标准状态下的真实相对密度，由式(2-11)计算；

　　　ρ_a——干空气在标准状态下的密度，其值为 1.20455kg/m³。

联解式(2-21)、式(2-22)和式(2-23)并代入 ρ_a 值得

$$Re_D = 1.53 \times 10^6 \frac{Q_{ns}G_{nr}}{D\mu} \quad (2-24)$$

式中 Q_{ns}——标准状态条件下天然气流过管道特定内径横截面的体积流量,m^3/s;

G_{nr}——标准状态条件下天然气的真实相对密度;

D——在工作状态条件下管道特定内径,mm;

μ——在工作状态条件下天然气的动力粘度,mPa·s。

六、等熵指数

等熵指数是气相流体差压式流量计测量流量的特有物性参数,符号用 κ。当气体流过差压发生器的缩口截面后,气体遇上较低压力而膨胀起来。假定这种膨胀遵循着一种多变过程,这时压力和体积间的相互关系被定义为

$$pV^n = 常数 \quad (2-25)$$

如果膨胀长度短且差压小,可假定为理论的一维等熵膨胀,膨胀是可逆的并且无热的损失。在这种绝热膨胀的假定条件下,在差压发生器前后的两种压力与两种体积间的相互关系式为

$$\frac{p_1}{p_2} = \left(\frac{V_2}{V_1}\right)^\kappa = \left(\frac{\rho_1}{\rho_2}\right)^\kappa \quad (2-26)$$

式中 p_1, V_1, ρ_1——差压发生器前静压力、气体体积、气体密度;

p_2, V_2, ρ_2——差压发生器后静压力、气体体积、气体密度;

κ——等熵指数。

气体的等熵指数因气体性质不同而不同 并且是压力和温度的函数,其计算式如下

$$\kappa = \frac{c_p}{c_V} = \frac{c_p}{c_p - (c_p - c_V)} \quad (2-27)$$

式中 c_p——气体的比定压热容,$kJ/(kg \cdot K)$;

c_V——气体的比定容热容,$kJ/(kg \cdot K)$。

只有当气体服从理想气体定律时等熵指数才等于比定压热容

与比定容热容之比。气体混合物的等熵指数不服从叠加定律,但其比定压热容 c_p 和比定容热容 c_v 服从叠加定律,可以按叠加定律求得混合气体的 c_p 和 c_V 值,然后按式(2-27)求出它的等熵指数。

但是要精确计算相当繁琐,需查许多数据图表,工程上运用可操作性差。考虑到等熵指数是用来计算可膨胀性修正系数 ε 的,根据其值的变化对 ε 计算值的影响程度而不必精确计算便可满足气体流量测量的准确度要求。因为天然气中甲烷占 80% 以上,仅含少量的重烃和二氧化碳、氮、氧、硫化氢和水汽等其他气体,一般情况下,采用甲烷在测量状态条件的热容比,代替天然气在测量状态条件下的等熵指数,用以计算可膨胀性系数 ε 值。我国历年来在用孔板流量计测量天然气流量中,是按标准 SY L04—83《天然气流量的标准孔板计量方法》和修订后的 SY/T 6143—1996 处理的。这样处理既简单又适用,且准确度高于取固定值 $\kappa = 1.3$ 计算可膨胀性系数 ε 值。

美国气体协会 AGA 对天然气的等熵指数 κ 的处理进行了研究和调查,他们认为实际气体的等熵指数 κ_r 是气体属性、压力和温度的函数。对于理想气体,等熵指数 κ_i 等于气体的比定压热容 c_p 与比定容热容 c_V 之比,即 c_p/c_V,与压力无关,只与温度有关。完备气体是一种热容恒定的理想气体,完备气体的等熵指数 κ_p 等于标准状态条件下计算的理想气体等熵指数 κ_i。他们从大量的实践中发现 κ_r 值近似等于 κ_p 值,κ_i 值近似等于 κ_p 值。从实用观点出发,流量公式对等熵指数的微小变化不太敏感,因此常常把完备气体的等熵指数 κ_p 用于流量公式。对于天然气而言,采用 $\kappa_p = \kappa_i = \kappa_r = 1.3$,大大地简化了计算。这种做法是美国天然气专用标准 AGA NO3 报告历年来所运用的方法。

七、压缩因子

流体是具有压缩性的物质,通常认为液体是不可压缩的。在常温、常压下为液体的物质,虽然在数据表内查得或增大压力下测得的液体密度或相对密度很少有增加,但在有些情况下必须考虑压缩性来进行修正。当液体随压力和温度的增加而变得可压缩时,例如液体当接近临界温度等温线时,液体表现得更像气体一样而变得更可压缩。戊烷和轻烃类液体就有这种现象。

众所周知,气体是压缩性、膨胀性大的物质。许多科学家经过实验研究发现:对理想气体,其压力、温度和体积之间的关系如式(1-11)所示;对于真实气体,其压力、温度和体积之间的关系如式(1-15)所示。式(1-15)中的 Z 就是真实气体偏离理想气体状态方程所考虑的一个压缩因子参数。

气体的压缩因子因气体的属性不同而不同,并且是压力、温度的函数。对于混合气体,其压缩因子是组分、压力和温度的函数。压缩因子对气相流体流量测量的影响很大,人们对它的研究也花费了很大工夫。

美国对天然气的压缩因子研究,与孔板流量计用于测量天然气流量的研究同时进行。20世纪20~30年代美国人卡兹用高压物性实验,取得了一大批实验数据,按照对比压力、对比温度与压缩因子的关系绘制了一张"天然气压缩因子"图,也就是通常所称的卡兹曲线图。由此可根据天然气组分求出天然气的对比压力、对比温度,从而查出天然气的压缩因子来。按照对比状态理论,对于热力学相似的物质,当其任意两个对比参数相同时(在相同的对比状态下),第三个对比参数也相等,也就是说有相同的对比压力和对比温度,就具有相同的压缩因子,卡兹曲线图就是建立在对比状态理论这一基础上的,即图1-9所示。

我国在天然气流量测量中,一直用卡兹曲线图确定天然气的压缩因子 Z,到1983年制定 SY L04—83 标准《天然气流量的标准孔板计量方法》时,为了计算出的天然气压缩因子 Z 方便、准确和一致,采用了卡兹曲线图数据表。这种建立在对比状态理论基础上确定天然气压缩因子 Z 的方法,在我国一直用到1996年,目前个别地方仍在使用。

天然气是一种组分复杂多变的混合气体,采用这种方法确定它的压缩因子比较适用。只要分析出天然气的组分数据,便可根据天然气各个纯组分气体的物理化学参数计算天然气的假对比压

力 p_r 和假对比温度 T_r，然后按 p_r、T_r 值查卡兹曲线数据表(或图)求出天然气的压缩因子 Z 来，其计算步骤如下：

(1)计算天然气的假临界参数。

假临界压力 p_c 计算式为

$$p_c = \sum_{i=1}^{n} p_{ci} X_i \qquad (2-28)$$

假临界温度 T_c 计算式为

$$T_c = \sum_{i=1}^{n} T_{ci} X_i \qquad (2-29)$$

式中　p_{ci}——天然气中纯组分 i 的临界压力在表 1-1 中查取，kPa；

T_{ci}——天然气中纯组分 i 的临界温度在表 1-1 中查取，K；

X_i——天然气中纯组分 i 的摩尔分数，由气分析得出；

n——天然气中所含纯组分个数。

(2)计算天然气的假对比参数。

假对比压力 p_r 计算式为

$$p_r = \frac{p}{p_c} \qquad (2-30)$$

假对比温度 T_r 计算式为

$$T_r = \frac{T}{T_c} \qquad (2-31)$$

式中　p——天然气流动绝对静压力，kPa；

T——天然气流动热力学温度，K；

p_c——天然气假临界压力(由式(2-28)求得)，kPa；

T_c——天然气假临界温度(由式(2-29)求得)，K。

再根据求出的 p_r、T_r 值查卡兹曲线数据表(此略，详见 SY L04-83)或卡兹曲线图(详见图 1-9)，便可求得天然气的压缩因子 Z。

在电子计算机广泛运用的今天，使用卡兹曲线数据表拟合成表 2-1 所列的计算公式，亦可满足较准确计算的精度要求。

表 2-1 天然气压缩因子计算公式表

p_r \ T_r	1.30	1.35	1.40	1.45	1.50	1.60
0~0.35	$Z=(0.3812T_r-0.6598)p_r-0.0158T_r+1.0214$				$Z=(0.2453T_r-0.472)p_r-0.0036T_r+1.0056$	
0.36~0.95	$Z=(0.3774T_r-0.6532)p_r-0.0018T_r+1.0014$				$Z=(0.2202T_r-0.4265)p_r+0.0078T_r+0.9852$	
0.96~1.32	$Z=(1.4933-0.364T_r)e^{(0.816T_r-1.259)p_r}$		$Z=\dfrac{(1.226-0.159T_r)}{e^{(0.494T_r-0.8286)p_r}}$		$Z=\dfrac{(0.9298+0.0425T_r)}{e^{(0.1943T_r-0.3883)p_r}}$	
1.33~2.40	$Z=(0.401-0.28T_r)p_r^2+(1.444T_r-2.1462)p_r-0.852T_r+2.1844$		$Z=(0.2274-0.146T_r)p_r^2+(0.872T_r-1.4028)p_r-0.486T_r+1.7179$		$Z=(0.0606-0.03T_r)p_r^2+(0.275T_r-0.539)p_r-0.049T_r+1.0873$	

续表

T_r \ p_r	1.7	1.8	1.9	2.0
0~0.35	$Z=(0.1314T_r-0.2861)p_r+0.0030T_r+0.9946$		$Z=(0.0766T_r-0.1855)p_r+0.0020T_r+0.9957$	
0.36~0.95	$Z=(0.1130T_r-0.2484)p_r+0.0101T_r+0.9803$		$Z=(0.0725T_r-0.1738)p_r+0.0066T_r+0.9849$	
0.96~1.32	$Z=(1.0294-0.0195T_r)e^{(0.1477T_r-0.3078)p_r}$		$Z=(0.8795+0.0591T_r)e^{(0.0370T_r-0.0897)p_r}$	
1.33~2.40	$Z=(0.1050-0.0550T_r)p_r^2+(0.3120T_r-0.6149)p_r-0.1540T_r+1.2777$		$Z=(0.0099T_r-0.0125)p_r^2+(0.0218T_r-0.0891)p_r+0.0490T_r+0.9103$	

据有关文献介绍,利用对比状态理论求出的天然气压缩因子,准确度为±1%。为了提高天然气压缩因子准确度,美国气体协会AGA针对天然气进行了大量的实验研究和调查,于1963年出版了《确定天然气超压系数手册》。该手册中引用了PAR NX-19方程,用以计算天然气的超压缩系数 F_z。1969年修订出版的AGA NO3 报告采用了这些方程的计算方法。为了现场运用,采用天然气真实相对密度 $G_{nr}=0.60$,二氧化碳和氮气含量均为零,编制出超压缩系数表列于报告中。PAR NX-19方程的使用范围为:天然气相对密度为0.554~0.750;天然气流动温度为-40~115℃;天然气流动静压为0~34.45MPa;天然气含 CO_2 气的摩尔分数不超过0.15;天然气含 N_2 气的摩尔分数不超过0.15。

上述天然气混合物主要成分是甲烷、乙烷和含有少量较重组分的烃类气体及非烃类气体,其相对密度不超过0.75,二氧化碳和氮气摩尔分数含量均不超过0.15。在此范围内采用PAR NX-19方程计算的超压缩系数平均误差小于±0.25%,压缩因子 Z 的平均误差小于±0.5%。对于相对密度、二氧化碳和氮气含量超过规定范围,应作超压缩性试验求之。

PAR NX-19方程的计算公式如下:

$$F_Z = \frac{\sqrt{\frac{B}{D} - D + \frac{n}{3H}}}{1 + \frac{0.00132}{\tau^{3.25}}} \qquad (2-32)$$

式中

$$B = \frac{3 - mn^2}{9mH^2}$$

$$m = 0.033078\tau^{-2} - 0.0221323\tau^{-3} + 0.0161353\tau^{-5}$$

$$n = \frac{-0.133185\tau^{-1} + 0.265827\tau^{-2} + 0.0457697\tau^{-4}}{m}$$

$$H = \frac{p_j + 14.7}{1000}$$

$$\tau = \frac{t_j + 460}{500}$$

$$p_j = 145.04 pFp$$

$$t_j = (1.8t + 492)F_t - 460$$

$$D = \left(b + \sqrt{b^2 + B^3}\right)^{1/3}$$

$$b = \frac{9n - 2mn^3}{54mH^3} - \frac{E}{2mH^2}$$

当 $29.4 \leqslant t < 115.6$℃ 且 $p \leqslant 13.79$ MPa 时：
$E = 1 - 0.00075 H^{2.3} e^{-20(\tau - 1.09)} - 0.0011(\tau - 1.09)^{0.5} H^2 \times$
$[2.17 + 1.4(\tau - 1.09)^{0.5} - H]^2$

当 -28.9℃ $\leqslant t < 29.4$℃ 且 13.79MPa $\geqslant p > 8.963$MPa 时：
$E = 1 - 0.00075 H^{2.3}(2 - e^{-20(1.09 - \tau)}) + 0.455[200(1.09 - \tau)^6 - 0.03249(1.09$
$- \tau) + 2.0167(1.09 - \tau)^2 - 18.028(1.09 - \tau)^3 + 42.844(1.09 - \tau)^4]$
$(H - 1.3)(4.01952 - H^2)$

当 -40℃ $\leqslant t \leqslant 29.4$℃ 且 $p \leqslant 8.963$MPa 时：

$E = 1 - 0.00075 H^{2.3}(2 - e^{-20(1.09 - \tau)}) - 1.317(1.09 - \tau)^4 H$

$(1.69 - H^2)$

$$F_p = \frac{156.47}{160.8 - 7.22 G_{nr} + K_p}$$

$$F_t = \frac{226.29}{99.15 + 211.9 G_{nr} - K_T}$$

$$K_p = M_C - 0.392 M_N$$

$$K_T = M_C + 1.681 M_N$$

式中 p——天然气流动静压力，MPa；

t——天然气流动温度,℃;

G_{nr}——天然气真实相对密度(应小于等于 0.75),由气分析后计算得出;

M_C——天然气中二氧化碳含量的摩尔分数(应小于等于 15%),由气分析给出;

M_N——天然气中氮气含量的摩尔分数(应小于等于 15%),由气分析给出。

PAR NX-19 方程计算天然气超压缩系数 F_Z 为国内外天然气贸易计量部门认可并获得广泛应用,我国修订后的石油天然气行业标准 SY/T 6143—1996《天然气流量的标准孔板计量方法》采用了这种计算方法,来计算天然气的超压缩系数 F_Z。

从 1981 年开始,美国俄克拉何马大学肯尼斯 E.斯塔林教授为了更加扩大 PAR NX-19 的使用范围又继续进行实验研究,并于 1985 年出版了 AGA NO8 报告"天然气及其他烃类气体的压缩性和超压缩性"。这个报告已得到世界各国天然气流量贸易计量部门公认作为确定天然气压缩因子和超压缩系数的确定方法。国际标准化组织 ISO 在目前实验研究的资料基础上,制定了 ISO/DIS 12213 标准《天然气压缩因子的计算》,其中有两种计算方法:第一种是用天然气的摩尔分数、压力、温度计算其压缩因子,即 AGA 8-92DC 计算方法;第二种是用天然气相关物性参数、压力、温度计算其压缩因子,即 SGER G-88 计算方法。

(1)摩尔密度法。

这种方法是利用实测的天然气摩尔分数、压力、温度按下列方程求摩尔密度、各个系数和压缩因子。

$$Z = 1 + B\rho_m - \rho_r \sum_{n=13}^{18} C_n^* + \rho_r \sum_{n=13}^{58} C_n^*(b_n - c_n k_n \rho_r^{kn})\rho_r^{bn} \exp(-c_n \rho_r^{kn})$$

(2-33)

式中 Z——压缩因子;

B——第二维利系数;

ρ_m——气体摩尔密度;

ρ_r——气体对比密度;

C_n^*——是温度和组分函数的系数;

b_n, c_n, k_n——常数($n = 13, 14\cdots$,详见 GB/T 17747.2)。

(2)相关物性法。

这种方法是基于天然气高位发热量(H_s)、相对密度(G_r)、天然气中所含非烃气体组分(不可燃和可燃组分,如 CO_2 和 H_2)及气流温度、压力和摩尔密度的关系,其关系式为

$$Z = 1 + B\rho_m + C\rho_m \quad (2-34)$$

$$\rho_m = p/ZRT \quad (2-35)$$

式中 B, C——系数,与 H_s、G_r、CO_2、H_2、T 有关(详见 GB/T 17747.3);

ρ_m——气体的摩尔密度。

由此可以看出天然气的压缩因子 Z 与压力、温度、摩尔分数或高位发热量、相对密度、二氧化碳含量、氢气含量均有关,是一个相当复杂的函数关系,要精确计算,用手工完成相当难。

按照 ISO/DIS 12213 标准确定天然气压缩因子无论采用哪种方法均应采用计算机,气相色谱分析仪在线实时编程计算才具实用性。只有在大流量天然气贸易计量中,要求计量准确度特别高的计量点才具有其经济性和实用性。

第一种计算方法与美国 AGA NO8 报告类似,它的适用范围如下。

规定的摩尔分数范围:

甲烷 50%~100%;

氮气 0~50%;

二氧化碳 0~50%;

乙烷 0~20%;

丙烷　0~5%；

丁烷　0~1.5%；

戊烷　0~0.5%；

己烷及比己烷重的烃类　0~0.2%。

虽然没有列入水蒸气、硫化氢、一氧化碳、氧、氦、氩，但这些组分的摩尔分数占气体总和为0~1%时，天然气压缩因子计算的不确定度分三组使用情况，详见示意图2-3。经过大量的实验研究的数据分析认为：对于多数天然气来说，在典型管输条件下，只要准确地知道天然气组分，压缩因子的计算值平均误差可小于±0.1%，超压缩系数的计算平均误差小于±0.05%。

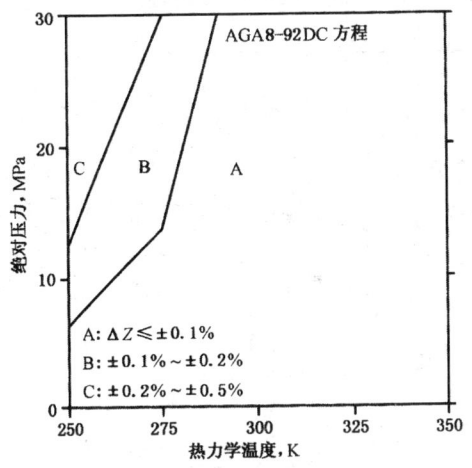

图2-3　AGA8-92DC计算压缩因子
使用的不确定度区间图

第二种方法是相关物性参数法，与德国标准VDI Nr266类似，它的适用范围如下。

规定的摩尔百分数范围：

甲烷　50%~100%；

氮气　0~50%；

乙烷　0~20%；
丙烷　0~5%；
丁烷　0~1.5%；
戊烷　0~0.5%；
己烷及比己烷更重的烃类　0~0.2%。

天然气中一氧化碳、氮气、水蒸气等含量应分别小于或等于3%、0.5%、0.015%，在这种规定摩尔组分百分数范围内，天然气压缩因子计算的不确定度分下面列出的四种使用情况，详见图2-4。对于大多数管输条件下的天然气，只要准确地测量出相应的物性参数，压缩因子计算值的平均误差可小于±0.1%，超压缩系数计算值的平均误差将小于±0.05%。

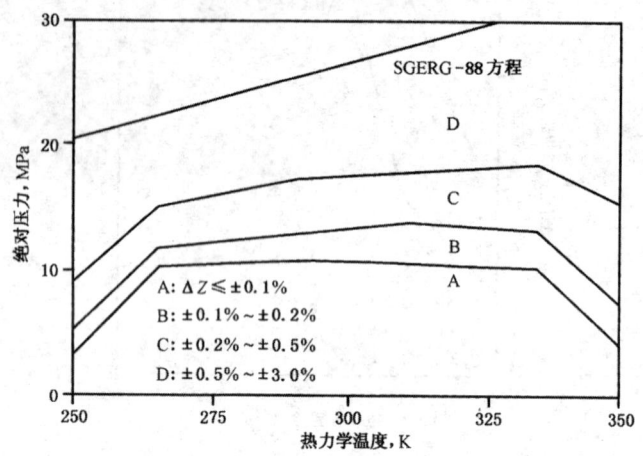

图2-4　SGERG-88方程计算压缩因子的不确定度区间图

对于上述用对比状态理论，PAR NX-19 和 ISO/DIS12213三种不同方法求天然气压缩因子的繁简程度不一，其计算值的准确度也不一样。准确度越高，计算的方法就越繁，要求的计算工具、计算技术水平就越高，经济投入也就越大。在计量站计量系统设计时一定要根据计量站计量系统规模、性质正确选择它的计算方法和设计思路。

第三节 天然气流量测量方法及流量计

目前国内外共有近60种流量测量技术和100多种不同类型的流量计,在国民经济领域中得到应用,能对单相流、多相流的固体、液体、气体、蒸汽等流量进行测量。随着世界科学技术的发展,每年世界上流量计制造厂商,还将不断地设计和生产出各类新的流量计产品。流量测量是一门综合性科学技术发展的结晶。类型繁多的流量计,其测量原理、测量方法和仪表结构各有各的特点和使用场所,测量的操作条件和使用条件也不一样。

流体流量具有导出性、综合性和动态性,它属于多参数间接测量。目前广泛采用的是基于测量流体在单位时间里通过某一横截面的体积、质量或能量三种方式的流量测量。

一、体积流量测量

在流体流量测量技术中,体积流量测量技术发展历史悠久,应用也最为广泛,目前还占主导地位。尽管世界各国正在不懈地努力研究直接式质量流量计,但至今未能广泛使用于实际生产中,仅有为数不多的一两种质量流量计在生产实际中应用。

体积流量测量方法是流体流量测量技术中典型的间接测量法。因为流体密度受压力、温度的变化而有变化。在大气压力下,如果温度每变化10℃,对液体体积流量影响较小,其误差在±1%以下(当然要视距临界等温线的距离而定);对气体体积流量的影响就较大,其影响程度也视距临界等温线的距离而定,这种情况可从相图1-10看出来。对于天然气,如果不考虑温度对其体积流量的影响,假设温度每变化10℃即标准状态温度由20℃下降到10℃,气流温度由15℃上升到25℃,则给体积流量的误差带来-3.3%左右的误差;如果是反向变化当然也就产生正误差。因此,在流体流量测量中,对于液体体积流量,如果要求测量的准确度不是很高,且温度变化不很大,温度的影响可以忽略不计。而对气体体积流量测量其温度影响就必须考虑。至于流体压力,远离临界等温线的液体很难压缩,所以人们认为液体不可压缩。在液体体积流量测量中,一般情况下,不考虑压力对液体体积流量测量准确度的影响。对于气体就不能不考虑,它是气体体积流量测量中的一个必须测量的参数,这一点可以从气体状态方程式(1-15)中理解到。在气体体积流量测量中,气流压力、气流温度是除准确测量主参数之外,必须准确测量的两个主要辅助参数。

在流体体积流量测量中,准确测量流动压力和流动温度,通常称之为压力和温度的补偿。压力温度补偿,必须搞清楚两个基本概念:第一个概念就是流体体积流量计量必须取定计量的标准状态条件;第二个概念就是依规定的标准状态条件的温度、压力距临界状态的温度差和压力的差别。流体流动温度、流动压力的变化幅度,按流体物质相图估计一下对其体积流量测量准确度的影响程度有多大,是否在要求的准确度范围内。根据规定的标准状态条件和流体流动温度、流动压力在流体物质相图中的位置和变化幅度,初步估计一下,在测量过程中,其体积流量测量的准确度若不会超过要求的准确度,可不采用压力温度补偿测量。

一般说来,对于气体,尤其是混合组分的天然气贸易计量,是规定计量标准状态条件下的体积流量。无论是测量时的流动状态条件,还是计量的标准状态条件,都是处于临界状态条件较远的真实气体,并且流动压力和流动温度的变化幅度较大,且无规律,测量的准确度要求又比较高,在标准体积流量计量的测量中,都应考虑压力温度补偿,同时根据天然气组分变化情况采用不同的分析方法分析出天然气的组分来。只有根据体积流量测量原理和真实气体状态方程,充分考虑到各个影响因素及其准确测量和相应的补偿方法,才能达到标准体积流量计量较高的准确度要求。

测量流体体积流量的流量计,国内外目前广泛使用的主要仪表有下述3类。

1. 差压式流量计

差压式流量计是流体流量测量中使用得最为普遍的一种,它是基于伯努利原理,适用于稳定流,利用流体在有压能作用下充满管道流动时,遇到管道的缩颈部件发生节流产生差压,或测量总压与静压之间的差压作为测量原理制作的。

差压式流量计简单、价廉,易于安装和维修,经久耐用,可操作性强。但是,差压式流量计也有它的缺点:测量范围较窄,也就是说当最小流量与最大流量之间太宽时,差压式流量计就不能准确地测量流体流动的速度。当流速相当稳定时,差压式流量计工作状态才会良好。有些差压式流量计不适合于测量脏的流体,因为脏物会使一次元件堵塞,例如皮托管和阿牛巴。

差压式流量计通常以发生差压的一次元件的名称来命名流量计,例如将一次元件为孔板的命名为孔板流量计,一次元件为阿牛巴(或称均速管)命名为阿牛巴或均速管流量计。

根据JJG 1004—86《流量计量名词术语及定义》的标准解释,流量计是测量管流或明渠流中流量或累积流量的器具。实际上,要测量出管流中的流量来,差压式流量计不仅仅只是一个发生差压的一次元件所能办到的,应包括由正确、准确产生差压的一次元件、取压部件和所要求的上下游直管段组成的一次装置;还应包括正确、准确检测差压、静压、温度和相关参数的二次仪表,以及连接一次装置和二次仪表的引压管线(或信号连接线)直至指示记录或通过计算而得出流量来的一整套系统。通常将主体部分称作流量计。

对于差压式流量计来说,发生差压的一次元件最关键,因此对它特别重视。有以下几种形式发生差压的一次元件在流体流量测量中使用得比较广泛,如孔板、喷嘴、文丘里、皮托管和阿牛巴。

1)孔板

孔板是天然气工业中使用得最为广泛的一种发生差压的一次元件,它与测量差压、静压、温度及相关参数的二次仪表、信号引线(管)组成孔板流量计计量系统。本书安排第三章进行详细地介绍。

2)喷嘴

喷嘴有好几种可供选择,ISA 1932喷嘴和长颈喷嘴已列入我国国家标准 GB/T 2624—93《流量测量节流装置用孔板、喷嘴和文丘里管测量充满圆管的流体流量》。图 2-5 和图 2-6 原样列出了这两种喷嘴结构通用图,具体尺寸和技术要求详见该标准。

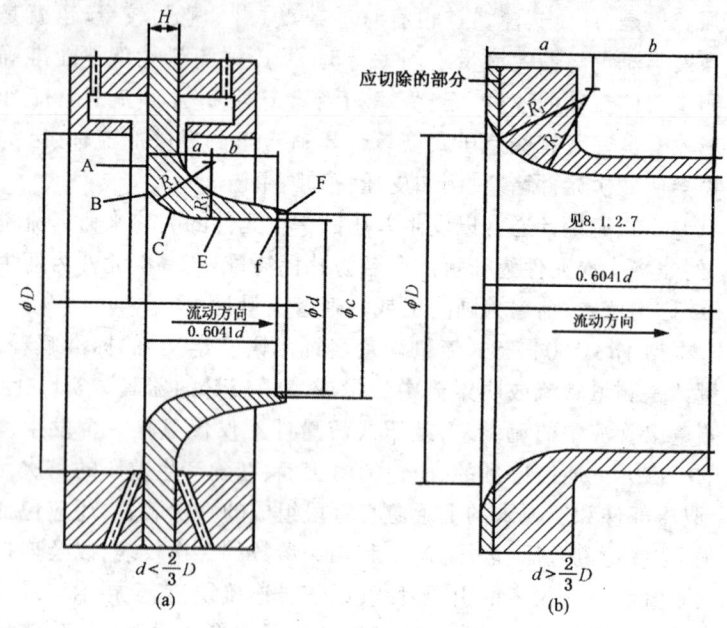

图 2-5 ISA 1932 喷嘴

喷嘴在用于含有脏物和磨损物质的天然气中,优于直角入口的锐孔板,因为直角锐孔板的入口边缘被冲磨后失去准确度。但是,喷嘴结构复杂,加工较困难,比直角锐孔板贵,对于给定的不同量程读数的喷嘴要产生与直角锐孔板相等的永久压力损失。

图 2-5 为 ISA 1932 喷嘴以 $d=2D/3$ 为界限采用了两种结构形式。当 d 小于 $2D/3$ 时,喷嘴总长度 L(不包括保护槽 F 的长度)为 $0.6041d$;如果 d 大于 $2D/3$,喷嘴的总长度 L 值为

$$L = [0.4041 + (0.75/\beta - 0.25/\beta^2 - 0.5225)^{1/2}]d \tag{2-36}$$

$$\beta = d/D \tag{2-37}$$

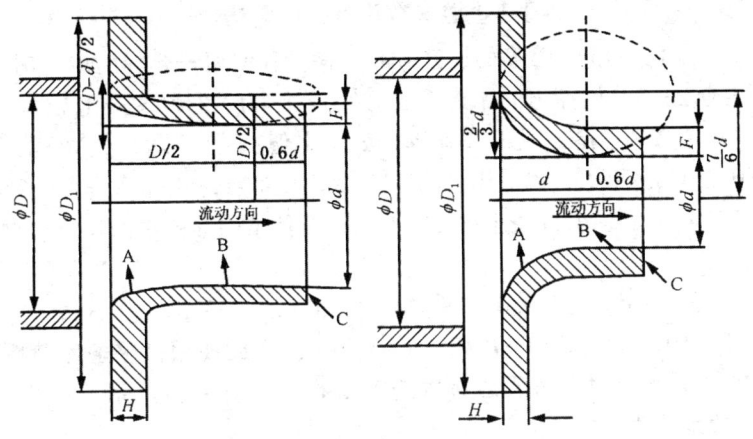

图 2-6 长颈喷嘴

式中 β——直径比,通常称为 β 比;

d——节流件孔径,例如孔板开孔直径或喷嘴缩颈部最小处内径,由制造厂检验实测确定;

D——直管段内径,实测确定。

β 比是一种关系的度量,或者说是一种比率,是气体所流经的管道尺寸与节流元件尺寸的比率。在高 β 值的差压发生器里,节流件缩颈部的尺寸与管道内径尺寸比较相差较小;相反,在低 β 值的差压发生器中,节流件缩颈部的尺寸与管道内径尺寸比较相差较大。

ISA 1932 喷嘴的使用极限为:$50\text{mm} \leqslant D \leqslant 500\text{mm}$;$0.30 \leqslant \beta \leqslant 0.80$;当 $0.30 \leqslant \beta < 0.44$ 时,$70000 \leqslant Re_D \leqslant 10^7$,当 $0.44 \leqslant \beta \leqslant 0.80$ 时,$20000 \leqslant Re_D \leqslant 10^7$,$K/D \leqslant 3.8 \times 10^{-4}$。在其使用范围内,流出系数按下式计算:

$$C = 0.9900 - 0.2262\beta^{4.1} - (0.00175\beta^2 - 0.0033\beta^{4.15})(10^6/Re_D)^{1.15}$$

(2-38)

式中 C——流出系数;

β——直径比;

Re_D——以管道上游参数为特征的雷诺数。

当 ISA 1932 喷嘴的设计、加工、检验和使用符合标准规定时,按式(2-38)计算出的流出系数 C 的不准确度 $\delta C/C \leqslant \pm 1.2\%$。

图 2-6 示出了长颈喷嘴,按 β 比值的范围设计成高比值($0.25 \leqslant \beta \leqslant 0.80$)和低比值($0.20 \leqslant \beta \leqslant 0.50$)两种结构形式。当 β 值介于 $0.25 \sim 0.50$ 之间时,可采用这两种结构形式中的任何一种喷嘴。

长颈喷嘴使用极限条件为:$50\text{mm} \leqslant D \leqslant 630\text{mm}$;$0.20 \leqslant \beta \leqslant 0.80$;$10^4 \leqslant Re_D \leqslant 10^7$;$K/D \leqslant 10 \times 10^{-4}$。在此使用极限条件范围内,当采用针对上游管道参数的雷诺数 Re_D 计算流出系数 C 时,其关系式为

$$C = 0.9965 - 0.00653\beta^{0.5}(10^6/Re_D)^{0.5} \quad (2-39)$$

当采用针对缩口部参数的雷诺数 Re_d 时,流出系数 C 值与直径比 β 无关,式(2-39)变为

$$C = 0.9965 - 0.00653(10^6/Re_d)^{0.5} \quad (2-40)$$

式中 Re_d——喉部雷诺数。

当长颈喷嘴按标准规定设计、加工、检验和使用符合标准规定时,按式(2-39)或式(2-40)计算出流出系数 C 的不确定度 $\delta C/C \leqslant \pm 2.0\%$。

ISA 1932 喷嘴和长颈喷嘴用于气体测量的可膨胀性系数 ε 均按下式计算:

$$\varepsilon_1 = \left[\frac{\kappa\tau^{2/\kappa}}{\kappa-1} \cdot \frac{1-\beta^4}{1-\beta^4\tau^{2/\kappa}} \cdot \frac{1-\tau^{(\kappa-1)/\kappa}}{1-\tau}\right]^{1/2} \quad (2-41)$$

式中 ε_1——针对管道上游参数而言的可膨胀性系数;

κ——上游条件下的气体等熵指数;

τ——节流孔下游与上游静压力比值,即 $\tau = p_2/p_1$ 且必须满足 $\tau \geqslant 0.75$ 的要求;

β——直径比。

按式(2-41)计算的气体可膨胀性系数的不确定度 $\delta\varepsilon/\varepsilon = \pm(2\Delta p/p_1)\%$。

3)文丘里管和文丘里喷嘴

文丘里管和文丘里喷嘴也是列入我国国家标准GB/T 2624—93中的标准节流件,其结构形式就如图2-7和图2-8所示。图中参数代号物理意义和具体的技术要求详见该标准。

在低压降场合中,采用文丘里管来测量流体流量是有利的,流体经过文丘里管不会使压力值下降很多。当流体通过文丘里管时,污物不会在管中堆积,但可能聚集在直角锐孔板前。

因此,文丘里管有时用来测量脏的流体。最初设计的文丘里管是用于内径等于和大于150mm的水管线和污水管线中测量其流量。但是对于小直径管线的流量测量,设计一种专用的文丘里管更为合适,它比经典文丘里管短一些、轻一些。

经典文丘里管根据收缩段B内表面的技术要求以及收缩段B与喉部C相交处的廓形分为三种形式。

第一种为粗铸收缩段的经典文丘里管,应用于 $100\text{mm} \leqslant D \leqslant 800\text{mm}$; $0.30 \leqslant \beta \leqslant 0.75$; $2\times 10^5 \leqslant Re_D \leqslant 2\times 10^6$ 条件下,其流出系数 $C = 0.984$,流出系数不确定度 $\delta C/C = \pm 0.7\%$。

第二种为具有机械加工收缩段的经典文丘里管,应用于 $50\text{mm} \leqslant D \leqslant 250\text{mm}$; $0.40 \leqslant \beta \leqslant 0.75$; $2\times 10^5 \leqslant Re_D \leqslant 1\times 10^6$ 条件下,其流出系数 $C = 0.995$,流出系数不确定度 $\delta C/C = \pm 1\%$。

第三种为具有粗焊铁板收缩段的经典文丘里管,应用于 $200\text{mm} \leqslant D \leqslant 1200\text{mm}$; $0.40 \leqslant \beta \leqslant 0.70$; $2\times 10^5 \leqslant Re_D \leqslant 2\times 10^6$; $K/D \leqslant 3.8\times 10^{-4}$ 条件下,其流出系数 $C = 0.985$,流出系数不确定度 $\delta C/C = \pm 1.5\%$。

文丘里喷嘴具有收缩段、圆筒形喉部和扩散段,与经典文丘里管所具有能降低总压力损失的特性,然而其上游端面是与图2-5 ISA 1932 喷嘴所规定的完全相同,故称之为文丘里喷嘴。

文丘里喷嘴使用在 $65\text{mm} \leqslant D \leqslant 500\text{mm}$; $d \geqslant 50\text{mm}$; $0.316 \leqslant \beta \leqslant 0.775$; $1.5\times 10^5 \leqslant Re_D \leqslant 2\times 10^6$ 条件下,其流出系数 C 由下

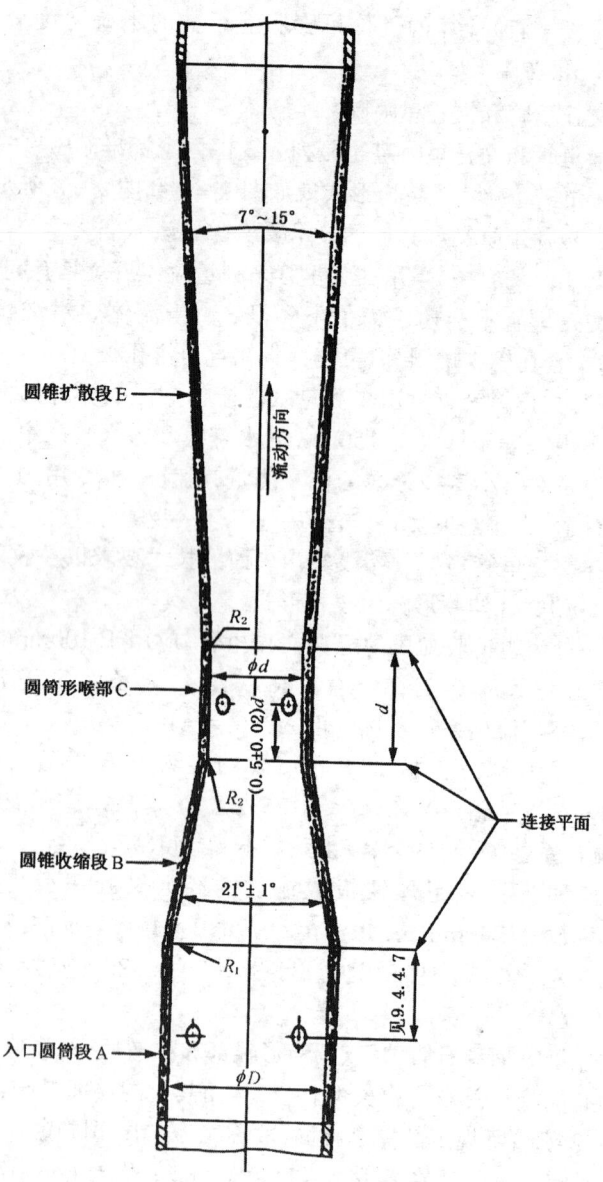

图 2-7 经典文丘里管的几何形状

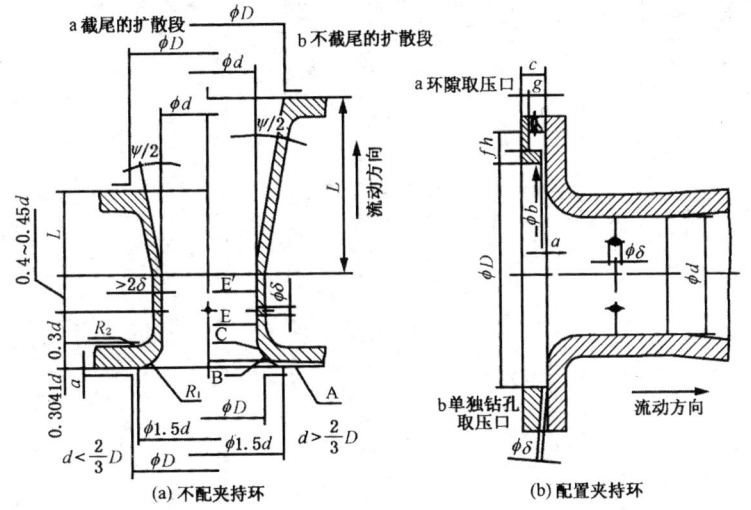

图 2-8 文丘里喷嘴

式计算：

$$C = 0.9858 - 0.196\beta^{4.5} \qquad (2-42)$$

符合标准要求的文丘里喷嘴按式(2-42)计算出的流出系数 C 的不确定度 $\delta C/C \leqslant \pm(1.2+1.5\beta^4)\%$。

用文丘里管和文丘里喷嘴测量气相流体流量时,可膨胀性系数 ε 按式(2-41)计算,可膨胀性系数的不确定度 $\delta\varepsilon/\varepsilon = \pm(4+100\beta^8)\cdot\Delta p/p_1\%$。

文丘里管和文丘里喷嘴的压力损失可根据安装后,文丘里前后压力变化来确定,通过在上下游规定位置上设置取压口实测,通过计算而得出。

4)皮托管和阿牛巴(均速管)

皮托管(图 2-9)一般是用在输送清洁流体的大口径管线中。皮托管安装在管线的某一点上,通常是靠近管线中部,用以测量在这一点上的流体的速度。因为皮托管测量的是在一个相当小的一个点上的速度,所以必须测定管内的平均流速。为了测定平均流

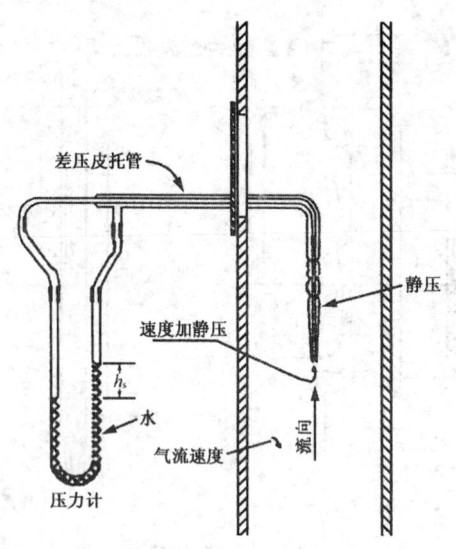

图 2-9 皮托管

速,就应考虑到管横截面上的所有速度,速度剖面是测量管子横截面上各点的流速。当所用输送流体管的已知横截面来综合得出平均流速时,流量就可以计算出来了。

$$\alpha_p = \frac{u}{\sqrt{2gh}} \quad (2-43)$$

式中　α_p——皮托管流量系数;
　　　u——皮托管流速,m/s;
　　　g——标准重力加速度,9.80665m/s²;
　　　h——差压,该流体的公尺数。

阿牛巴(或称均速管)是基于皮托管原理的多孔式差压发生器,它避免了皮托管易受振而损坏和需要横向移动测速口而适应流态改变的校正。

图 2-10 示出的是带五个取压口的阿牛巴(均速管),也可以说是横跨管线内径的五个口的特殊皮托管,四个口面对流向感测平均上游总压力,在背面的一个口感测静压,静压低于总压。阿牛巴上所有的口,按其取压口数确定位置,这就不需要确定在管线中

的平均流速点了,由制造厂提供正确的流量系数 α 值,并说明阿牛巴(均速管)的安装要求。

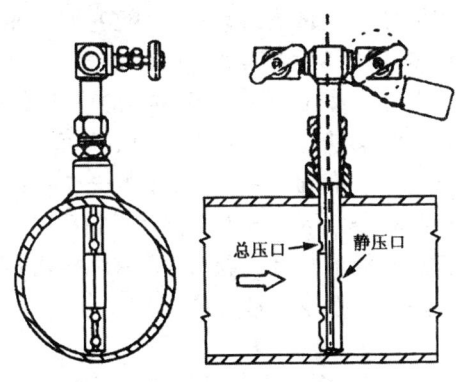

图 2-10 阿牛巴(均速管)

2. 速度式流量计

以直接或间接测量封闭管道中满管流流体流动速度而得到流体流量的流量计通常叫做速度式流量计。如涡轮流量计、超声流量计、涡街流量计和旋进旋涡流量计等,这将在第四章较详细地介绍。

3. 容积式流量计

容积式流量计是直接测量封闭管道中满管流流体流过的容积值来测量流体流量的流量计。如旋转容积式流量计、气体腰轮流量计等。

还有其他基于不同原理设计研制而成的流量计。如电磁流量计、分流旋翼式流量计、激光多普勒流量计、插入式流量计、体积管流量计、伺服流量计、刮板流量计、靶式流量计和临界流流量计等。

二、质量流量测量和能量流量计量

由于流体的体积流量,尤其是流体物质处于临界状态附近时的体积流量,受压力、温度的变化影响极大。在这种场合,尽管人们采用多种措施进行压力、温度补偿,但往往仍然达不到较高的体积流量测量的准确度要求。物质的质量不受状态条件、地理位置的影响,从这一点出发测量流体物质的质量流量有其特别的优越性。近几十年来，人们不懈地努力于质量流量测量的研究，已研究出各种各样的质量流量测量方法。这些质量流量计可以分为直接式质量流量计和推导式质量流量计两大类型，对质量流量计的测量技术和能量流量计将在第五章介绍。

只要将流体在标准或工作状态条件下的体积流量测出来，同时测量出流体在该流动状态条件下的密度，就可求出流体流过流量计的质量流量。为了准确计量，对于多组分流体应分析出组分值和测量出工作状态条件下的压力和温度，以便进行体积流量、质量流量和能量流量之间的相互转换计算，使之随用户要求而输出标准体积流量或质量流量或者是能量流量。

第四节　流量计选型原则

在工业生产中的流体流量测量，要想获得恰倒好处的效果，既经济合理，又能具有较高的测量准确度和可靠性，从设计开始就应重视流量计的选型，必须对各种流量测量诸多方面进行对比、分析和衡量。在流量计选型时，应分别从流体特性，流量计性能，有否足够的操作和维护力量，投资费用，安装条件和环境适应性等六大方面考虑。

一、流体特性和计量参数

首先弄清楚被测流体是气体呢？或是液体？是混合组分气体呢？或是单组分气体，组分是否变化？清洁程度、流体压力、温度常用值及变化范围等。然后再弄清楚工程中（或用户）对流体流量测量的准确度要求，是测量流体的标准体积流量呢？或是质量流量？或者是能量流量？流量常用值及变化范围等。对于气体，其流体特性因素主要包括：压力、温度、密度、粘度和压缩性等，这些参数在本章第二节中已经详细介绍了。这里还要特别指出的是：对于气体，特别是多组分的天然气，因其密度随压力、温度和组分的变化而变化，应仔细分析。根据对测量系统的准确度要求，加以补偿修正，在天然气流量测量中，特别是含硫天然气、硫化物和二氧化碳、氯离子的存在以及水汽的存在都将对流量计的可靠运行造成不良影响,应予特别重视,采取预防措施。

二、流量计性能

流量计的性能指标包括：量程、准确度、重复性、灵敏度、线性度、量程比、压力损失、输出信号特性及响应时间等。

流量计的准确度是指流量计测量值的准确程度,它表示测量结果与被测量真值之间的一致性。准确度是反映流量计性能最主要的综合质量指标,准确度高表示流量计的系统误差和偶然误差都小。

重复性是衡量流量计偶然误差的一个指标。如果对同一个流量值进行多次测量,所测量出的各次流量值也有所不同,这种不同,常用重复性表示。重复性是由环境条件、流体特性、测量技术等各种不能感知的微小变化引起的。

对于涡轮、涡街、超声波、容积式等线性流量计,它的线性度好否也是流量计的一个重要表征值,线性度是指标准曲线与理论曲线之间的接近程度,这一点在选择线性流量计时不可忽视。

流量计的量程比是指在正常条件下,进行流量测量时,在指定准确度值下,所允许流量计使用的流量测量值的变化范围(即最小流量与最大流量之比)。不同类型的流量计,其量程比不同。例如孔板流量计一般为 1:3,不超过 1:4(单孔板、单差压计),超声流量计可达 1:30(40～160)。

压力损失是指流体通过流量计测量流量后,流体压力的永久损失,是衡量流量计是否节能的重要指标。不同类型的流量计,其压力损失是不同的,孔板流量计压力损失较大,超声波流量计无压力损失。这一点流量计选型者要根据计量站、测量系统所处位置、具体设计、工艺要求等予以考虑。

输出信号特征及响应时间密切联系着计量站,测量系统的系统设计,要求流量计输出什么样的信号,响应时间最长不大于多少,要求流量计输出体积流量或质量流量。测量系统输出的最终结果是标准体积流量或质量流量或者是能量流量。总之,流量计输出信号和响应时间依赖于系统设计进行选择,其中模拟信号输出常用于控制输出,而脉冲输出常用于高准确度计量。在电子计算机技术高度发达的今天,这两者可以精确地相互转换,模拟量的控制和计算逐渐减少,代之而来的是高准确度数字控制和数字计算增多。

应当注意,流体流量测量不仅需要按照流量计测量原理选用一次装置对流过管道的流体流量进行测量,而且还需要安装测量流体流动压力、流动温度、流体密度(或相对密度)等进行补偿测量的多种仪表,特别是气体测量中的天然气贸易测量。因此,流量计的准确度并不是流量测量的准确度。流量测量的准确度应包括设计建设成以后所使用的测量系统各个仪器仪表、测量设备等每一单体仪器仪表和设备的准确度,即测量系统的不确定度(系统合成准确度)。它应根据标准文献对测量系统的流量测量不确定度进行合成评估来权衡。从这一点出发,在测量系统设计、流量计选型时,认真了解流量计的特性曲线是必要的。在实验室规定的条件下,各型流量计均展示它自己的特性曲线。特性曲线是速度分布的函数。设计相似的流量计几乎有相同的特性曲线,但可能在准确度等级上不同,它取决于每个器件制造时的完善程度。对于差压式流量计来说,流出系数 C 说明实验室条件下测定流量与按理论公式计算所得流量之间的关系。图 2-11 示出差压式流量计、涡轮流量计和涡街流量计的典型特性曲线。特性曲线是用很长的可以获得充分形成典型速度分布直管段在实验室中,根据实验数据作出的。

这些很长的可以获得充分形成的典型速度分布的直管段,在现场安装中很难作到。实验室里,在有选择的上游干扰情况下进行了一些试验,并将流量计逐渐向干扰件靠近。曲线形状或者是准确度发生变化,用此方法来寻找流量计上下游配管的直管段长度。如果流量计更靠近于优件,涡流、二次流以及与管轴非对称流的速度分布将引起大的附加误差。

不同类型的流量计对上游速度剖面变化容许的程度不同,并且高压下与低压下还有区别。例如,旋转容积式流量计,在低压时对上游速度剖面无严格要求,而在高压时必须确保流量计入口的

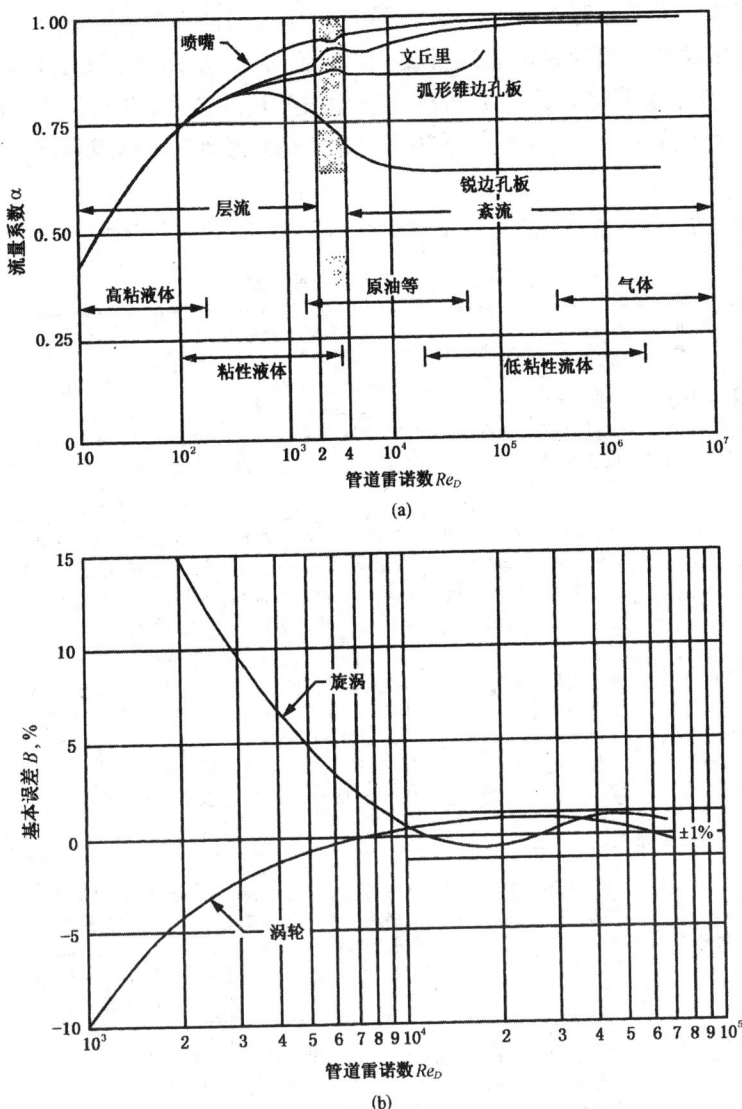

图 2-11 流量计典型特性曲线
(a)差压式流量计;(b)涡轮和旋涡流量计

流体具有充分发展的流速分布,这可能是由于此类仪表在运行中降压脉动引起的原因。通常使用相同的通径 D,上游 $4D$,下游 $2D$ 的直管段来达到。而孔板流量计按其标准要求,有长达 $70D$ 的上游直管段和 $8D$ 长的下游直管段,才能达到充分形成典型速度分布的情况。

常用类型流量计的主要性能列于表 2-2 中,供设计选型时参考。

表 2-2 常用流量计主要性能表

流量计类型 影响因素	孔板流量计	其他流量计				
		旋进旋涡	涡轮	涡街	超声	旋转容积式
计量条件下的流体密度	对测量值起决定因素	影响不大	密度增大流量降低	密度增大流量降低	密度在规定范围内	影响不大
流体中夹带固体颗粒	有磨损和沉积,需装过滤器	有沉积,可能影响测量值,需装过滤器	有沉积,可能损坏叶片,需装过滤器	有沉积和非流线体磨损,需装过滤器	一般无影响,若检测器污染有干扰,需装过滤器	可能损坏转子,需装过滤器
流体中有液体	可能有腐蚀和液体积聚,影响计量准确度	影响不大	可能有腐蚀和液体凝结,润滑油被冲淡,转子出现不平衡	液体沉积,测量值受影响	信号受干优变坏,发信和接收器被粘塞,仪表功能受阻	可能有腐蚀,凝结,易结垢的材料受影响
压力温度变化	突然的压力温度变化会引起孔板变化	增大测量误差	突然的压力温度变化会引起危险	既有危险又增大测量误差	无影响	突然的压力温度变化引起危险并使测量失准
脉动流	准确度受影响,其大小取决于脉动频率和幅度	准确度受影响,其大小取决于脉动频率和幅度	引起高的测量结果,大小取决于频率、幅度、密度和涡轮惯性	准确度受影响,其大小取决于脉动频率和幅度	一般不受影响,当脉动频率大于超声收发频率时有影响	

续表

流量计类型 影响因素	孔板流量计	其他流量计				
		旋进旋涡	涡轮	涡街	超声	旋转容积式
能使用的测量范围(量程比)	10:1 使用双差压测量范围变送器	12:1 流体密度大、测量范围大	30:1 流体密度大、测量范围大	30:1 流体密度大、测量范围大	160~40:1	30:1
超量程运行	在压差允许范围内可以	短时间超量程可以	短时间超量程可以	短时间超量程可以	可以	短时间超量程可以
增大测量能力	加大孔板孔径或增加计量回路或提高计量压力	加大流量计口径或增加计量回路或提高计量压力	加大流量计口径或增加计量回路或提高计量压力	加大流量计口径或增加计量回路或提高计量压力	加大流量计口径或增加计量回路提高计量压力	加大流量计口径或增加计量回路或提高计量压力
连续使用性能	流量计故障不影响供气	流量计故障不影响供气	流量计故障不影响供气	流量计故障不影响供气	流量计故障不影响供气	流量计故障要终止供气
占用空间	上下游需一定直管段,依据 SY/T 6143—1996 标准	上下游需一定直管段长度,依据有关标准或产品说明书	上下游需一定直管段长度,依据有关标准或产品说明书	上下游需一定直管段长度,依据有关标准或产品说明书	上下游需一定直管段长度,依据有关标准或产品说明书	上下游需一定直管段长度,依据有关标准或产品说明书
一般情况下要求的直管段长度: 上游侧 下游侧	30D 7D	4D 2D	10D 5D	20D 5D	10D 3D	4D 2D

注:D 为测量管内径(或流量计内径)。

三、安装条件

流量计选型应考虑它在管道上的安装因素：安装定位、流体流向、上下游的直管段长度、管道内径、工作压力、温度及阻力件形式，特别要注意流路中强干扰件（如旋风分离器、空间弯头和调节阀）对流态的干扰和环境条件（振动和电磁干扰等）。任何一种流量计均应依据相应的标准和生产厂的安装使用说明书进行安装和使用。安装应卡固牢靠并避免振动和干扰。

选用的流量计，应能预见到在安装条件下不会出现缺陷，最大工作压力不会超过管道系统的设计压力和流量计的额定压力。被选用的流量计安装于管道系统中，能在指定的压力、温度和流量范围内正常工作。

流量计在安装前，应消除其相关工艺管道系统中的杂物、粉尘等。在吹扫工艺管路时，有节流件或可动部件，或者易损件的流量计不得安装就位于管路中。

对于所有的流量计，一个充分发展的轴对称速度剖面和消除涡流对获得准确的流量测量至关重要。当然，旋转容积式流量计对速度剖面要求较低。

当涡流角小于流量计制造厂或相应的产品技术标准规定的涡流角时，所存在的涡流角和速度剖面畸变是可以接收的。为了获得可接收的速度剖面，需要对流量计安装管道上下游采取适当的措施。由于不同类型流量计对扰流剖面的敏感程度不同，所采取的措施就各异。其主要措施是在流量计安装设计时，确保流量计上下游有足够长度的直管段或（和）在上游直管段上按标准（或产品说明书）规定的位置处加装流动调整器（整流器）。所要求的上下游直管段和流量计入口应有相同的内径，其内径公差、圆度、同轴度满足相应标准（或产品说明书）的要求。流量计上下游截断阀内径宜采用直通式与管道内径一样的阀门，最好是全通径球阀。当管路中安装流量（压力）调节阀时，宜在流量计下游直管段外的位置上安装，并应采取适当措施防止调节脉动的影响。

不同类型流量计，对安装条件的要求不一样。孔板流量计的安装要求详见 SY/T 6143—1996《天然气流量的标准孔板计量方法》标准第五章或生产厂的安装使用说明书。涡轮流量计的安装要求参照 ISO 9951 标准或生产厂的安装使用说明书。超声流量计的安装要求参照 AGA NO9 报告或生产厂的安装使用说明书。对于其他类型流量计的安装要求参照国际国外标准或生产厂的安装使用说明书进行安装和配管。若安装不符合要求,达不到流量计所要求的速度剖面,会降低流量计的准确度和使用寿命,达不到测量系统流量测量不确定度的估算水平。

四、投资费用

投资费用包括:流量计购置费、安装费、操作维护费、检定费及备品备件购置费等。投资费用应综合流量计的性能、流体特性和现场安装条件进行考虑。着重考虑初期投资和长期运行可靠问题。高性能的流量计,虽然初期投资费用高,但可减少运行后的操作、维护、检定和压能损失补偿等费用,总起来计算还是合理的。

五、操作维护

操作维护指的是流量计安装投产后,计量站测量系统的仪表操作维护人员的数量和素质,操作、检查、维护和检验所需要的工具、设备、标准计量器具的数量、质量和先进性等。因为计量站测量系统投产后需要按照计量站测量系统操作规程和国家计量法以及供需双方附加的合同,操作、检查、维修、检验、标定以及标准计量器具的送检等。有的应该是定期的,有的应该是周期性的,并且还应该注意检查、维修保养对测量系统有影响的工艺设备,例如旁通阀、测量管道截断阀、调节阀和过滤器等。因此需要配备一定数量操作维护人员和工具、设备以及检验用的标准计量器具。人员素质要有一定水平:技术经过专业培训考核,持有有效操作和维护的有关证书;职业道德好,有清楚的计量法知识和意识,公正廉明,工作认真,热爱本职工作,有进取心,好学好问和刻苦的钻研精神。

六、环境适应性

任何一种流量计都有它自身的应用环境条件,当应用环境条件发生偏移,对流量计的影响情况怎样?流量计的适应能力怎样?

流量计还能否工作？采取何种措施？这是流量计选型中重要的第六个思考方面。

各种流量计设计制造装配后是在实验室的典型条件下标定校准的,这些典型条件包括:① 环境条件:试验大气压(86～106kPa);试验温度(15～35℃);相对湿度(45%～75%)。② 动力源条件:电源(电压220V±1%;频率50Hz±1%);谐波失真(交流电源小于±5%);纹波(直流电源小于±0.2%)。③ 流体条件:具有充分发展的紊流速度分布,无旋涡,轴对称;充满圆管的单相流体;牛顿流体,定常流。这些标定的典型条件是我国目前在GB 9248—88《不可压缩流体流量计性能评定方法》标准中规定的,也是生产厂产品出厂检验标定时按此标准规定进行的。

一般来说,流量计的适应性依赖于流量计的结构设计。目前已有数种偏移典型条件的自校流量计,如美国洛克威尔公司生产的自校涡轮流量计就能做到在一定范围内自我校准。当然偏移校准时的典型条件总是会产生附加误差的,但带有自我校准可以大大降低和控制流量计在使用过程中的超差运行。

任何一种流量计,有优点也有缺点,也都有一定的使用条件、适应性和安装要求,要选择一台合适的流量计,满足工业生产和流量测量的各项要求并不是件容易的事。选型的最后确定需要在流量计性能、适应性、经济因素等各个方面进行分析对比。经分析对比确定选用的流量计后,在购置、运输、储存等各个环节应确保流量计不受影响,在施工安装和使用中要特别注意检验和安装。

第五节　天然气流量测量系统

流量测量系统指的是为使测量的流量输出值达到用户要求的流量计量值(标准体积流量或质量流量或能量流量)和合理的准确度,因此除采用流量计外,还应采用其他各种配套仪器仪表和设备组成一个完整的流量测量系统。流量测量系统的设计应根据测量系统规模、性质、工艺参数和用户对其准确度的合理要求进行,因此选用不同的流量计和配套仪器仪表与设备组成的流量测量系统是不同的,但大同小异。

一、流量计本体

流量计本体是流体流量测量的主体,是产生和输出计量条件下的流量信号的装置。表2-2给出了常用流量计的主要性能。在测量系统设计选型时,可选用本章第三节介绍的任何一种类型的流量计。无论选择何种类型流量计都应认真查阅相应标准和生产厂的安装使用说明书,均要求所用测量方法的溯源性、可靠性满足流量测量的基本要求。

流量计选型时,应考虑到测量管道流量的大小、变化波动情况,是否具有腐蚀性、洁净程度、经济性等,应严格按本章第四节所述的选型原则执行,确保流量计合适的工作环境和给出的预计准确度。流量计在管道上的安装应避免对管道有过份的剪切应力,采取设置支架或支座措施。流量计安装后应做到容易拆卸更换。在一般情况下分离器、过滤器安装于流量计上游,但应尽可能远离流量计直管段入口。对于差压式、速度式流量计,因其对充分发展的速度剖面要求特别严格,上游阻力件对速度剖面的干扰对流量计测量准确度影响很大。流量计设计安装时应尽量远离对管流有强烈干扰的阻力件,如旋风分离器、不对称过滤器、调节阀、汇气管和空间弯头等。必要时加长直管段或在上游直管段的适当位置加装流动调整器。另外,流量计安装环境还应避免机械振动和电磁干扰。

流量计安装好后应进行认真的检查和校验。首先根据流量计在管道中的实际安装情况,按照相应标准规定和生产厂的安装使用说明书对流量计的随机文件、铭牌和CMC标志进行检查。流量计属于强制检定仪表,它应是获得国家计量技术监督部门发给生产许可证的生产厂家,在有效期内进行生产制造和销售的产品。各种必要的随机文件、证书、标志和铭牌应齐全、正确和清楚。流量计在管道上的安装应符合相应标准规定和生产厂的安装使用说明书的要求,以确保流量计入口速度剖面的充分发展。

对于差压式流量计,应认真检查差压发生装置的几何尺寸和流体流态是否符合标准要求。检查流量计是否完好无损,所配上下游直管段长度是否足够长,内径是否一致,上游是否有产生强干扰的设备和管件,测量参数条件与工艺参数条件是否相符。检查流量计安装的连接处是否是正常的配合,流量计、管道和取压孔中应无残渣、污物存在。装置中存在任何液体都应排泄干净,特别需要采用一个内部检查件检查取压孔,确保取压孔内不沉积黄油、防锈油或淤泥。对于速度式流量计除了按差压式流量计所需要检查的项目外,还应针对自身的特殊技术要求检查特定功能。涡轮流量计应检查加入的润滑剂是否符合生产厂家要求的润滑剂等级、质量和粘度,自旋实验和声频检查,与流量计的指示装置进行对比检查其输出信号。超声波流量计应检查产生恰当的信号,在相同的温度条件下,声速在预设范围内在所有的路束上都应相同,当流量计内无流体介质流动且绝热时检查,确保在每一个路束上都是一个零读数。涡街和旋进旋涡流量计应特别仔细检查相关的出、入口管道是否与流量计内径一致和同轴,与指示装置对比检查流量计输出信号。对于旋转容积式流量计应检查加入的润滑剂是否符合生产厂要求的润滑剂等级、质量和粘度,检查通过给定指示流速的压差,以满足生产厂提出的要求,对比检查流量计的输出信号与指示装置。

流量计的检验按照检验校准程序,可在实验室的标定管道上或工艺管道上按照标准规定串联安装标准流量计进行检验校准,也可以在实验室的标定管道上直接用一级标准装置进行检验校准。

二、二次配套仪表

流量计通常指安装在管道上的,产生输出与计量条件下的流体流量成对应关系的信号的一次装置。二次仪表是指正确和准确检测、计算、指示、记录或(和)打印输出流体流量的数据来的各种配套仪器仪表和设备,如压差计、频率计、压力计、温度计、密度计、计算机、显示器和记录仪等。

由于电子工业的迅猛发展,这些诸多的二次仪器仪表由机械式向电子式进化,变成电子式的或机电合一的仪器仪表,因此有的将流量一次装置与主参数检测仪表合并在一起组成流量变送器,输出与计量条件下的流体流量成对应关系的统一电信号(4~20mA 或 1~5V DC);统一电信号的补偿测量变送器,如压力变送器、温度变送器、密度变送器、转换装置、流量计算机、显示器、记录仪、打印机和数据储存器等。即组成通常说的电动单元组合仪表加流量计算机在线实时检测、计算和积算的流量测量系统。

常用的机械式双波纹管差压计、压力计和温度计等热工仪表将在第三章作较为详尽的介绍。而差压变送器、压力变送器、温度变送器、密度变送器属于电子仪器仪表,是将其被测物理参数线性地变换成统一的 4~20mA(或 1~5V DC)的电信号进行传输,代替了力学机械式连杆传动方式,提高了准确度,响应时间加快了,实现了实时连续检测计算。

电子仪器仪表之间的信号传输应避免干扰,信号接收单元不应受到工艺系统噪声及电噪声的影响。电子仪器仪表应能在规定的电磁环境中正常工作。电子仪器仪表的设计、安装和使用应满足生产厂安装使用说明书和设计规程的接地要求。

所有的二次仪表都应在现场安装之前,根据国家标准的可溯源性进行检验校准,避免意想不到的超差影响因素,并且在安装之后还应进行现场校准。具体检验校准详见第七章。

三、流量测量系统的设计要求

流量测量系统应根据其测量值的大小、计量性质确定测量系统合理的测量准确度,按照现场实际工况选择合适的流量计及配套二次仪表。天然气流量测量系统可参照以下原则进行系统设计和仪器仪表选型。

1. 设计指南

欧洲标准化委员会起草了欧共体标准 PREN 1776《天然气测量系统的基本要求》。这个标准提供了一个新的、非民用的,用于输送天然气的计量站设计、建设、投产、操作和维修方面的基本要求。计量站的设计处理能力应等于或大于 500m³/h(标准状态)，操作压力等于或大于 0.1MPa(表压)。

该标准提供了依据不同流量确定不同规模测量系统的设计准则，见表 2-3。

表 2-3 天然气计量站测量系统仪表配套指南

序号	设计流量(标准状态),m³/h	≥500	≥5000	≥10000	≥1000000
1	计量条件下流量测量	*	*	*	*
2	温度测量	*	*	*	*
3	压力测量	*	*	*	*
4	Z 系数确定			*	*
5	热值和气体质量测定				*
6	每一时间间隔的流量记录			*	*
7	用于 2、3 和 4 项的交替验证的密度测量				*
8	在线流量计检验校准			*	*

该标准中指出：计量系统由气体流量计和带不同传感器的转换装置组成。以确定各输出参数。输出量可以是体积流量、质量流量或能量流量。

选用的气体流量计可以是孔板流量计、涡轮流量计、旋涡流量计、超声流量计和旋转容积式流量计。

热值测量可以选用不同的技术，可以是直接的测量方法，也可以是间接测量方法，当测量过程不经济时，热值也可以计算得到。标准较详细地说明了热值测量系统的操作校准和数据验证。

标准介绍了天然气测量系统的可靠性和校准以及各类仪表的投产使用和维护。

2. 设计要求

(1)所选择的测量系统应充分减小系统误差和随机误差，履行法制性和合同性职责,并通过技术和经济论证是正确的。

(2)应注意避免脉动流和振动。如果脉动流和振动不可避免,就应注重流量计类型的选择和测量系统安装设计。

(3)为了保证连续输气,单回路计量管宜设置旁通。对于重要的大流量用户,推荐采用并联计量管路。旁通阀和并联计量管路上游阀(或下游阀)应选择关闭性能好、耐用、有检漏装置的截断阀,避免非计量漏失。

(4)流量计与计量管道串联安装,它应嵌入流量计所要求的上下游直管段长度之间,其所要求的最短长度的直管段内径与流量计内径应相同。

(5)每个计量管路至少安装一只上游截断阀和一只下游截断阀。

(6)在计量管路中若安装快速启闭阀,在快速启闭阀的地方应安装一个小口径旁通,旁通管应通过一只慢速启闭阀来控制,以促使流量计和相关管道缓慢增压,避免流量计、仪器仪表等设备的损坏。

(7)根据计量管路流量大小和计量站计量管路的数目等规模以及计量性质等技术要求,为了提高测量结果的有效性、连续性,重要的仪器仪表等设备或计量管路系统应设有备用,并可通过独立的操作更换。

(8)若需要在天然气中加入添加剂,加入添加剂不能影响测量系统的正常工作。

(9)任何与测量系统相连的外部设备,应做到不干扰测量。如果添加剂的加入位置和天然气计量管路位于同一计量站中,那么,添加剂的注入应放在所有计量管路流量计所要求的直管段外。由计量站工艺设备和管件引起天然气气流压力和流动的不稳定主要是增压机、旋风分离器、调节阀、空间弯头等设备对管流的干扰,它们会影响主要测量仪器仪表的准确度。在设计阶段应尽可能减少这种情况发生的可能性。

(10)安装加热器的计量站,包括上下游直管段和测温嘴在内的管道部分,气流温度应控制在一个可接受的范围内。这个范围依据于所选定的流量计和二次配套仪表能适用的温度范围。

(11)对于有远传功能的计量站,主要仪表读数设备和记录仪以及监控设备应与传输系统设备相连接。

(12)应特别注意管输天然气中粉尘、油、水对流量测量准确性的影响,必须选择合适的分离、过滤设备。

第六节 流量计量标准化发展简介

一、概述

如前所述,流体流量测量是由流量计一次装置部分和二次配套仪器仪表部分组成测量系统来进行测量的。因此,国际上和各个工业发达的国家对流体流量测量所用的从单体仪器仪表制造、安装和使用到测量系统设计选型、施工、安装、维修、检验、使用、维护等制定了一系列标准,并极力推荐贯彻和实施,即计量的标准化。

标准化是制修订标准和贯彻标准的过程。标准化工作主要是对科学、技术与经济领域内反复出现的同一事物,通过制定、发布与实施标准的过程,对该事物进行规范和统一,以保证取得最佳运行秩序,最佳经济效益和最佳社会效益。标准化是组织现代化生产的重要手段,是科学管理的重要组成部门。我国在发展社会主义市场经济中,标准化是国家一项重要的技术经济政策。标准化是科技成果转化为生产力的桥梁,是组织现代化生产,提高产品质量、工程质量和服务质量,减少物质消耗的重要手段,是实现科学管理的重要技术基础,也是进行国际技术交流,发展对外贸易的手段。

无论是国际上工业发达的国家,还是国内,天然气流量测量的标准化,最初是对同心直角入口锐孔板开始的。早在1924年,美国气体协会AGA指示它的主要技术研究机构,研究解决利用孔板流量计计量天然气流量的有关技术问题。先后发表了第一号报告（AGA NO1），第二号报告（AGA NO2），第三号报告（AGA NO3）。经过六十多年已审批为美国国家标准。1990～1992年间第三号报告又进行了较大的修改和变动，并分四个部门陆续颁布发行。近些年来，由于天然气流量计量准确度要求不断提高，各种各样新型的天然气用气体流量计不断涌现，还研究制订出气体涡轮流量计标准AGA NO7，气体超声波流量计AGA NO9等。由于天然气压缩因子对天然气流量测量准确度的影响很大。美国人研究天然气压缩因子和制修订标准与研究天然气流量测量和制修订标准同时进行。首先是卡兹采用对比状态理论建立了卡兹曲线图（或数据表）；20世纪60年代推出PAR NX-19超压缩系数计算方程；1985年制订发布了AGA NO8报告，《天然气及其他烃类气体的压缩性和超压缩性》标准。

国际标准化组织ISO在20世纪30年代就统一规定流量测量用节流装置的形式，先后颁布了ISO/R 541和ISO/R 781,ISO 5167。1991年又修订成ISO 5167—1《用差压装置测量流体流量第一部分：安装在充满流体的圆形截面管道中的孔板、喷嘴和文丘里管》标准。近些年来同时又制订出天然气流量测量用的气体涡轮流量计标准ISO 9951，气体超声波流量计标准ISO 12765等，并还制订了一系列与天然气流量计量密切相关的其他参数测量标准，其中最主要的是天然气压缩因子计算标准ISO/DIS 12213—1.2.3和天然气发热量、密度、相对密度和沃泊指数计算标准ISO 6976。为了提高和确保天然气流量计量的准确度，目前欧共体已起草了PREN 1776《天然气测量系统的基本要求》，国际法制计量组织OIML流量计量技术委员会起草了《气体燃料计量系统》国际建议。

国际上和工业发达国家对天然气流量计量都力求建立一套完善的标准化体系，以提高和确保天然气流量测量的准确、统一和可靠。

我国天然气流量测量的标准化与国际上和美国的情况相似，

但要晚几十年,差距也较大。首先是用同心直角入口锐孔板流量计测量天然气流量,其标准化也是从孔板流量计开始的。20世纪60年代采用原苏联的"27—54规程",1983年才制订颁布SY L04—83标准《天然气流量的标准孔板计量方法》,1996年修订颁布为SY/T 6143—1996标准。近年来准备根据国际国外先进标准,制订颁布天然气用其他流量计的计量标准,如气体超声波流量计、气体旋进旋涡流量计、气体涡轮流量计计量标准等。对相关参数的测量和计算标准也很重视。1989年制订颁布了GB 11062标准《天然气发热量、密度和相对密度的计算方法》,1998年修订一次,同时采标制订天然气压缩因子计算标准、标准参比条件标准、天然气测量系统技术要求标准等,力图提高和确保天然气贸易计量的高准确度要求,建立一套完善的天然气流量计量标准化体系,尽快、尽早与国际接轨。

二、计量标准和计量检定

天然气计量是以流量计量为主体,围绕流量计量而进行其他物理量的计量,诸如压力、温度、组分分析和发热量计量等,它是天然气生产中日常重点的管理工作之一。流量是由基本量长度、质量、时间、温度等综合导出的量,是在流动过程中测得的,属于动态多参数间接测量。为了准确计量天然气流量,国内外流量计量专家们作了大量的研究试验工作。在大量的研究资料和使用经验基础上建立了用于检定校准的实物标准和用于计量器具设计、制造、检验、安装和使用的技术规定,常称技术标准。同时用法律规定分不同情况应进行强制检定和非强制检定的规章制度,并逐步制订和完善作为量传(或溯源)用的检定规程。天然气计量工作者在计量工作中应当理解、熟悉和遵循有关的计量标准和检定规程。

1. 计量标准

标准是对重复性事物和概念所作的统一规定,它以科学、技术和实验经验的综合成果为基础,经有关方面协商一致,由主管机构批准,以特定形式发布,作为共同遵守的准则和依据。

我国天然气工业是解放后才逐步发展起来的,并形成了一定规模。我国天然气计量起步较晚,但改革开放后,由于计划经济向市场经济的转变,天然气计量工作才得到重视,有了较快的发展,开展了试验研究和标准化工作,开始制订、修订天然气计量的技术标准和建立我国天然气计量的实物标准。

1)技术标准

因为我国是 ISO 及 OIML 组织的成员国,采用国际单位制(SI)单位为法定计量单位,其计量技术标准趋向于向 ISO 相应的计量技术标准靠拢或直接采用。我国的流量测量通用标准 GB/T 2624—93《流量测量节流装置用孔板、喷嘴和文丘里管测量充满圆管的流体流量》等效采用了 ISO 5167—1 标准。然而作为天然气计量技术标准,美国的 AGA NO3 报告独具特色,因其所作的试验研究工作扎实,具有全球性的影响力,我国的石油天然气行业标准 SY/T 6143—1996《天然气流量的标准孔板计量方法》就参照了 AGA NO3 报告的天然气流量计算的公式形式和引用 PAR NX—19 计算天然气的超压缩系数 F_z,并根据 GB/T 2624—93 标准制定。我国的计量技术标准与工业发达的欧美国家相比,还有一定差距。目前通用的国家流量标准泛指流体流量(液体和气体),最主要的有两个:GB/T 2624—93《流量测量节流装置用孔板、喷嘴和文丘里管测量充满圆管的液体流量》;GB/T 9248—88《不可压缩流体流量计性能评定方法》。

(1)天然气流量计量技术专用标准。

我国天然气流量计量技术专用标准为 SY/T 6143—1996《天然气流量的标准孔板计量方法》。其他采用涡轮流量计、涡街流量计、超声波流量计、旋转容积式流量计和旋进旋涡流量计等,运用于天然气流量测量技术专用的标准有待制定。

(2)与天然气流量计量相关参数测量及计算的标准有待配套完善,已制订了下列相关标准:

①GB/T 11062《天然气发热量、密度、相对密度和沃泊指数的计算方法》。

②GB/T 13609《天然气取样方法》。

③GB/T 13610《天然气的组分分析 气相色谱法》。

④GB/T 11060—1.2《天然气中硫化氢含量的测定》。

⑤GB/T 11061《天然气中总硫的测定》。

⑥GB/T 5274《气体分析 标准用气体混合物的制备 称量法》。

⑦GB/T 10627《气体分析 标准混合气的制备 称量法》。

⑧GB/T 10628《气体分析 标准混合气组成的测定 比较法》。

⑨GB 2625《过程检测和控制流程图例符号和文字代号》。

有关压力测量、温度测量、天然气压缩因子计算、天然气密度连续测量、发热量连续测量、不确定度评估等标准有待制定。天然气压缩因子计算标准,1998年评审通过,正待发布。

(3)天然气计量中与电量相关标准。

由于电子技术的发展,天然气计量中所用电子仪器仪表涉及与电量有关的主要标准有:

①数字微波接力通信工程设计暂行技术规定。

②CD 90A3《化工企业静电接地设计技术规定》。

③CD 90A8《化工企业电缆、电线线路设计规定》。

④炼油厂自动化仪表电缆、电线工程设计技术规定。

⑤SY/T 0090—96《油气田及管道仪表控制系统设计技术规范》。

⑥GB 2887《计算机站场接地技术条件》。

⑦GB 50174《电子计算机房设计规范》。

⑧CD 50A15《仪表供电设计规定》。

⑨GB/T 13729—92《远程终端通讯技术条件》。

关于天然气流量计量数据采集仅在 SY/T 6143—1996 标准中作了一些原则性的规定,没有制订专用的技术标准,需要制订得具体明确;有些标准需要规范、补充和完善。

天然气流量计量涉及面很宽。我国从 1997 年起,着手研究起草"天然气计量系统技术要求"标准草案,为加快天然气贸易计量与国际接轨,提高计量准确度,维护供需双方经济利益,从保证天然气流量计量准确度出发,对计量站计量回路设计、施工、验收、维护、使用、管理及检定校准等各个工序环节提出系统性要求非常必要。在草案的基础上,应参照 OIML 和 CEN 的有关标准制定我国的国家标准。

不可否认,我国天然气计量的基础标准还很薄弱,目前仅有孔板流量计量技术的专用标准。起草和制订这样一个包括各种可供天然气工业使用,涉及天然气流量计量上的仪器仪表在内的天然气计量系统技术要求标准是困难的,这需要拟定一个标准体系,结合国情逐步开展工作。我国是发展中国家,采用和吸收国际国外先进标准,结合自己的实际国情制定适合国情用的标准是加速我国天然气工业计量技术专用标准与国际接轨的捷径。

2)实物标准

对于天然气计量而言,其中最为重要的实物标准有两项:其一为天然气流量计量一级标准装置和二极标准(或传递标准)装置;其二是天然气一级标准物质和二级标准物质。这两项重要的实物标准,经过原石油天然气总公司天然气计量工作者不断努力,多年筹备,克服了许多技术和经济方面的难题,最近几年都已建成,通过国家技术监督局组织专家鉴定、考核和验收,并授权开展天然气计量的量传(或溯源)检定。前者建设在四川成都市郊华阳镇,为高压($0.3\sim3.8$MPa)大流量($0.05\sim2.2$kg/s),总不确定度为 $\pm0.1\%$ 的高准确定 mt 一级标准装置(质量时间法),天平净称量范围为 $10\sim100$kg,天平称量敏感度为 ±2g,用天然气作介质对二级标准(或传递标准)或工作流量计计量系统进行实流检定和测试工作,开展天然气流量量值的直接量传(或溯源),用以准确,可靠和统一天然气流量量值。后者建设在四川石油管理局天然气研究院,已取得生产、销售天然气标准物质的资格。天然气标准物质用来分析天然气组成、物理化学性质计量,是准确、可靠和统一天然气分析计量量值较为先进的方法。

2. 计量检定

计量检定是指为评定计量器具的计量性能,确定其是否合格所作的全部工作,包括检验和加封盖印等。它是进行量值传递(或溯源)的重要方式,是保证量值准确一致的措施。

计量检定按照管理环节的不同分为 5 种:周期检定、出厂检定、修后检定、进口检定及仲裁检定。

计量器具按照管理性质不同,又可以分为强制检定和非强制检定,两者又统称为计量法制检定。

根据《计量法》第九条的规定,强制检定是指对社会公用计量标准器具,部门和企业、事业单位使用的最高计量标准器具,以及用于贸易结算、安全防护、医疗卫生、环境监测 4 个方面的列入强制检定目录的工作计量器具,由县级以上政府计量行政部门指定的法定计量检定机构或者授权的计量技术机构,实行定点、定期的检定。强制检定的强制性表现在以下 3 个方面:检定由政府计量行政部门强制执行;检定关系固定,定点、定期送检;检定必须按检定规程实施。

实施强制检定的计量器具范围包括两部分:一是计量标准器具,即社会公用计量标准器具、部门和企事业单位使用的最高计量标准器具;二是工作计量器具,即直接用于贸易结算、安全防护、医疗卫生、环境监测方面的列入《中华人民共和国强制检定的工作计量器具目录》的工作计量器具。

按照法定强制检定的标准计量器具和工作计量器具,天然气计量中所用计量器具大都与贸易结算、安全防护、医疗卫生和环境监测有关,属于强制检定的标准计量器具和工作计量器具居多,应在由县级以上政府计量行政部门指定的法定计量检定机构或授权的计量技术机构,实行定点、定期的检定。

天然气计量的检定是一种特殊物质、特殊行业的计量检定,尤其是流量计量检定较难,较复杂。在 1998 年 6 月 1 日前天然气流量量值的计量检定都是通过长度、压力、温度等参数计量量值的计量检定间接实施的。作为天然气流量量值计量检定的实物标准:

一级标准(或基准)装置和二级标准(传递标准)装置1996年建成,1997年通过国家质量技术监督局组织的专家鉴定,1998年4月通过考核验收,1998年6月1日国家质量技术监督局才授权开展天然气流量量值传递(或溯源)的计量检定工作。

对于天然气计量系统流量计量量值要求的准确度大于或等于±1%的计量系统,不但要采用长度、压力、温度等单参数计量量值的溯源检定,还应进行流量量值的动态溯源检定。

采用音速喷嘴系统标准装置作为检定校准气体流量计计量系统,进行现场在线检定是可行的,但音速文丘里喷嘴要达到标准化,如同其他节流装置一样,要按标准设计、制造、安装及使用。要达到广泛应用尚需对一系列问题进行深入的研究,如:

(1)在某种介质标定后应用到另一介质测量准确度的变化。

(2)不同组分条件下临界流函数C_*的确定。

(3)喷嘴下游最佳形状的研究,即在高β值时,仍能保持临界流状态。

(4)附面层过渡区的影响,在多少雷诺数范围内,测量准确度可保持稳定。

(5)管道条件及安装的影响。

(6)入口压力脉动,气流与喷嘴管壁之间的温差等。

天然气流量量值的量传(或溯源)检定是相当复杂和困难的一项系统工程,还需要进行大量的深入细致的试验研究工作,总结出准确、可靠和统一的量传(或溯源)检定系统体系。

《计量法》第十条规定:"计量检定必须执行计量检定规程"。国家计量检定规程由国务院计量行政部门制定。没有国家计量检定规程的,由国务院有关主管部门和省、自治区、直辖市人民政府计量行政部门分别制定部门计量检定规程和地方计量检定规程,并向国务院计量行政部门备案。

计量检定规程是指对计量器具的计量性能、检定项目、检定条件、检定方法、检定周期以及检定数据处理等所作的技术规定。我国计量检定规程分为国家计量检定规程、部门和地方计量检定规程。截止1996年底,我国已颁布国家计量检定规程913个,部门计量检定规程795个,地方计量检定规程350个。

计量检定规程是计量监督人员对计量器具实施监督管理,计量检定人员执行检定任务的重要法定依据。国际上凡是开展计量工作的国家,都要制定类似的技术性文件。国际法制计量组织的主要任务之一,就是制定国际建议(即计量检定规程)。

计量检定规程的主要作用在于统一测量方法,确保计量器具的准确一致,使全国的量值能在一定的允差范围内溯源到计量基准。它是协调生产需要,计量基准,计量标准为建立和计量检定系统三者之间联系的纽带。所以《计量法》规定,计量检定必须执行计量检定规程。

与天然气计量密切相关的检定规程,目前有如下数项,但是列出的只是其中一部分。

(1)流量计检定规程:

①JJG 640—94《差压式流量计》;

②JJG 198—94《速度式流量计》;

③JJG 633—90《气体腰轮流量计》;

④JJG 235—90《椭圆齿轮流量计》;

⑤JJG 897—95《质量流量计》。

(2)温度计检定规程:

①JJG 130—84《工业用玻璃液体温度计》;

②JJG 229—87《工业用铂、铜热电阻》;

③JJG 829—93《电动温度变送器》。

(3)压力检定规程:

①JJG 271—84《双波纹管差压计》;

②JJG 882—94《压力变送器》。

(4)相关仪表检定规程:

①JJG 700—90《气相色谱仪》;

②JJG 412—86《水流型气体热量计》。

(5)计量标准器具检定规程:

①JJG 1033—92《计量标准器具考核范围》；
②JJG 165—75《钟罩式气体流量标准装置》；
③JJG 209—94《体积管》。
(6)计量名词术语及定义：
①JJG 1001—91《通用计量名词及定义》；
②JJG 1004《流量计量名词术词及定义》。

三、我国与先进国家标准化的差距

1.概述

由于天然气是重要的能源和化工原料，国内外对天然气的勘探、开采、输配和利用都十分重视，在各个工序环节中的交接贸易计量直接关系到供需双方的利益，因此，对天然气流量计量的准确度要求愈来愈高，为此，西方国家在天然气计量的标准体系建设方面作了大量工作，基本满足了天然气工业的发展需要。我国虽然起步较晚，但因天然气工业的蓬勃发展，带动了天然气计量技术的进步和标准体系的建设和建设，目前我国天然气计量标准体系正在逐步发展和完善。

天然气计量标准体系所涉及的内容很广，它包括在天然气生产输配过程中交接贸易计量，所需计量站、计量系统在设计、建设、投产、操作和维修检验以及安全环保方面所应遵循的一系列标准。但最主要的是天然气流量计量标准，因为流量计量是天然气计量的主体。

回忆工业发达的先进国家和我国天然气流量计量的标准化历史，可以看出，天然气流量计量的标准化的相同点都是从同心直角入口锐孔板流量计的标准化开始。因为工况的变化，使用条件的复杂和计量准确度的高要求，拓宽到天然气流量计量用其他流量计的标准化。其不同点呢？工业发达国家先建立实物标准，即天然气流量标准装置，将天然气流量计在标准装置上反复试验研究，得出大量的试验数据和资料，并拿到现场上运用，不断发现新问题，解决新问题。在分析总结大量的试验和应用数据资料的基础上制订或修订这项计量技术的专用标准，如美国；而我国由于天然气流量计量起步较晚,就直接引用工业发达国家的计量技术专用标准或等效采用国际标准化组织 ISO 的相应标准。在应用中发现问题才着手建立实物标准,天然气流量计量标准装置和天然气分析计量的标准物质 1995 年前后才建立起来。但这样也有许多好处,我们可以少走弯路,例如天然气流量计量标准装置,根据计量学的相同性和相似性原理,流动介质直接用净化后的天然气最好,基于 PVTt 法(压力、容积、温度、时间法)和 mt(质量、时间法)两大原理的标准装置,以 mt 法最先进,准确度最高。因此,我国在四川华阳镇建立的天然气流量计量标准装置就按照这两条原则建立,其计量技术水平在世界上的天然气流量计量实物标准中达到 20 世纪 90 年代中期国际先进水平。

我国由于天然气流量计量实物标准建立起步较晚,天然气流量计量的技术标准和与流量计量密切相关的技术标准与国际上西方国家比较,差距较大,目前天然气流量计量技术标准仅仅只有孔板流量计计量天然气流量的标准,相关标准也很不完善;再者对天然气流量计量测试研究与标准化的队伍和力度不足。

2. 我国天然气用流量计计量技术标准与西方国家的比较

国际标准化组织 ISO 和美国不但很早就将同心直角入口锐孔板流量计用于天然气流量测量,而且制订了专门的计量技术标准,并经过多次修订;对其他用于天然气流量测量的流量计的计量也制订或修订出技术标准。因此,对于天然气的流量测量,可以按不同的情况,不同的要求和不同的使用条件选择最适宜的流量计。而我国天然气流量计量技术标准太单一,目前只有 SY/T 6143—1996《天然气流量的标准孔板计量方法》。因此,孔板流量计一统天下,不管什么样的使用条件,什么样的工况,什么样的要求均选用孔板流量计,这样就无法确保孔板流量计的测量准确度。据 1990 年初调查贸易交接计量,孔板流量计占 98%。表 2-4 就是我国天然气流量计量技术标准与美国和 ISO 组织相应标准的比较。从该表看出,如何制订其他类型流量计测量天然气流量的技术标准是当务之急,这是从事天然气计量的工作者应认真对待的问题。

表2-4 天然气流量计量用流量计技术标准比较表

序号	内容	美国	ISO组织或欧共体	中国
1	节流装置	AGA NO3	ISO 5167—1《用差压装置测量流体流量—第1部分：安装在充满流体的圆形截面管道中的孔板、喷嘴和文丘里管》	GB/T 2624—93 SY/T 6143—1996《天然气流量的标准孔板计量方法》
2	气体涡轮流量计	AGA NO7《燃料气测量用涡轮流量计》；AGA气体测量手册第4部分 气体涡轮流量计计量	ISO 9951《密封管道气体测量 涡轮流量计》	
3	气体超声流量计	AGA NO9报告《多声道气体测量用超声流量计》	ISO 12765《密封管道流体测量方法 采用渡越时间法的超声流量计》	
4	涡街流量计			
5	容积式流量计	AGA NO6报告《大流量的容积式仪表测试方法》；NSIB 109.3《旋转容积式流量计》	CEN TC237/W12《旋转容积式流量计》；CEN TE237/W14《容积转换仪表》	
6	科氏流量计		ISO—10790《密封管道中的流体流量测量 科里奥里质量流量计》	
7	临界流流量计	ASME/ANSI MFC—71987《用临界流文丘里喷嘴测量气体流量》	ISO 9300《用临界流文丘里喷嘴测量气体流量的方法》	
8	计量系统要求		CEN 1776(草案)天然气测量系统的基本要求	

第三章 天然气用孔板流量计

第一节 孔板流量计的标准化

一、国际上孔板流量计的标准化

国际上用于天然气流量测量的仪器仪表,研究最早、最细,试验数据最多,使用经验最丰富,标准化程度最高的是同心直角入口锐孔板流量计,常称标准孔板,简称孔板。早在1924年,美国气体协会AGA指示它的主要技术研究委员会组成一个"气体计量委员会",其主要任务是研究解决利用孔板流量计计量天然气流量的有关技术问题:

(1)为计量天然气的孔板流量计规定正确的制造和安装方法。

(2)在孔板流量计的应用方面,规定必要的校正系数和操作要求,并规定了为此而进行的所有试验均用天然气。

经过6年的试验研究,于1930年发表了第1号报告(AGA NO1)。1931年美国气体协会与美国机械工程师学会(ASME)结合,组织了一个"孔板流量计联合委员会"。通过对孔板计量天然气方法的进一步试验研究,气体计量委员会于1935年发表了第2号报告(AGA NO2),第2号报告对第1号报告中孔板的安装及其系数都作了一些修改和补充,使用范围更为宽广。

随着天然气工业的发展,高压大流量的计量显得日趋必要。1953年,由NX-7号工程管理委员会与ASME配合新编第3号报告(AGA NO3)并于1955年颁布。第3号报告与第2号报告不同者只是适用的条件更宽,并对1号报告和2号报告实际应用中产生的问题作了说明、澄清,在许多地方作了一些小的修改。由于天然气计量方面的不断改进更新和发展,1969年对3号报告又进行了修订,修订的目的是使报告更新并补充自新版以来已经发展的资料,也是由于大管径和新的制造工艺以及计算机的应用,需要补充和增加资料使得报告更为有用。需特别指出的是,由于使用电子计算机产生了超压缩系数方程,并制定了《AGA 天然气超压缩系数测定手册》(即 PAR NX-19)。1975 年,美国石油学会(API)采用了 3 号报告并审批为 API 2530。紧接着在 1982~1983 年间,API 与 AGA 共同合解对该标准进行了修改,并提交美国国家标准学会作为 ANSI/API 2530 标准于 1985 年 5 月批准颁布为美国国家标准。在修订这一标准过程中,作了包括水、天然气、氮气和高粘度流体的有关试验,并对更多的气体作了压缩性试验,压力高达 140MPa。

在国际上,为了使节流装置标准化,20 世纪 30 年代由国际标准化组织联合会(ISA)统一规定了流量测量用节流装置的形式。由于二次世界大战的爆发,当时的 ISA 没有来得及建立完整的国际标准。战后 1946 年成立了国际标准化组织(ISO)以继承 ISA。

在国际标准化组织中专门设有一个 28 号技术委员会(即 TC 28,"石油产品测量技术委员会"),其中第 5 号分委员会(即 TC 28/SC 5)负责天然气的测量问题,并制定有关天然气流量测量标准(以 AGA NO3 报告为代表)。

同时在国际标准化组织中设有另一个 30 号技术委员会(即 TC 30)专门研究和制订用节流装置测量流体流量的标准,并于 1964 年提出了第一个草案 R532,1967 年修订为正式标准即 ISO/R541。R541 实质上是综合了德国标准 DIN 的角接取压和美国标准 AGA 的法兰取压的一个混合标准。标准中的两种取压方式有着截然不同的流量系数计算方程。ISO/TC 30 差压装置分委员会主席斯托尔兹(Stolz)为了统一流出系数计算问题进行了不懈的努力,他认为不同的取压方式得到的流出系数之间会有着自然规律的联系。为描述这种自然规律,他按照不同试验原则,综合了所有的边界条件并采用了两组经过精心筛选的数据加以匹配,推导出了统一法兰取压与角接取压还包括径距取压的流出系数计算方程,解决了这两种取压方式长期来代表着美国和德国两个国家标准分立的计算问题。这个方程经西柏林举行的 TC 30 分委员会认可,把它纳入了 ISO 5167 草案经各成员国投票通过,并经理事会批准于 1980 年正式发布取代原 R541 和 R781。美国人对 ISO 5167 持反对态度,于是经协调和进一步论证后又于 1989 年发布了 ISO 5167 修订本。

1991 年 12 月正式颁布了 ISO TC 30 号委员会修订后的 ISO 5167 标准,即 ISO 5167—1《用差压装置测量流体流量 第一部分:安装在充满流体的圆形截面管道中的孔板、喷嘴和文丘里管》。在同一国际标准化组织中的另一技术委员会 ISO TC 28 于 1990~1992 年间陆续颁布修订后的新的 AGA NO3 报告。这两个在基本相同的时间里,同一概念的孔板流量计的计量标准,其技术要求有两大差别:

(1)流出系数 C 值计算公式不同,ISO 5167 使用 Stolz 方程,AGA NO3 报告使用由近 10 多年来新实验数据导出的 RG 方程。

(2)对孔板上下游直管段长度的要求上,在相同阻力件和 β 比的情况下,ISO 5167 较 AGA NO3 报告所要求的直管段长度要大一倍多。

这两个标准的两项显著差别,在历史上一直平行存在着并长期困扰着设计人员和用户,流出系数 C 值计算公式的不统一还时常引起计量争议。20 世纪 80 年代初国际流量界一直存在着统一孔板流量计计量标准的呼声。近 10 多年来,美国(以 API 为主),欧共体(以英国 NEL 为主)和日本(国家计量院 NRLM)的流量科学家们以学术研究方式进行了大量实验研究工作,积累了大量数据,建立了有一万多个实验点的 API+EEC 数据库。

为了协调上述矛盾,国际标准化组织成立了具有 TC 30/SC 2 和 TC 28/SC 5 成员参加的联合工作组,根据 1980~1992 年间,在美国、欧洲和日本的 11 个流量实验室中进行的 80 块不同孔径和管径的孔板流量计的实验,累积了 16376 个实验数据点,其中水介质为 8616 点,油介质为 1889 点,气体介质为 5871 点。试验中采用的孔

板孔径 d,管道内径 D,β 比和管径雷诺数 Re_D 的范围分别为：

$52\text{mm} \leqslant D \leqslant 586\text{mm}$; $12.5\text{mm} \leqslant d \leqslant 440\text{mm}$;

$0.1 \leqslant \beta \leqslant 0.75$; $400 \leqslant Re_D \leqslant 53 \times 10^6$

确定由 J. Stolz（法国）、J. Gallagher（美国 API）和 Reader - Harris（英国 NEL）三人提出改进后的流出系数 C 值计算新公式供修订孔板流量计计量标准时选用。

经过多次国际计量会议的协商,终于于 1998 年 4 月颁布了 ISO 5167—1 标准修订补充件,将 API＋NEL 公式作为统一这两个孔板流量计平行存在的国际标准流出系数 C 值的计算方程,并且力求在其他各个技术要求上取得一致。

虽然还存在一些小的分歧,但随着实验资料的更加丰富,认识更加深入,孔板流量计计量标准必将会慢慢得到统一。

二、我国孔板流量计标准化历史

虽然我国在天然气流量计量方面一直以孔板流量计作为主要的流量测量手段,然而在 20 世纪 60 年代前,还没有一个正式的、统一的计量标准。为了统一计量方法,1959 年原国家计量局曾推荐原苏联部长会议量具计器委员会的"27—54 规程"作为我国的暂行规程（这个规程实质上是德国标准 DIN 的版本）。1965 年原石油工业部四川石油管理局计量试验小组根据国家推荐的原苏联 27—54 规程,经过验证比对试验,结合天然气的特点制订了"测量天然气流量的孔板计量装置安装检定使用管理规程"（草案）,把它作为计量天然气流量的依据。上述两个标准在实质上是一致的,但都未正式作为国家标准或专业标准。在天然气工业部门中使用的上述计量标准,虽然在当时不是正式的国家工业标准,但是在国家没有正式的天然气流量计量标准的情况下,多年的时间里,它实际上起到了相当于国家工业标准的作用,特别是对天然气开采、输配和销售等各方面起到了指导和监督作用。正因为没有一个国家正式的、有权威的天然气流量计量标准可依循,在天然气用户中出现了随意选用计量公式和计算参数,不合理的积算方法和取值方法,孔板加工粗糙,安装不合理、不统一等混乱现象。因而,往往导致供需双方因计量误差大而产生纠纷和矛盾。

20世纪70年代后期,我国恢复为ISO成员国。由于在标准制订方面起步较晚,一直到1978年底才在国际标准ISO/R541的基础上制订和通过了我国第一个节流装置国家标准(GB 2624—81)。

由于1978年通过的国家标准是流体流量测量通用标准,它不能满足天然气行业准确计量的具体要求。例如作为商品天然气准确计量的许多系数用表和有关测量设备的具体使用方法,均需给出明确的具体规定。这就有必要针对天然气流量测量,单独制定一个类似于美国等国家的工业标准,以便对天然气的开采、输配和销售等各个环节的计量进行指导和监督。

从国际上看,流量测量节流装置标准今后会统一在国际标准ISO 5167的基础上,但是1981年国家颁布的通用标准当时仍在R541的基础上实施的。而天然气工业部门由于过去的历史状况,标准制订更要起步晚一些,因此天然气气流量测量工业标准既不能超越国家通用标准,也不能脱离自己的历史状况,这就要使制定的"天然气流量的标准孔板计量方法"既要与国家通用标准一致,又要适应天然气准确计量的特点。为此1980年9月四川石油管理局以石油科字第111号文"关于编制天然气计量标准的请示报告",成立了"天然气流量计量方法"编制组。1981年9月原石油工业部以油科字第680号文正式下达了"天然气标准孔板计量方法"的编写任务。编制组对世界上几个主要节流装置标准进行分析对比后,为编制我国天然气流量计量标准作了如下的原则性考虑:

(1)在标准制订方面,以国家标准GB 2624—81为依据,并参考美国AGA NO3报告,特别应参照当时刚颁布的国际标准ISO 5167中的某些内容。

(2)在计算方面,以美国AGA NO3报告为依据并参考日本标准JIS M 8010—1977。

(3)结合我国国情和天然气测量的具体实践,只规定使用一种节流件形式(标准孔板),两种取压方式(法兰取压和角接取压)的节流装置所组成的孔板流量计。

(4)标准的内容应考虑以下四个方面:装置的制造与安装;计算方法;检验方法;误差估算方法。

在上述原则指导下,编制组经过3年时间,前后写稿6次和4次大型审查会议,于1983年2月完成报批稿上报。1983年3月30日正式批准,1983年10月1日发布实施。至此,产生了我国第一个天然气流量的计量标准——SY L04—83《天然流量的标准孔板计量方法》。该标准的颁布与实施,结束了我国天然气流量计量,特别是商品天然气流量计量长期无正式标准可循的局面,为供需双方制订了一个共同遵守的准则。使供需双方的计量差值从原来的±6%降至±2%以下,提高了计量准确度,减少了计量纠纷。标准于1983年评为原石油部优秀科技成果二等奖和1987年度国家科技进步三等奖。

SY L04—83标准实施后至1992年近10年时间里,尽管在促进标准孔板流量计设计、制造和使用的标准化等方面起到了推动作用,取得了不少成绩和积累了不少宝贵经验,但是也发现了一些问题,并且也对其问题进行了实验研究。为在计量技术上有所进步、提高和突破,特别是对旋风分离器影响计量的实验研究,发现其旋涡对流态的干扰很强,影响很远,可达100D以上。

再由于GB 2624—81在我国已实施10多年,某些内容已不适应当前形势和生产需要,原机电部于1989年下达修订GB 2624—81的任务。正当修订工作组筹建时,我国收到了ISO 5167修订本,于是决定在编写格式上符合GB 1.3—87《标准化工作导则、产品标准编写的规定》的前提下,等效采用ISO 5167修订本即ISO/DIS 5167—1(1989),并对它作了适当的补充和修改,使之与当代国际标准接轨。

为适应我国天然气流量计量技术的不断发展,原中国石油天然气总公司和四川石油管理局于1992年下达了修订SY L04—83标准的任务。标准修订是基于以下的原因:

(1)国际标准ISO 5167及国家标准GB 2624—81均已修订,

为了与这些标准取得统一,补充新的试验研究结果。

(2)计量法和法定计量单位的发布及实施。

(3)由于电子计算机技术应用的普及,原有标准系数用表的提供方式已不再实用,已能用程序处理方法给出。

(4)由于我国对外技术交流及技术引进的发展,已获得国外先进工业国家如美国 ANSI/API 2530(AGA NO3)的最新技术标准及美国 PAR NX—19 处理天然气超压缩系数的方法等资料。

(5)各油、气田在贯彻实施 SY L04—83 标准的 10 年中,积累了不少有益的经验,提出了许多宝贵的建议,需进一步认真总结。

在下达 SY L04—83 标准修订任务的同时,我国亦收到了 AGA NO3 报告新修订版本(1990 年版)。为此,编制组在对 ISO 5167 修订版和 AGA NO3 报告修订版进行分析对比后,决定将 SY L04—83 天然气计量标准以 ISO 5167 最新版本为基础,并吸收 AGA NO3 报告最新标准的研究成果,进行修订。

经过 3 年多的修订工作,4 次专家评审和提出修改意见,并于 1995 年 11 月 28 日至 12 月 5 日由石油工业计量专业标准化技术委员会在北京组织有著名专家、学者等 61 名代表参加的审查会,经与会代表认真审查一致通过。其审查意见为:该标准符合国家流体计量通用标准 GB/T 2624—93;该标准参照国内外有关标准,给出了天然气流量计算实用公式,并对超压缩系数、相对密度等有关天然气计量的重要参数提供了具体的计算方法和技术规定;该标准较原标准文字简练,补充了必要的技术内容,技术要求合理、可行,适合我国国情;该标准编写格式符合 GB/T 1.1—93 的有关规定。

为了保持天然气计量标准的连续性,标准的名称仍采用《天然气流量的标准孔板计量方法》。标准编号改为 SY/T 6143—1996。修订后的标准于 1996 年 4 月 21 日发布,同年 10 月 1 日实施。该标准获得四川石油管理局 1998 年度科技进步一等奖,并获中国石油天然气集团公司 1999 年度科技进步二等奖。

三、SY/T 6143—1996 标准的特点

SY/T 6143—1996 标准是在认真、全面总结我国天然气流量

计量贯彻实施 SY L04—83 标准的实践经验和天然气流量计量实验研究资料的基础上,针对我国当前具体应用的实际情况作了某些特殊处理,使它具有本行业本专业的特色。在修订过程中,主要参考了 GB/T 2624—93、GB 11062—89、ISO 5167—1(1991)、AGA NO3(1990)、PAR NX—19 等有关的技术标准及大量文献。修订后的 SY/T 6143—1996 标准的主要内容可分 4 个部分,9 章 6 个附录。第一部分为第 1、2、3、4 章,规定其实用范围,所引用的主要标准,符号、代号和术语定义,测量的一般要求;第二部分为第 5、6、7 章,规定孔板节流装置的安装要求,孔板、孔板夹持器的结构形式和技术要求,孔板节流装置的检验要求;第三部分为第 8、9 章,这部分是本标准的核心内容,从天然气流量测量原理、基本计算方程出发,参考国内外有关标准导出天然气标准体积流量计算实用公式,并规定了其使用条件和系数参数的计算(确定)和取值,运用计算机在线计算的原则。同时规定了在满足 1～8 章的前提下,流量测量不确定度估算的有关资料;第四部分是附录部分,1 个标准附录,5 个提示附录,它是为正文服务的,当在标准正文中难以清楚地说明时,设置附录给予补充。SY/T 6143—1996 标准为孔板流量计的设计、制造、安装、检验和使用提供了系统的技术依据,它具有如下特点:

(1)根据节流流量计的基本方程和国内外有关标准,导出一个适合我国国情,供需双方公认的、统一的和考虑各种影响因素能进行准确计算的实用方程。实用方程采用了国内外最新的实验研究成果并力求与国家最新的通用标准相一致,能全面系统地反映出补偿的实质内容及其物理意义。

(2)节流件只选用了孔板,取压方式只选用了法兰和角接,吸取了 AGA NO3 报告节流件单一易于保证计量准确度的优点,又与国际 GB/T 2624—93(等效采用 ISO 5167—1)中孔板流量测量的各项技术要求相一致,又适应天然气成分复杂并有较大的变化范围,工况多变等特征,具有较强的可操作性,符合我国国情。同时与国际上先进国家相应的专业标准基本一致,便于国际间的天然气贸易往来。

(3)根据国产钢管的圆度和壁厚公差,以及天然气流量计量常常是夏季低、冬季高的特殊情况,规定孔板前 10D 和孔板后 4D 的直管段部分需内壁镗制加工;规定法兰取压孔的位置公差只与管道内径 D 有关,与 β 比无关:当 $D<150mm$ 时,上下游取压孔中心线距各自的孔板端面的距离 l_1、l_2 均应在 $25.4mm\pm0.5mm$;当 $150mm\leqslant D\leqslant1000mm$ 时,l_1、l_2 均应在 $25.4mm\pm1mm$。与 GB/T 2624—93 相应技术要求比较其指标有所提高,以便夏季和冬季气量变化时更换孔板和确保计量准确度。

(4)一次装置和二次仪表配备,流量计算实用公式的得出力求运用我国现行标准,流出系数计算公式取自 GB/T 2624—93,真实相对密度计算取自 GB 11062—89,超压缩系数计算我国尚无标准,因此取自于 PAR NX-19,各个系数参数的计算或确定均做到有标可查。

(5)有较完整的流量测量不确定度估算资料。若在使用中难于保证标准要求的孔板直角入口,镗制直管段内壁受腐蚀、磨蚀时,其处理方法,有给使用者予以提示的附录。

(6)增加了应用电子计算机在线实时计算流量的基本规定,推荐使用计算机和新型计量设备。全部采用法定计量单位,严格执行 GB/T 1.1—1993 标准。力求简明清楚,采用条款呼应,尽量减少文字叙述和表格,较 SY L04—83 标准脉络明显,文字简练,内容多,篇幅少。

四、SY/T 6143—1996 标准与 AGA NO3 和 ISO 5167—1 标准的比较

当利用孔板流量计测量天然气流量时,应遵循其标准规定,前面已经介绍了孔板流量计的国际标准 ISO 5167—1 和美国的 AGA NO3 报告以及我国的 SY/T 6143—1996 标准的制订、修订和标准化过程,主要内容和主要区别。为了使读者更为清楚,现将 SY/T 6143—1996 标准与 ISO 5167—1 和 AGA NO3(或 ASME/API 2530)标准主要技术规定作一个比较,详见表 3-1。

表3-1 孔板流量计计量标准主要技术规定比较

比较项目		AGA NO3	ISO 5167—1	SY/T 6143—1996
流量计算方程式		给出具体计算实用式	只给出流量计算通用式	同 AGA NO3
孔板	直角入口边缘圆弧半径	定性叙述	定性叙述加 $r_k \leqslant 0.0004d$	同 ISO 5167—1
	开孔直径最小限值	$d \geqslant 11.4$mm	$d \geqslant 12.5$mm	同 ISO 5167—1
	直径比 β 值范围	$0.1 \leqslant \beta \leqslant 0.75$	$0.2 \leqslant \beta \leqslant 0.75$	同 ISO 5167—1
取压方式		仅法兰一种	法兰、角接、径距	法兰、角接
直管段	长度	在相同阻力件和 β 比下,较 ISO 5167—1 规定短,其值约为 1/2 或更短	相对较长	同 ISO 5167—1
	内壁粗糙度	当 $\beta < 0.6$ 时,$Ra \leqslant 7.62 \times 10^{-3}$mm;当 $\beta \geqslant 0.6$ 时,$Ra \leqslant 6.35 \times 10^{-3}$mm	与 β 比和直管段内径有关,使用限值由表给出	同 ISO 5167—1
	管径雷诺数最低限值	$Re_D \geqslant 4000$	径距和法兰:$Re_D \geqslant 1260\beta^2 D$;角接:$Re_D \geqslant 5000$ 用于 $0.2 \leqslant \beta \leqslant 0.45$;$Re_D \geqslant 10000$ 用于 $\beta > 0.45$	同 ISO 5167—1
流出系数	公式	RG 方程	Stolz 公式	同 ISO 5167—1
	不确定度	$\pm 0.5\%$	等于或大于 $\pm 0.6\%$(与 β 有关)	同 ISO 5167—1
	对系统总不确定度的影响程度 当总不确定度为 $\pm 1.5\% \sim 3\%$ 时	影响很小	影响程度与 AGA NO3 一致	控制好能达到的最佳状态
	对系统总不确定度的影响程度 当总不确定度为 $\pm 0.8\% \sim 1\%$ 时	相对影响较小	影响较大	同 ISO 5167—1
流动调整器	结构型式	仅规定了管束式结构	规定有管束式、平板交叉式、多孔式、栅格式和径向叶片式 5 种结构	同 AGA NO3
	选择范围	较窄,难以解决多种流态的畸变问题	较宽,可根据不同阻力件型式进行组合选用	国内现场很少用
孔板流量计实流标定		提出了现场实流标定概念	无此项规定	提出了型式检验概念

第二节　孔板流量计的组成和安装

孔板流量计是测量天然气流量中使用得最为广泛的设备,它由产生差压的一次装置——孔板节流装置和二次检测仪表——差压计、压力计、温度计和相关参数仪器仪表加信号引线等组成,其测量的准确度除取决于孔板节流装置按标准加工制造和检验装配外,还取决于合理的仪器仪表选型和设计、安装、检验和正确的使用维护等。

孔板流量计测量天然气流量在我国已经形成标准,即 SY/T 6143—1996《天然气流量的标准孔板计量方法》,美国的 AGA NO3 报告也属此类标准。

一、一次装置——孔板节流装置

孔板节流装置包括孔板、孔板夹持器和上下游测量管。孔板是产生差压的关键零件,通常称为一次元件,差压是测量流量的必要参数。孔板的开孔必须按规定要求加工制作。孔板夹持器是夹持安装孔板并按标准规定的位置准确钻出取压孔并能有差压信号引管的组件。上下游测量管系指在上游临近孔板 $10D$ 和下游 $4D$ 直管段的管段镗制加工部分。它的组成如图 3-1 所示。

为了保证孔板节流装置的安装,使之符合标准及差压信号正确、准确传递,以及用户方便,在生产厂出厂时还应包括上下游测量管的配对连接法兰和一段引压管及其引压管上的直通式截止阀。

1. 孔板

孔板(如图 3-2 所示)是一台孔板流量计的核心。对于运行操作它是关键零件。有许多结构型式的孔板在工业中使用,如在工业过程检测上,由于特殊需要使用的双重孔板、偏心孔板、圆缺孔板和双斜孔板等。但使用得最多的是标准孔板,它是一块薄的、平行的、具有同心圆形开孔的、直角入口边缘尖锐的圆板。如图 3-

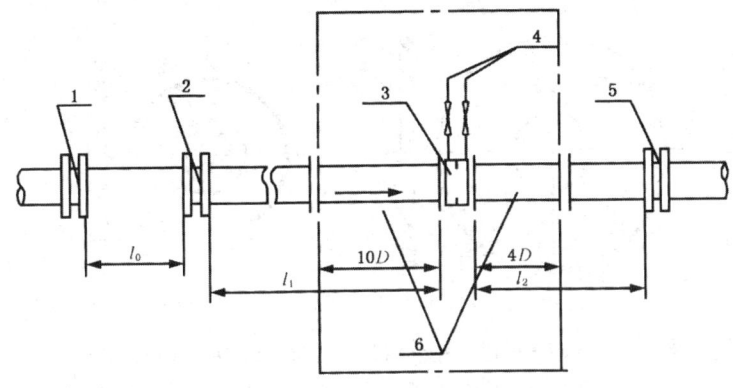

图 3-1 孔板节流装置的组成

1—孔板上游侧第二个局部阻力件;2—孔板上游侧第一个局部阻力件;3—孔板和孔板夹持器;4—差压信号管路;5—孔板下游侧第一个局部阻力件;6—孔板前后的测量管;l_0—孔板上游侧第一个局部阻力与第二个局部阻力件之间的直管段;l_1—孔板上游侧的直管段;l_2—节流件下游侧的直管段

3 所示,中心开出的孔,要么是一个矩形边缘,这样的孔板如果两端面加工要求一样高,可作双向流的流量测量。常用于储气库和低差压大管径输气管线;要么一个矩形边缘和一个斜边,这种有斜边的孔板用得最多,一般用在中、小型输气管道上。因为孔板开孔直角入口矩形边厚度 e 对准确测量很关键,孔板厚度 e 相对于中小型孔板的直径而言,要得出准确的测量结果,它本身厚度 E 还是显得太厚。在我国由于钢材强度较低,且天然气孔板计量常用于高差压,因而除特殊场合下使用下游无斜边直角口孔板外,绝大多数均使用下游有斜边直角口孔板。以下所谈孔板均为这种标准化的孔板。

孔板结构及技术要求详细指标详见 SY/T 6143—1996 标准中。孔板由

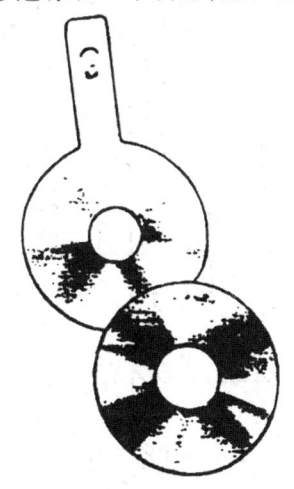

图 3-2 孔板

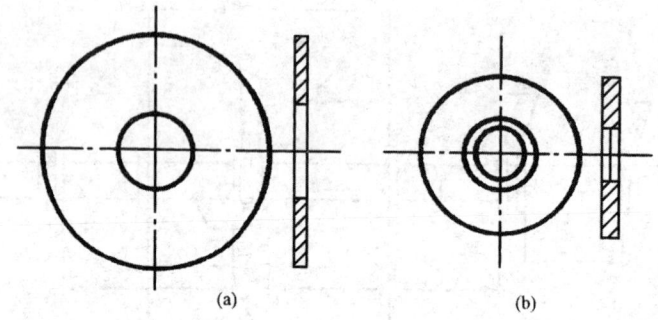

图 3-3 下游无斜边直角口孔板(a)和下游有斜边直角口孔板(b)

持有有效期的加工孔板许可证的生产厂和专业技术加工者加工,并经过严格的检验才能作为成品出厂。孔板结构和技术要求在 ISO 5167—1 和 GB/T 2624—93 等标准中同样可以查到,其结构详见图 3-4。

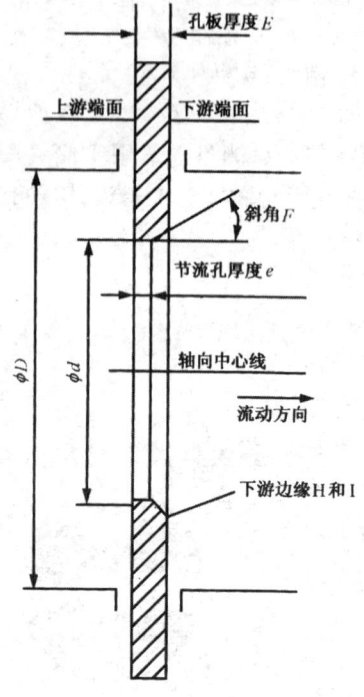

图 3-4. 孔板结构

在这些标准中是这样阐述的:为了准确测量,孔板板面必须平整、干净、必须与管道的轴线垂直。同时还规定,孔板开孔与管道轴线同轴同心,上游边缘必须是矩形,直角入口 G 十分尖锐,锐缘如果形成圆弧 r_k,则 r_k 必须小于等于 $0.0004d$。因此,如果是一块有斜边的孔板被使用时,必须把斜边面向下游安装,否则会测量不准,造成 8% 以上的负误差。

应当记住很重要的一点,孔板即使很小的一点不标准,如孔板开孔 d 入口边缘缺口、板面弯曲、加工粗糙、边缘不尖锐、$r_k >$

$0.0004d$、板面脏、板面方向安装不当等,都要造成严重的测量附加误差。所以在孔板设计、加工、检验、安装和使用中,一定要确保符合标准,确保孔板平整干净、不变形、无缺口和无撞擦伤,直角入口边缘尖锐,正确安装都是十分重要的。

2. 孔板夹持器

孔板夹持器是根据取压方式以最适当地、稳固地安装在计量管道上,用以支持孔板而设计的。孔板夹持器还应满足孔板在需要清洗检查或更换孔板时,能手工或自动取出孔板。目前有两大类多种型式的孔板夹持器。

1) 夹式孔板夹持器

夹式孔板夹持器是我国以前用得最普遍的一种,如图3-5所示。图3-5(a)为环室或单独钻孔的角接取压夹持器。环室取压的取压环就是夹持孔板和取压相结合而单独设置的夹紧环。环室取压的取压环室是用连续环隙或等间距间断环隙将孔板端面与管道连通;单独钻孔可以单独设置夹紧环,在夹紧环上尽量垂直地径向地钻出取压孔与孔板端面平齐取出端面静压,也可将此取压孔直接钻在法兰上,用法兰夹持孔板。图3-5(b)为法兰取压孔板夹持器。取压孔直接钻在法兰上,取压孔的中心线距孔板端面的距离为25.4mm。用法兰夹持孔板,因为取压孔在法兰上所以称之为法兰取压孔板夹持器(注意与角接式法兰上的单独钻孔有区别,就是取压孔中心线距孔板端面的距离不同)。

这种孔板夹持器清洗和更换孔板很费时费力,且需中断计量。每进行这种作业时,要投入二至三人,清洗或更换一次孔板需两叁个小时,从减轻劳动强度和提高计量技术的观点出发,四川石油设计院于20世纪70年代末研制成功阀式孔板夹持器。

2) 阀式孔板夹持器

阀式孔板夹持器(简称孔板阀,又名孔板座)有简易型和高级型之分,如图3-6、图3-7所示。简易型清洗更换孔板仍需要绕旁通导气,较长时间中断计量进行作业。高级型可不绕旁通导气,短时间中断计量,清洗或更换孔板作业。

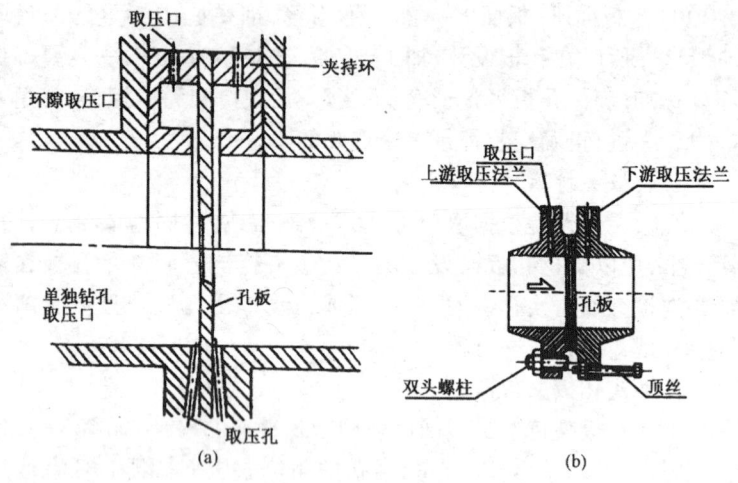

图3-5 夹式孔板夹持器

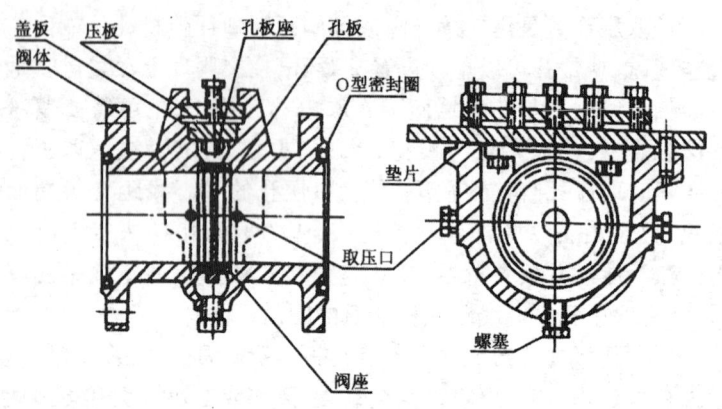

图3-6 简易型阀式孔板夹持器结构图

简易型清洗或更换孔板作业程序:第一步,打开输气管道旁通阀导气,关断计量管上下游截断阀和引压管线阀门中断计量;第二步,放空节流装置部分的天然气,旋出压板螺栓取出压板;第三步,用手提出盖板,盖板与孔板座连在一起,与此同时提出周围带橡胶密封圈的孔板;第四步,连同橡胶密封圈和孔板一起从孔板座中取出,如果需要的话可将孔板又从橡胶密封圈中取出,同时清洗检查

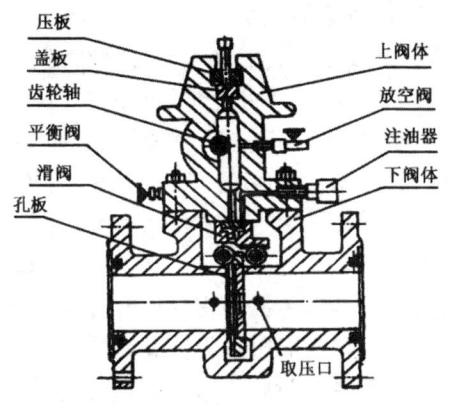

图 3-7 高级型阀式孔板夹持器结构图

孔板和橡胶密封圈,孔板应无明显损伤,变形和直角入口变钝等,橡胶密封圈应无断裂、坑槽和严重磨损等,否则应更换;第五步,缓慢稍开上游或下游截断阀,用管道气吹扫计量管道和阀腔 0.5~1min;第六步,将清洗检查好并符合标准要求的孔板嵌入符合标准要求的橡胶密封圈内,同时装入清洗好,内壁壁上涂有一层薄的防锈油的孔板座中;第七步,将孔板座放入阀体,盖上压板,旋紧压板螺栓;第八步,缓慢稍开上游或下游截断阀升压检漏,检查密封处不漏时,全开上游和下游截断阀,关断输气管道旁通阀,同时,开启上下游引压管线阀门,又开始启用计量。

  高级型阀式孔板夹持器清洗更换孔板作业程序:第一步,打开平衡阀,使上、下阀腔压力平衡;顺时针转动滑阀齿轮轴,全开滑阀;反时针转动下阀腔导板提升轴,将孔板提至上阀腔;关闭滑阀;关闭平衡阀。第二步,打开上阀腔放空阀,放空上阀腔天然气;旋出上阀体的压板螺栓,取出压板和盖板;反时针转动上阀腔导升轴,将孔板提出,并取出孔板。第三步,如果需要的话可将孔板从橡胶密封圈中取出,同时检查孔板和橡胶密封圈,孔板和橡胶密封圈应符合标准要求,否则更换;打开滑阀,吹扫上、下阀腔 0.5~1min;仔细观察滑阀关闭严密情况,若有泄漏现象,先不装入孔板,按照注入密封脂步骤注入密封脂,反复多次加入密封脂直至不漏,否则,应进行大修或更换。第四步,转动上阀体导板提升轴,将清洗检查好符合标准要求的孔板嵌入符合标准要求的橡胶密封圈中,端正平齐地放入上阀腔;盖好盖板、压板并旋紧压板螺栓;打开平衡阀,使上、下阀腔压力平衡;转动滑阀操纵轴,打开滑阀;转动导板提升轴,将孔板摇至下阀腔,下至摇不动便说明孔板已到达工作位置。第五步,关闭滑阀,旋转密封脂盒盖,缓慢注入密封脂。第六步,关闭平衡阀,打开上阀体放空阀,排除上阀腔内天然气。关闭放空阀。第七步,检查验漏各密封处若有泄漏应立即处理。

孔板夹持器应经常定期开启、检查和清洗,特别是高级型阀式孔板夹持器,要定期旋转密封脂压盖注入密封脂,使滑阀保持良好的密封,并随时适时地给密封脂盒补充密封脂;定期打开阀式孔板夹持器设在底部的排污球阀吹扫排污;每次装入孔板时,在导板齿条上涂抹适量黄油;每一年对阀式孔板夹持器应作一次全面的检查和保养,做到表面清洁、油漆无脱落、无锈蚀,铭牌清晰明亮,零部件齐全、完好,无内漏外泄现象,可动部件灵活好用。对于高级型阀式孔板夹持器应特别注意检查滑阀的密封性,若滑阀密封不好,应揭开上阀盖,对滑阀滑块、阀座、密封脂槽进行清洗,干硬的密封脂可用酒精溶解清洗。若修理不好,应该用符合标准要求的孔板夹持器更换下来,将其送往加工制造厂修理或报废。

孔板夹持器的设计、加工、装配和检验应符合 SY/T 6143—1996 标准有关条款的标准要求。

3. 上下游直管段

使用孔板流量计除了保证孔板和孔板夹持器的几何尺寸符合标准规定的技术要求外,上下游直管段的几何尺寸也应符合 SY/T 6143—1996 标准有关条款的技术要求,同样在 ISO 5167—1 和 GB/T 2624—93 相应条款中也有规定。在第二章第四节的流量计性能中已经讲到,差压式流量计的流出系数 C 是在实验室里用很长的直管段获得充分发展的速度分布的条件下作出的。也就是说天然气流入孔板前必须是轴对称、无旋涡、充分发展的速度剖面,才能达到流出系数 C 值的给定准确度。SY/T 6143—1996 标准规定了孔板上下游直管段长度和管道内壁相对粗糙度。只要孔板上游测量管内壁相对粗糙度 K/D 符合表 3-2,直管段长度符合表 3-3,便认为达到了所要求的标准规定的管道条件。

表 3-2 孔板上游测量管内壁的相对粗糙度上限值表

β	≤0.30	0.32	0.34	0.36	0.38	0.40	0.45	0.50	0.60	0.75
$10^4 K/D$	25.0	18.1	12.9	10.0	8.3	7.1	5.6	4.9	4.2	4.0

表 3-3 孔板所要求的最短直管段长度

直径比 β ≤	孔板上游侧阻力件形式和最短直管段长度 l_1							孔板下游最短直管段长度(包括在本表中的所有阻力件) l_2
	单个90°弯头或三通(流体仅从一个支管流出)	在同一平面上的两个或多个90°弯头	在不同平面上的两个或多个90°弯头	渐缩管(在1.5D~3D的长度内由2D变为D)	渐扩管(在1D~2D的长度内由0.5D变为D)	球型阀全开	全孔球阀或闸阀全开	
1	2	3	4	5	6	7	8	9
0.20	10(6)	14(7)	34(17)	5	16(8)	18(9)	12(6)	4(2)
0.25	10(6)	14(7)	34(17)	5	16(8)	18(9)	12(6)	4(2)
0.30	10(6)	16(8)	34(17)	5	16(8)	18(9)	12(6)	5(2.5)
0.35	12(6)	16(8)	36(18)	5	16(8)	18(9)	12(6)	5(2.5)
0.40	14(7)	18(9)	36(18)	5	16(8)	20(10)	12(6)	6(3)
0.45	14(7)	18(9)	38(19)	5	17(9)	20(10)	12(6)	6(3)
0.50	14(7)	20(10)	40(20)	6(5)	18(9)	22(11)	12(6)	6(3)
0.55	16(8)	22(11)	44(22)	8(5)	20(10)	24(12)	14(7)	6(3)
0.60	18(9)	26(13)	48(24)	9(5)	22(11)	26(13)	14(7)	7(3.5)
0.65	22(11)	32(16)	54(27)	11(6)	25(13)	28(14)	16(8)	7(3.5)
0.70	28(14)	36(18)	62(31)	14(7)	30(15)	32(16)	20(10)	7(3.5)
0.75	36(18)	42(21)	70(35)	22(11)	38(19)	36(18)	24(12)	8(4)
对于所有的直径比 β	阻力件						上游侧最短直管段长度 l_1	
	直径比大于或等于 0.5 的对称骤缩异径管						30(15)	
	直径比小于或等于 0.03D 的温度计套管或插孔						5(3)	
	直径比在 0.03D~0.13D 之间的温度计套管或插孔						20(10)	

注:1)表列数值为位于孔板上游和下游的各种阻力件与孔板之间所需要的最短直管段长度;
2)不带括号的值为"零附加不确定度"的值;
3)带括号的值为"0.5%附加确定度"的值(算术相加);
4)直管段长度均以直径 D 的倍数表示,它应从孔板上游端面量起。

D 为上游测量管实测内径,单位毫米;K 为上游测量管内壁等效绝对粗糙度,它取决于管道内壁峰谷高度、分布、尖锐程度和其他一些管壁上的粗糙度因素。要得到较满意的等效绝对粗糙度 K 值,应对特定管道的取样长度满标度的压力损失实验,用柯尔布鲁克公式计算出来。在表 3-4 中给出了一部分材料不同情况的管道,用流体实验方法计算出来的 K 值表,供使用者在实际应用中作为参考。

表 3-4　钢管内壁等效绝对粗糙度 K 值表

管子状况	K, mm	管子状况	K, mm
新冷拔无缝管	<0.03	有结皮钢管	0.50~2
新热拉无缝管	0.05~0.10	严重结皮钢管	>2
新轧制无缝管	0.05~0.10	涂沥青新钢管	0.03~0.05
新纵缝焊接管	0.05~0.10	涂沥青一般钢管	0.10~0.20
新螺旋焊接管	0.10	镀锌钢管	0.13
轻微锈蚀钢管	0.10~0.20	锈蚀钢管	0.20~0.30

注:流体实验方法确定管道内壁相对粗糙度 K/D 时,要首先用实验测出直管阻力系数 λ 后,再用柯尔布鲁克公式确定,即

$$\frac{K}{D} = 3.17 \times 10^{-\frac{1}{\sqrt{\lambda}}} - 9.34 \frac{1}{Re_D \sqrt{\lambda}}$$

式中　λ——为直管摩擦阻力系数。

确定直管摩擦阻力系数 λ 值的实验方法,取内径为 D 的直管,使流体密度为 ρ,恒定平均流速为

$$u = 1.2732 \frac{q_v}{D^2}$$

在流体流经的同时测出在长度为 L 的两点间的流体压力损失 Δp,按下式计算 λ 值:

$$\lambda = \frac{2\Delta p D}{L \rho u^2}$$

式中 Δp——距离为 L(m) 的两取压点之间的直管内壁压力损失，Pa；

ρ——流过直管的流体密度，kg/m³；

D——直管内径，m；

u——管内平均流速，m/s。

测量时的要求如下：

(1)用来测量差压 Δp 的差压计准确度不低于 1.0 级，其他有关参数的测量准确度不低于 0.5 级。

(2)两取压点之间的距离 L 应尽量大，最好为 $30D \sim 50D$，且在长度 L 上流体的流动已达到充分发展的紊流流速分布。

(3)取压孔直径 d_b 应在 1mm 左右，取压孔在管道内壁的出口应与管道内壁平齐，无毛刺，最好有半径为 $0.1d_b$ 的倒角。取压孔在从管内壁算起的不小于 $2.5d_b$ 的长度上应呈等直径圆柱形，并与管道轴线垂直。

(4)雷诺数最好大于 10^5。

上下游直管段的圆度公差不得超过 $\pm 0.3\%$，若超过此值，在一个规定的范围内可以通过对流出系数 C 的不确定度附加 $\pm 0.2\%$ 的不确定度(算术相加)进行应用。并且特别指出，在孔板上游侧至少 $10D$ 和下游 $4D$ 的长度范围内表面应清洁，其相对粗糙度 K/D 应符合如表 3-2 规定的上限值。根据 GB 8163—87《输送流体用无缝钢管》标准，国产无缝钢管较高级的，当外径 $\phi >$ 50mm 时，外径公差 $\pm 0.8\%$；当壁厚 $\delta > 3$mm 时，壁厚公差 $\pm 10\%$；弯曲度：当壁厚 $\delta \leqslant 15$mm 时，1.5mm/m；相对粗糙度 K/D，对于中小管径来说更满足不了表 3-2 的限值要求。从这一点出发，为了保证孔板流量计的计量准确度，在编制 SY/T 6143—1996 标准时就取孔板上游侧 $10D$ 和下游侧 $4D$ 的直管段部分用厚壁钢管镗制加工，保证其圆度、相对粗糙度和直度符合标准要求。将这一段直管段称为测量管。

应当特别注意，测量管只是孔板上下游所要求的直管段的一部分，在孔板流量计选型设计、安装检验、使用维修中，第一要按照

表3-3所要求的孔板上下游直管段长度配足其余部分；第二要严格检查配足部分的直管段内径应与镗制加工的内径一致，且无错位、无焊瘤、焊渣存在，配管外观不能有肉眼可见的弯曲和其他缺陷等。接下来综合介绍一下孔板节流装置的安装。

4. 孔板节流装置的安装

在孔板节流件安装时，孔板应与测量管轴线垂直，孔板上游端面与垂直于测量管轴线的平面之间的斜度应小于0.5%并小于1°。孔板的开孔应与测量管同心、同轴，孔板的轴线与上下游测量管轴线之间的距离 e_x 应满足式(3-1)的要求，此时无附加不确定度。如果 e_x 在式(3-2)的范围内，则流出系数 C 的不确定度应算术相加±0.3%的附加不确定度。e_x 不得超过式(3-2)的上限值。除上述最重要的两条外，在实际安装和使用中还应注意密封垫片的内径应比测量管内径大0.5~1.0mm，厚度宜控制在0.5~1.0mm之内。

$$e_x \leqslant \frac{0.0025D}{0.1 + 2.3\beta^4} \qquad (3-1)$$

$$\frac{0.0025D}{0.1 + 2.3\beta^4} < e_x \leqslant \frac{0.005D}{0.1 + 2.3\beta^4} \qquad (3-2)$$

孔板节流装置是由持有有效生产孔板节流装置证书的生产厂，从结构设计上，加工制造上，装配检验上按照SY/T 6143—1996标准相关技术要求进行标准化生产和销售，在特定的条件下还要经过型式试验。因此，只要安装到位，平整，它的各项技术指标应该满足标准的技术要求，如图3-8、图3-9、图3-10所示。

将孔板节流装置安装到管道中时，应注意直管段配接部分，整个直管段长度应满足表3-3的要求及SY/T 6143—1996标准相应条款的要求。配接部分的直管段内径，应与测量管内径一致。与配对的连接法兰焊接时，焊口对正、对齐，焊好后不能在管内壁上形成焊瘤和留有焊渣，内壁若有错位形成台阶，其台阶高度与内径 D 之比应小于或等于±0.3%，这时流出系数 C 无附加不确定

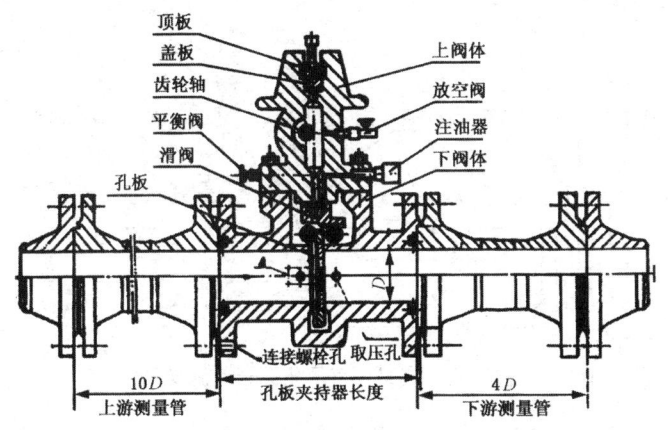

图 3-8 高级型阀式孔板节流装置

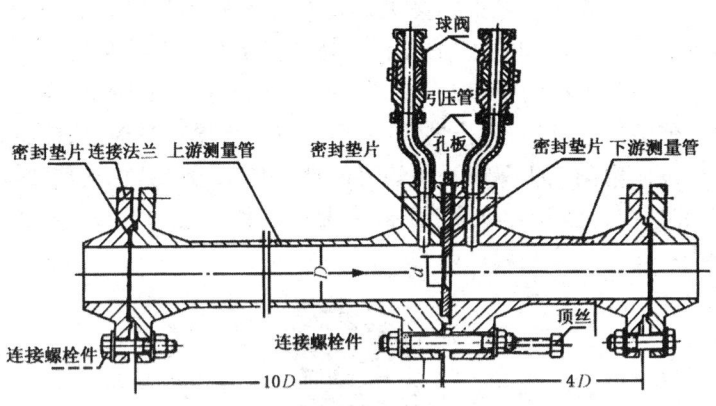

图 3-9 夹式法兰取压孔板节流装置

度;如果超过此值(±0.3%)但符合式(3-3)和式(3-4)的限值时,则流出系数 C 值的不确定度应算术相加 ±0.2% 的附加不确定度。

为了避免直管段受过分的剪切应力和产生弯曲变形,在适当的位置上加装支座。

$$\frac{h}{D} \leqslant 0.002\left[\frac{(S/D)+0.4}{0.1+2.3\beta^4}\right] \quad (3-3)$$

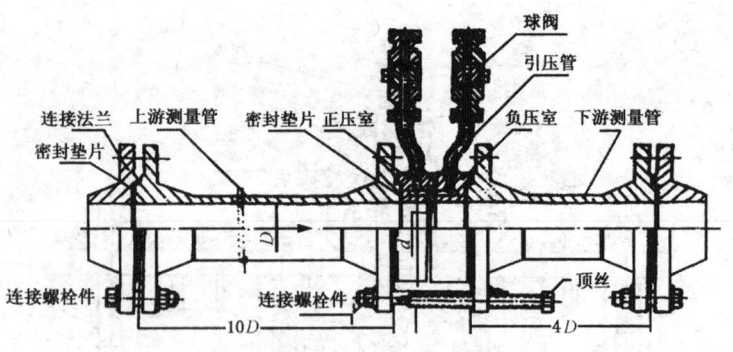

图 3-10　夹式环室取压孔板节流装置

$$\frac{h}{D} \leqslant 0.05 \tag{3-4}$$

图 3-11 为安装好的高级型阀式孔板夹持器,它是孔板节流装置的一部分,其他型式的孔板夹持器安装后看起来就比这一种简单。但是定期清洗和检查孔板,这种高级型的阀式孔板夹持器最方便适用,可以不停止供气,因而可以不设置计量旁通,能杜绝因旁通阀内漏产生漏计流量的可能性。如果用于其他气体测量,安装方式与之相同,如果用于液体流量测量,只需将孔板夹持器的取压孔置于下半部就可以了。

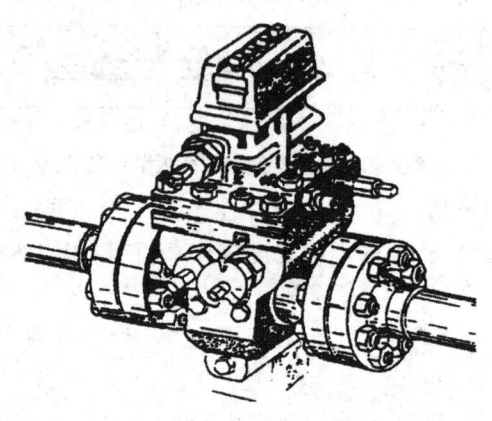

图 3-11　高级型阀式孔板夹持器在管道上的安装

二、二次测量仪表

孔板节流装置是负责正确、准确地建立起差压、静压和气流温度以及天然气密度的测量点,从而从这些差压、静压和气流温度等测量值计算出流量来。因而二次测量仪表也是孔板流量计的基本部分,负责测量出差压、静压和气流温度等其他使天然气流量准确测量的基本参数。最基本的二次测量仪表主要有差压测量仪表、静压测量仪表、温度测量仪表、密度测量仪表和天然气成分分析仪表等。密度测量仪表和成分分析仪表将在第六章专题讲述,这里就前3项测量仪表进行介绍。

1. 差压测量仪表

一台孔板流量计必须有一台测量由于天然气流过孔板时,所引起的差压的测量仪表。差压测量仪表必须能感测压力差,并转换这个差压以建立能用于现场生产管理工作中可读数、可评价的一种指示,或一种记录,或一种能直接输入计算机中去计算流量的信号。差压测量仪表必须能抗由于气流流动或大气条件造成的干扰,必须按标准进行检验。此外,仪表必须是坚固耐用,适应其使用环境,在测量腐蚀性气体和在腐蚀性环境中使用时,应能经受腐蚀性气体和腐蚀性环境,并且仪表必须是不太昂贵。目前有许多差压测量仪表能满足这些要求,但双波纹管差压计和差压变送器用得最为广泛。

双波纹管差压计(图3-12),其驱动机构是一对安装在中心板两边的波纹管,中心板把测量室分成低压腔和高压腔。波纹管的功能就好似一个有固定区域的无摩擦活塞一样,也像一对弹簧一样,对压力作出线性运行的反应,也就是说,波纹管的运动与压力值的增加或减少成比例变化。

波纹管是用很薄的金属簿片制成的,所以在波纹管内充满液体,以免其损坏。假如在波纹管的一侧施加最大压力,封闭在波纹管中的液体就可防止波纹管的断裂。另外,设置弹簧作用于波纹管上,在更高差压情况下,量程弹簧抵消波纹管向低压侧运行趋向。

由于充填液体的膨胀或收缩,波纹管的性质就会随温度的变

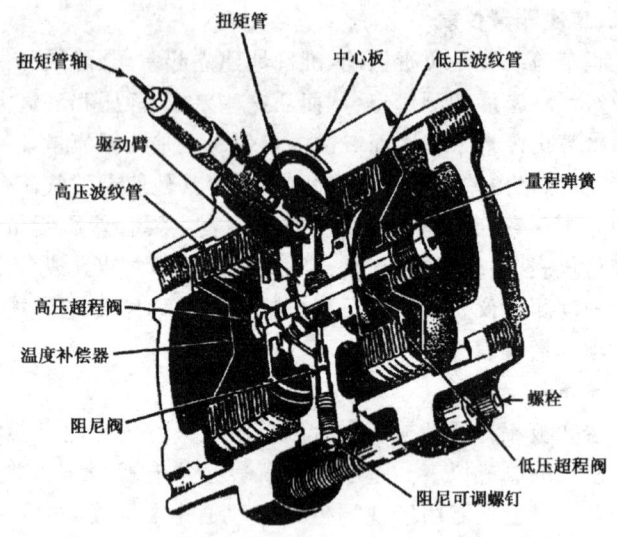

图 3-12 双波纹管差压计感测元件

化而改变,所以双波纹管差压计有一个根据需要来增添或减少液体的温度补偿器。温度补偿器可使双波纹管差压计安装在一个较宽的大气温度范围内,保持测量的准确度不变。

对于一般的差压测量来说,波纹管的移动是很小的,于是这个运行位移必须放大。这个运行位移通过四连杆机构放大后传递到记录笔上,在圆图纸上记录出差压变化的曲线来。

当静压、差压都很小的情况下,用"U"形管液体压力计(或叫差压计),用水测量差压。当压力施加到"U"形管的任何一边,"U"形管中的水就会运动。在沿"U"形管旁边以 mm 为单位的刻度线或一把以 mm 为单位刻度的尺子,那么由于压力使水移动的 mm 数就能读出来。很小的一个差压值(或压力值)就会使管中的水有一个相应的较大的移动量。因为有时通过孔板的差压相当小,所以在这种情况下常常用充水"U"形管差压计来测量这种差压。但要特别注意,水的密度随压力、温度是变化的,而差压(压力)法定单位是 Pa,在进行差压(压力)单位换算时要注意所处状态。因为天然气输送管道的输送压力较高,很少采用这种充水的

"U"形压力计,有时用作校准双波纹管差压计的工作标准计量器具使用。

差压变送器是输出与差压成比例的电信号的换能器械。因为计算机可以直接计算出流量来,所以就需要一台带电信号输出的差压测量仪表。这些被称作差压变送器的电子仪表可通过压电应变或通过一种能感测由波纹管或薄膜很小位移所引起的阻抗或电量变化而测量出差压来。既然波纹管或薄膜的位移是用电信号来感测、放大和传输的,那么四连杆机构就不需要了,所有的调校就按电信号来进行。差压变送器应具有与双波纹管和薄膜一样的过载保护能力。

2. 静压测量仪表

当用孔板流量计测量天然气流量时,静压测量也是被测参数之一。因为目前的天然气流量计量多以标准状态条件下的体积数为依据,其静压不但直接参加体积流量计算,而且还影响天然气物性参数的正确确定,所以需要进行压力补偿。有几种静压测量仪表可确保测量静压的准确度,并获得可靠的记录、指示或电信号传输、储存。普遍使用的是弹簧管,用于静压测量的弹簧管有3种:C型、螺旋型和缠绕型。图3-13所示是在圆图记录纸上记录静压的记录笔连接机构示意图,也是目前现场中用得最多的CW双波纹管差压流量记录仪上的附记压力记录笔连接机构示意图。图中静压感测元件是一个缠绕式的弹簧管,在弹簧管中的压力改变就会引起弹簧管膨胀或收缩。

弹簧管能测量的压力范围很宽。C型弹簧管用得最多的场合是压力指示仪表,少数用于压力记录仪表。缠绕式弹簧管的压力测量范围是0.1~1.6MPa;螺旋式弹簧管可用于更高的压力场合。由于封闭在弹簧管中的流体的压力变化,引起了弹簧管较小的移动,这个移动通过传动系统放大后,加在指示针、记录笔或信号发生器上,指示和记录数值或输出电信号值。为了调校连杆机构的运行,在高压情况下就用真重仪(活塞式压力计);在低压情况下就使用标准压力表。

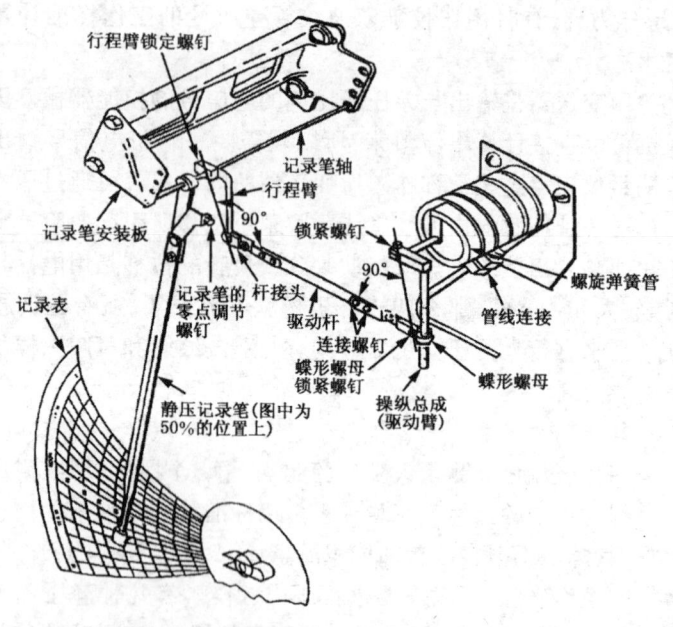

图 3-13 静压记录笔连接机构示意图

少数的静压电动变送器可以使用弹簧管作为初级驱动机构，然而更多的静压电动变送器是采用薄膜和压电应变元件充任这个角色。来自静压变送器的电信号是用真重仪或标准压力表调校的，这个电信号用电气方法进行校准。

我国目前在天然气孔板流量计上，二次测量仪表使用最为广泛的是 CW-430 双波纹管差压静压记录仪，它是将差压测量和静压测量结合到一起，用钟表机构带动圆图记录纸走动，在圆图纸上记录出一天的差压和静压随时间的变化情况，结合气流温度测量平均值，用求积仪、计算器人工分散逐台计算出当天的日流量。应当注意，选择和使用 CW-430 差压静压记录仪时，不要使差压记录线与静压记录线重叠。

3. 温度测量仪表

在天然气用孔板流量计的流量测量中，与气流静压测量一样，对气流温度的测量也是必不可少的。气流温度仍然是直接参加体积流量计算,并且影响其他物性参数的确定,应该进行气流温度的补偿。对于天然气温度测量仪表的,要求不像气流静压测量仪表要求那么高,只要满足天然气用孔板流量计关于温度测量仪表安装规定和三防(防爆、防水、防腐)要求,任何结构形式的温度测量仪表都可以选用,要求其测量准确度勿需很高。最常见的有两类:第一类是用于记录曲线指示的温度记录仪(如压力式温度记录仪)和标度指示的工业用膨胀式温度计(如玻璃棒液体温度计、双金属温度计)。我国现场多用工业用棒式玻璃液体温度计 WNG-01,量程为 0～50℃,分度值为 0.5℃ 和量程为 0～100℃,分度值为 1℃ 的两种。这一类通常用于人工作业计算流量值的场所。第二类是用电信号检测传输的电阻式(铂电阻 P_{t100}、P_{t50} 或者是铜电阻等)温度计。因为铂电阻的物理化学性能稳定,复现性好,配以温度变送器可以输出 4～20mA(或 1～5V)DC 的统一电信号。第二类温度计常用于计算机在线实时计算流量和自动控制中。目前已研制生产出一体化温度变送器的产品。

4. 信号引线

孔板流量计的一次装置和二次测量仪表之间的连接是使用信号引线来完成的。信号引线有两种:一种是传递压力信号而被作为引压管线的无缝钢管;另一种是传递电信号而被用作电信号传输线的控制电缆。

1) 引压管线

通常采用 $\phi 18\times 3$、$\phi 18\times 2$ 或 $\phi 14\times 2$ 的无缝钢管作为引压管线,最理想的引压管线是不锈钢无缝管。不锈钢管线的一次性投资比较贵,因为不锈钢引压管线比低价碳素钢引压管线更耐用和很少维修,在长期使用中这样作是合算的。

引压管线宜尽可能短,以便减少泄漏的可能性和及时响应差压及静压的波动。引压管线的设计选型、安装敷设应有利于排除引压管线内的析出物和确保一次装置所产生的测量信号正确、准确地传递。

2) 电信号引线

随着计量技术的发展和天然气流量计量准确度要求的提高,许多电子仪器仪表和设备运用于流量测量系统中,这就涉及电信号引线的有关问题。电信号引线可用能正确、准确转送电信号的任何电线或电缆,但最理想的是铜芯线。因为铜芯线电阻率小,对信号输送损失小。常选用的是 BV 铜芯聚氯乙烯绝缘线,KVVR 多芯聚氯乙烯绝缘护套软线,KVV-500 聚氯乙烯绝缘聚氯乙烯护套控制电缆,KVV2-500 聚氯乙烯绝缘聚氯乙烯护套钢带铠装控制电缆。天然气现场属于 2 区爆炸危险场所,宜采用 KVV2-500 铠装控制电缆。特殊需要屏蔽的信号传输线宜采用屏蔽电线或屏蔽电缆。

5. 二次测量仪表的安装

孔板流量计二次仪表的安装依赖于施工设计图。施工设计图是根据标准、规程规范和仪表产品的安装使用说明书,结合现场具体情况和用户合理的要求,精心构思设计的。一般来说施工安装不能违背施工图的技术要求,除非征得设计者、用户的同意,出据施工图修改通知单方可改动。

天然气用孔板流量计二次仪表的安装主要是引压管线如何正确、准确连接孔板夹持器的取压孔与二次测量仪表的引压孔,引压管线的敷设,以及二次测量仪表的安装固定。对于电子仪表系统而言,还应注意电信号传输线的安装和电子系统的防爆和抗干扰。

对于二次测量仪表的安装,按下述两部分进行介绍。

1) 基地分散安装方式

为了使测量信号及时、准确地被测量,一次装置与二次仪表之间的引压管线宜尽可能短。为此,基地式分散安装具有优越性。所谓基地式分散安装就是将二次测量仪表安装在一次装置附近,当计量管道牢固又勿需防碍折卸更换的情况下,可直接将差压、静压和温度记录仪卡固于管道上,每隔一段时间后定期取出记录卡片,集中处理计算流量值,其安装示意图如图 3-14 所示。

2) 基地、室内集中安装方式

为了便于操作、维护、使用和管理,更多的是在一个计量站场

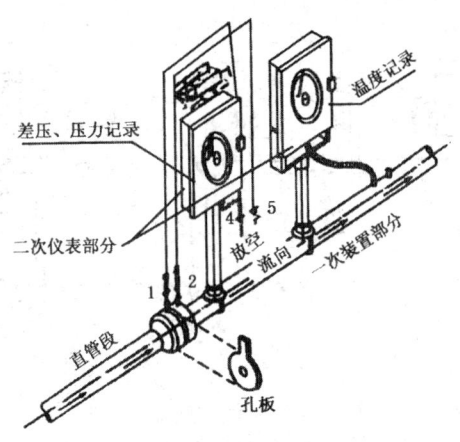

图 3-14 二次仪表基地分散安装方式

将多台孔板流量计的二次测量仪表集中地安装在一起,用引压管线将一次装置与二次测量仪表连接起来,进行测量信号的传输。如果计量站值班室的设置位置,经过充分考虑,距最远一台孔板流量计的一次装置,其引压管线长度超过 16m 者,为了测量信号及时准确地传递,在各一次装置位置之间比较后,在站场恰当位置作基地集中安装,其顶部采取防雨、防晒措施,俗称"仪表棚"。当计量站站场值班室较近,距最远一台孔板流量计的一次装置,引压管线长度不超过 16m,在值班室旁设置二次仪表安装室(或变送器安装室)集中安装,通常称作仪表室。集中安装方式可用"π"形安装支架,如图 3-15 所示。该图是针对安装 CW-430 双波纹管差压、静压记录仪设计的。安装差压、静压变送器时可以根据其外形尺寸、安装尺寸和现场具体情况进行调整。

上述两种二次仪表的安装方式,具体的安装都基本相同。二次仪表卡固于立柱上,但不能因为安装不当而通过引压管线将机械应力传入仪表,并应避免机械振动。接入二次仪表引压口的引压管线宜向输气管道或集液器方向倾斜,从孔板夹持器取压口至二次测量仪表的引压管线应避免小于 90°的急弯头,采用弯曲半径大于或等于 5φ(φ 为引压管线直径),弯曲处应平滑、不变瘪,焊

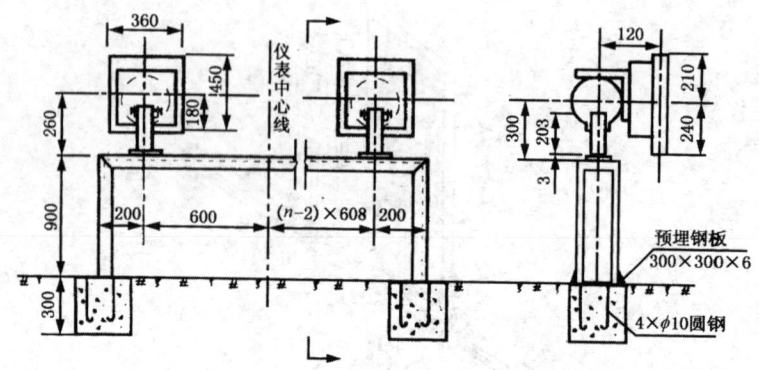

图 3-15 二次仪表集中安装 π 型支架

接口应对正,无错位,焊好后无焊瘤、焊渣留存于引压管线内。引压管线水平安装时,按每 12m 倾斜 1m 的坡度向输气管道方向倾斜。若引压管线较长,可采用分段倾斜,最低处设置集液器和放空阀,以便凝析液回流到输气管道中或流到集液器中,避免聚集在引压管线内,影响测量信号的正确、准确传递。如果用于其他气体的流量测量,引压管线的安装与之相同,如果用于液相流体流量测量,输液管和集气器处于高处,其他安装要求与之相同。

为了操作、维护、检验和使用的方便,引压管线上应安装一些阀,这些阀的关闭或开启便可进行作业。例如需要排液、排气时就开启放空阀(图 3-16 中 4、5),需要更换新表时就关闭设置在孔板夹持器取压口处的切断阀(图 3-16 中 1、2)。图 3-16 为 CW-430 双波纹管差压、静压记录仪安装示意图。

设置于引压管线上的阀门除排液放空阀 4、5 可采用耐磨针形阀外,其余截断阀宜采用与引压管线同内径、高密封、性能优的直通式球阀或其他符合技术要求的阀门。安装用连接短节,阀门等,密封材料不得挤入孔板夹持器取压口和引压管线内表面,取压短节不得突入孔板夹持器内表面,避免引压通径变小产生阻流现象和取压位置变化。严寒地区引压管线应采取防冻措施,靠近热源地方要防止热影响。其目的是为了正确、准确地取压和传压。

差压测量仪表的高压端由孔板夹持器上游端取压口取出,标

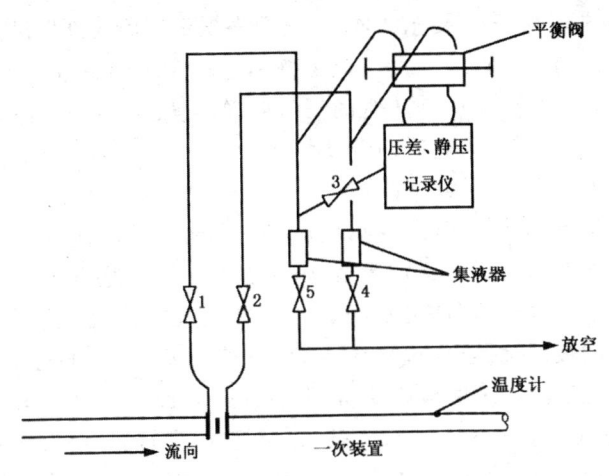

图 3-16 CW-430 双波纹管记录仪与一次装置
引压管线安装连接示意图

记"P_+",低压端由孔板夹持器下游端取压口取出,标记"P_-"。对于差压测量仪表的取压口和引压管线最好与静压测量仪表的取压口和引压管线分开,只有在保证双重连接不导致差压测量的误差时,才允许将静压取压口与差压取压口共用(如图 3-16 所示那样)。高、低压引压管线应并行敷设,保证等长。

　　静压测量仪表的压力信号从孔板夹持器上游端取压口取出,标记为"P_+",引压管线的安装要求与差压测量仪表引压管线安装要求相同。现场多见的是静压测量仪表取压口和引压管线与差压测量仪表高压端取压口和引压管线共用,直到二次仪表安装位置处,在差压测量仪表高压端的引压管线上开一等内径三通口,再连接一只阀门接至静压测量仪表引压口。

　　差压测量仪表和静压测量仪表在满足引压管线安装要求的前提下,可以安装在一次装置的上方,也可以安装在一次装置的下方,详见 SY/T 6143—1996 标准附录 D。

　　差压变送器的安装与 CW-430 双波纹管差压记录仪的安装方式相似,静压变送器的安装与 CW-430 双波纹管静压记录仪安装方式相似,安装要求相同,只需要根据变送器的外形尺寸和安装尺寸进行一些调整即可。但应特别注意变送器是带电的,与天然气毗邻,因此,它应是防爆的,其电气线路安装也必须遵守有关的防爆标准,这一点在后面专项介绍。

3)温度测量仪表的安装

孔板流量计是速度型的差压式流量计,对其流体进入孔板前的入口速度剖面要求特别严格,因此温度计管嘴宜设置于孔板节流装置下游直管段外,15D 管段范围之内的管段上,以避免入口速度剖面被干扰;若要设置于上游,应符合表 3-3 的有关规定。为了保证气流温度的准确测量,温度计插入长度应尽可能让感温元件位于管道中心处,可以直插,也可逆气流斜插。对于管道直径大于 300mm 的管道,在插孔处可能会产生共振。为了避免共振就要控制插入长度,插入长度控制在 75~150mm 范围内,几乎不会影响测温的准确度。为了保证在温度计插入处测得的温度与流过孔板节流装置的天然气真实温度相一致,将温度计管嘴的外部和孔板节流装置的上游或下游的适当管段隔热很有必要,因为管内的天然气温度与孔板节流装置外面的环境温度有较大的不同。如果安装不耐压的温度计而需设置插孔套时,必须避免水的浸入,并应该用导热物质充填。

目前现场上常见的工业用棒式玻璃液体温度计的安装如图3-17 所示,(a)为直式安装,(b)为 45°斜式安装。因为输气管道的输送压力都较高,玻璃易碎并要经常更换,故采用加保护套管的办法。天然气温度通过保护套管壁传导给玻璃温度计,因此保护套管充填导热物质(如变压器油),并用橡胶塞塞住以防止水的浸入。由于它的滞后比较严重,对天然气流动温度变化较大和天然气流动温度与大气环境温度相差较大的情况下不宜采用。

铂电阻(或铜电阻)和其他温度计的安装,要根据其产品安装使用说明书配制安装管嘴接头,按照技术要求进行安装,让其感测元件尽量处于管道中心处。带保护套的耐压温度计不宜再配金属隔压套管,尽量避免温度滞后和大气温度的影响。

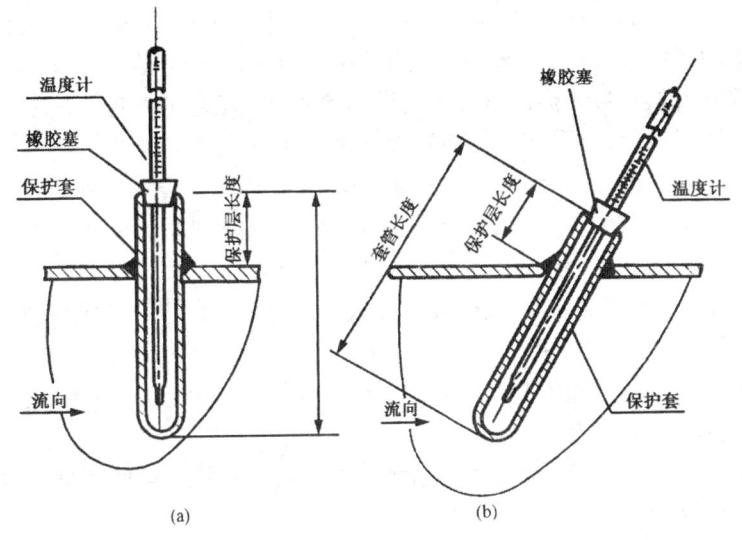

图 3-17 工业棒式玻璃液体温度计安装示意图

6. 二次测量仪表的发展趋向

由于天然气的价值和价格不断提高,对天然气流量计量的准确度要求也就愈来愈高。采用孔板流量计测量天然气流量,无论国内或国外都起着主导地位。因此,国际上掀起了对孔板流量计进行再次大规模实验研究,以求改进。在本章第一节已经讲过,20世纪80年代以来世界各国的流量专家们对一次装置进行了大量的实验研究,获得了可喜的新成果。流量专家们对二次测量仪表和计算方法改进的新成果也层出不穷。

1) 对差压、静压测量仪表的改进

20世纪50年代是用水银浮子作感测元件,在现场用得最广泛的是 CF-430 水银浮子式差压静压记录仪。20世纪70年代改进为双波纹管作感测元件,在现场用得最多的是 CW-430 双波纹管差压静压记录仪。20世纪80年代出现了用电动变送器加电子计算机在线实时计算流量值的系统工程技术。

差压静压记录仪作为孔板流量计的二次仪表,目前在计量站场仍然得到广泛使用,尤其是我国,它采用人工记录温度,求取日平均温度,用求积仪求出日平均差压和静压,用计算器计算这一天的日流量。虽然国产有带电变送和计算流量模块的差压静压双波纹管流量计,但因其不具备防爆性能而不便应用于天然气流量计量中。美国巴顿公司(Barton)近年来在双波纹差压静压记录仪基础上引入微电子处理技术和位移传感技术,研制成功多种基地式本质安全仪表,它可在十分分散又无外电源的计量站使用。如巴顿202E型双波纹管差压静压记录仪上附加 $ADSC_{an}^{TM}$ 实时记录器,采用6V干电池,可在一个月内连续记录差压、静压和温度参数,由PC计算机集中处理。这是一种典型的集中管理,分散测量的基地式二次仪表。

2) 采用电动变送器和计算机在线实时计算流量值的计量技术迅速发展

采用差压静压和温度记录仪配一次装置计量天然气流量,这是孔板流量计的二次仪表的第一代产品,第二代产品就是利用电单仪表加电子计算机配一次装置计量天然气流量的计量技术,其流量测量系统原理图如图3-18所示,(a)为流量测量仪表流程图,(b)为流量主参数记录和流量计算积算系统方框图。

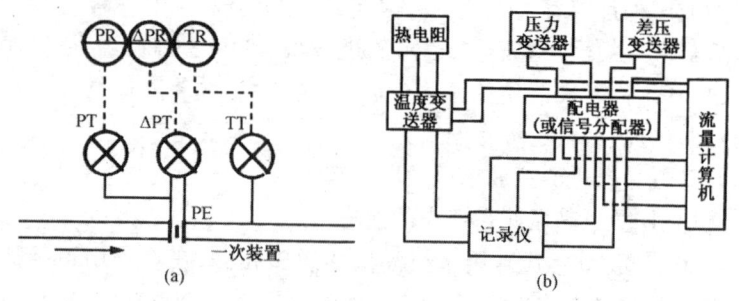

图3-18 孔板流量计流量测量系统原理图

第二代产品的二次测量仪表又经历了3个发展阶段,其隔爆型和本安型的电动变送器都可应用于天然气流量测量中。为了正确、合理地选择运用电动变送器,表3-5列出了电动变送器发展的过程。

表3-5 电动变送器发展史

发展阶段		原 理	研制年代	典型产品
第二代	第一阶段	位移平衡式	20世纪40年代后期	美国 Barton 公司双波纹管差压变送器
	第二阶段	力平衡式	20世纪50年代	美国 Foxboro 公司 a/P cell
	第三阶段	微位移平衡式	20世纪70年代初期	美国 Rosemount 1151 美国 Honeywell DSTJ

我国生产的电动单元组合仪表DDZ-Ⅱ和DDZ-Ⅲ属于第二代产品的二、三阶段,它的特点如表3-6所列。这两种仪表由于它采用力平衡原理,限制了它的小型化。不但它们的结构复杂,而且在准确度、稳定性方面都不高(准确度为±0.5%～±1%),调零、调量程和调迁移要相互影响。但缺点是它的温度漂移,静压误差没有得到解决,直接影响测量的准确度。

表3-6 DDZ-Ⅱ、Ⅲ型变送器主要特点

主要特点 类型	原理	结构特点				信号及连接方式			主要特性			研制年代
		矢量机构	杠杆比	膜盒单向保护	量程调整	防爆型式	供电电压	输出信号	连接方式	性能	使用温度范围	
DDZ-Ⅱ	力平衡	无	1:3 1:6 1:10	O型环性差	麻烦	隔爆型	220V AC	0～10 mA, DC	四线制	低	-10～ +55℃	20世纪60年代
DDZ-Ⅲ	力平衡	有	1:10	基座形面较可靠	较方便	隔爆型、安全火花型	24V DC	4～20 mA, DC	二线制	较高	-40～ +80℃	20世纪70年代

第三阶段变送器是基于微位移检测和转换技术相结合的原理。当差压作用于膜片上产生了微小位移(通常小于 0.1mm),该位移引起电子器件参数(如电阻、电容、电感)变化,通过电子线路转换为电信号输出。该类仪表主要优点是装配、使用、调整方便;体积小、重量轻、结构简单;同时测量准确度高,性能可靠。表 3-7 为力平衡式、微位移式典型产品的比较。

表 3-7 力平衡式、微位移式产品比较表(以中差压为例)

厂家	中国	中国	横河	Honeywell	Rosemount
型号	DDZ-Ⅱ	DDZ-Ⅲ	E13DM	KD1-22	1151DP
原理	力平衡(双杠杆)	力平衡(矢量机构)	力平衡	微位移(扩散硅)	微位移(电容式)
测量范围	0-10-60 kPa	0-6-60 kPa	0-5-50 kPa	0-6.5-65 kPa	0-6.35-38.1 kPa
准确度	0.5 级	0.5 级	0.5 级	0.25 级	0.25 级
环境温度	-10~55℃	-40~80℃	-40~80℃	-30~80℃	-30~90℃
温度影响	0.6/10℃	0.75/10℃	0.5/10℃	0.25/10℃	0.5/55℃
静压	0~16MPa	0~16MPa	真空~14MPa	14MPa	真空~14MPa
静压影响	3%	3%			0.25%
维护保养	较难	容易、经济	容易、经济	容易	容易
重量	12kg	10kg	12kg	5kg	5.4kg
开始时间	1965	1974	1969	1970	1969

从以上各表可见第三阶段产品取代第二阶段产品作为天然气流量测量的二次仪表是必然趋势。但第一代产品由于价格便宜、维护方便仍有保留和发展的必要。

近年来又研制出智能差压变送器和智能压力变送器,具有准确度高,稳定性好,可利用它的通讯功能进行在线故障诊断、组态和校验。为了更为准确计量,条件许可时宜采用这种变送器。

采用电动变送器与三笔记录仪记录流量参数和采用双波纹管差压静压记录仪计算方法相似,计算流量仍要人工取值,进行查表、插值计算。近年来无论国外还是国内都出现以微处理器为基础的流量计算机,它们均按天然气流量计量规范和天然气计量管理特点研制软件和硬件,并实行在线测量和实时补偿运算,从而省去了繁琐的计算和人工取值带来的误差。

为了扩大孔板流量计计量范围,可利用电动差压变送器量程比大、过载能力强的特点,采用高低差压变送器同时配置,由流量计算机内开关进行切换的计量方式。为了更为准确无误测量差压,变送器还可冗余配置,由流量计算机自动判断变送器故障和正确决定取值,并且进行取值校正。图3-19为天然气采用流量计算机的计量配置图。该图除采用二高一低差压变送器外,还有来自气相色谱仪的真实相对密度和发热量信号,从而可按要求进行体积流量、质量流量和能量流量的计量。

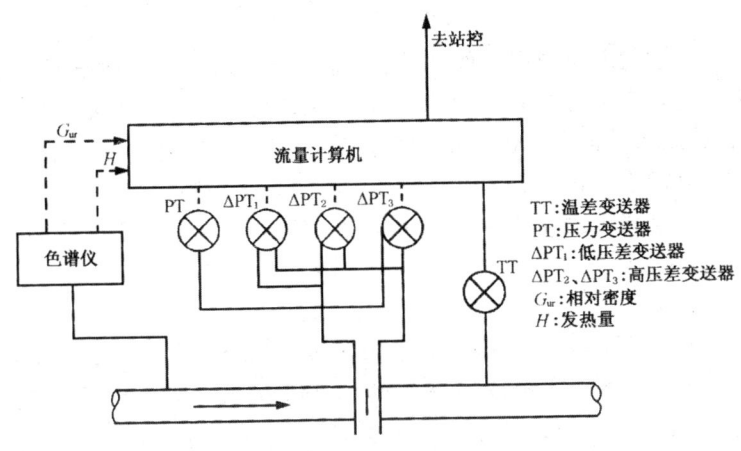

图3-19 流量计算机计量配置图

3)电动仪表的安装要求

孔板流量计配用电动二次测量仪表的安装方式与双波纹管差压静压记录仪,工业用棒式玻璃液体温度计的安装方式相似。前面已粗略说过不同点,因为仪表本身接触天然气,要把天然气的差压信号、静压信号和温度信号转变为电信号输出,电信号输送不当(如短路)会产生火花,天然气又是易燃、易爆物质,因此它们本身要防爆,它们的安装也应防爆,防爆成了电动仪表安装的第一要素。电动仪表安装的第二要素就是抗干扰,要求电信号传送正确、准确。天然气以甲烷为主,为Ⅱ类 T_1 级物质,计量站在不正常情况下才有可能短时间积聚与空气混合形成爆炸性物质。因此,工艺管道、设备装置区(现场)被划为2区爆炸危险场所,控制室作为非爆炸性危险场所进行考虑。在装置区和将天然气气源引入的房间(仪表室或仪表棚)安装的电动仪表,为了更加安全起见,应该是不低于 dⅡBT$_3$ 级以上的隔爆型或本质安全型,并具有防爆合格证。电缆和其他电线的选型和施工应符合 GB 50058—92、GBJ93—86 和 SY 4030.1—93、SY 4030.2—93、SY 4031—93 等标准的有关要求。现场距控制室的最近装置,其净距离应不少于 4m,配线宜采用金属管配线,隔离密封,穿墙洞孔和配线金属管端头应堵塞严密。

电动仪表应采用各种抗干扰措施,如抗雷击、抗电源干扰、抗无线电频率及电磁干扰,电动仪表安装的位置宜选用电磁发射级较低,以致其他电子仪器和电子系统能维持它们适当的运行,并且无线电传输装置不受干扰的地方。电动仪表安装运行后,室内比较大的电感负载可以自由开关,在连续运行中系统不受警报和跳闸的影响,在任何情况下变送器的测量值在其准确度范围内不会偏离真实值。

差压、静压电动变送器安装如图 3-20 所示。差压变送器是高低压两根引压管线,安装平衡阀,平衡阀开就自动关断两根气源引压管线,平衡阀关就自动打开接通两根气源引压管线而测量差压值。应当注意仪表表壳接地,图中没有画出。

铂电阻(或铜电阻)的安装如图 3-21 所示。仍然应当注意仪表表壳的接地,图中没有画出。

电动仪表接地的总体要求为:屏蔽接地应考虑选择合适的接地点,交流工作接地,其接地电阻不宜大于 4Ω,安全保护接地,其接地电阻不应大于 4Ω,防雷保护接地(处在有防雷设施的建筑群中可不设),其接地电阻不应大于 10Ω。

采用电动仪表加计算机计量天然气流量时,计算机室(或称控

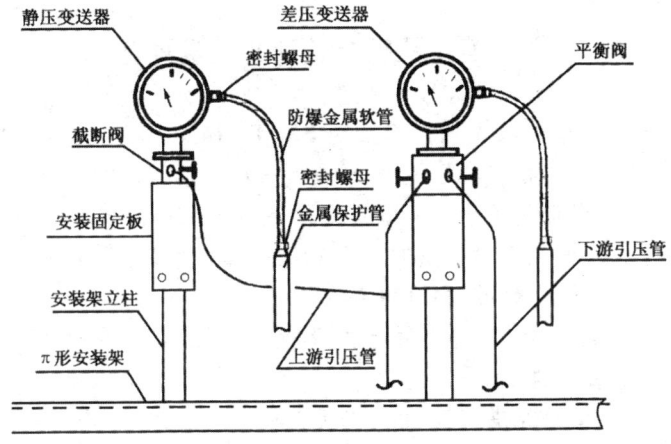

图 3-20 差压、静压电动变送器安装示意图

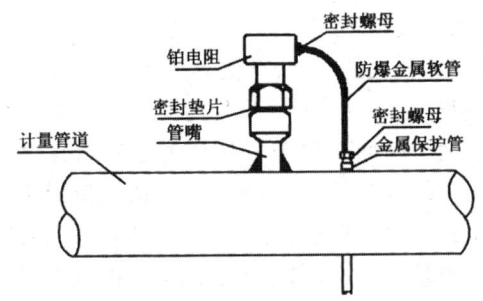

图 3-21 铂电阻安装示意图

制室)是必不可少的。计算机室应达到下述要求：

(1)计算机房内无线电干扰场强,在频率范围 0.15～1000MHz 时,不大于 120dB。

(2)计算机房内磁场干扰环境场强不大于 800A/m。

(3)计算机房内的环境噪声应小于 45dB;房内温度宜控制在 20℃±2℃,波动值不大于±5℃,房内二氧化碳含量应低于 $1mg/m^3$,硫化氢含量应低于 $0.1mg/m^3$;如果设有远程终端,远程终端的平均无故障工作时间应不低于 8760h。

第三节 孔板流量计的流量计算

天然气用孔板流量计除按照 SY/T 6143—1996 标准规定设计、加工、安装、检验和使用外,还必须按照标准规定的计算方法计算流量值,其流量测量的不确定度才不致于超过该标准规定的估算水平,否则,其流量测量的不确定度就无法估算或估算不正确。

一、孔板流量计流量计算方程

1. 孔板流量计流量基本方程推导

1)假设条件

(1)流体是充满圆管的,充分发展的定常流。

(2)阻力损失忽略不计,且流体流经孔板时为绝热过程,没有能量损失。

(3)管道水平安装。

(4)流体流经孔板的前后,其比容不变

2)推导过程

在孔板前后取断面 1 和 3(如图 3-22 所示)。按理第一个断面应取流体未收缩以前处,第二个断面应取孔板后收缩最小处,流体流经这两个断面时,其比容 v、静压 p 和质点流速 u 之间有特定关系。由于流量大小不同,两个断面位置也是不固定的,因此在制造节流装置时,有意识地把取压孔安排在孔板前后固定的位置上,其误差将通过水力试验校正之。由于取压孔位置的不同,因而才有了所谓的不同取压方式,也就有了不同的校正系数(即不同的流量系数或流出系数)。

根据前面假设,在绝热稳定流动过程中,圆管内沿流线水平方向,断面1(取压孔轴线断面)和断面2(孔板入口断面)上的流体质点之间将遵守下面的能量方程式:

$$C^2 \int_1^2 v \mathrm{d}p + \int_1^2 u \mathrm{d}u = 0 \qquad (3-5)$$

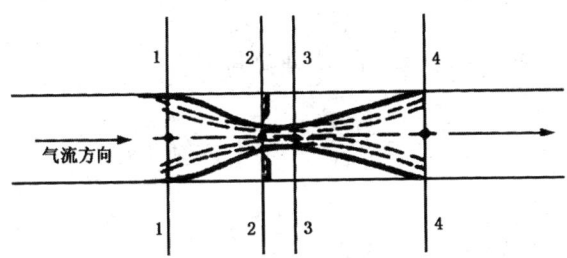

图 3-22 孔板节流原理示意图

式中 C——为了补偿任意两点的摩擦影响所列入的一个经验系数,称为流出系数,它与节流件几何形状、取压位置及雷诺数等有关,通常由试验确定;

v——平均比容,m^3/kg;

p——静压力,Pa;

u——流体质点的线速度,m/s;

$\int_1^2 vdp$——从点1到点2所测量的压头变化;

$\int_1^2 udu$——从点1到点2所测量的速头变化。

对式(3-5)积分后得

$$C^2(p_2-p_1)v = \frac{-(u_2^2-u_1^2)}{2}$$

对上式整理后得

$$u_2^2 - u_1^2 = 2C^2(p_1-p_2)v \quad (3-6)$$

又根据连续性方程,通过各截面的体积流量恒等:

$$A_1u_1 = A_2u_2 = q_{Vs} \quad (3-7)$$

式中 A_1、A_2——分别为测量管横截面积和孔板开孔面积,m^2;

u_1、u_2——分别为 A_1、A_2 处的流速,m/s;

q_{Vs}——为通过测量管的体积流量,m^3/s。

根据式(3-7)可分别求出

$$u_1 = q_{Vs}/A_1$$

$$u_2 = q_{Vs}/A_2$$

将 u_1 和 u_2 代入式(3-6)便得到

$$\left(\frac{q_{Vs}}{A_2}\right)^2 - \left(\frac{q_{Vs}}{A_1}\right)^2 = 2C^2(p_1 - p_2)v$$

$$\left(\frac{q_{Vs}}{A_2}\right)^2 \left[1 - \left(\frac{A_2}{A_1}\right)^2\right] = 2C^2(p_1 - p_2)v \qquad (3-8)$$

令:$\beta = \dfrac{d}{D}$,则 $\beta^2 = \left(\dfrac{d}{D}\right)^2 = \dfrac{A_2}{A_1}$

将 β^2 代入式(3-8),则可求出孔板开孔面积 A_2 处的流速

$$u_2^2 = \frac{C^2}{1-\beta^4} \times 2(p_1 - p_2)v$$

等式两边同时开平方并以平均密度 ρ 代替平均比容后得

$$u_2 = \frac{C}{\sqrt{1-\beta^4}} \sqrt{2(p_1-p_2)/\rho} \qquad (3-9)$$

根据连续性方程,质量流量有

$$q_{ms} = q_{Vs1}\rho_1 = q_{Vs2}\rho_2 = q_{Vs}\rho$$

根据式(3-7)便有

$$q_{ms} = u_2 A_2 \rho \qquad (3-10)$$

将式(3-9)代入式(3-10)并令 $\Delta p = p_1 - p_2$ 后得

$$q_{ms} = \frac{C}{\sqrt{1-\beta^4}} \cdot A_2 \sqrt{2\Delta p \rho} \qquad (3-11)$$

令:$\alpha = C/\sqrt{1-\beta^4}$ 称为流量系数。

令:$E = 1/\sqrt{1-\beta^4}$ 称为渐近速度系数,故流出系数 C 与流量系数 α 的关系为

$$C = \alpha/E$$

于是,方程(3-11)可改写为下面形式:

$$q_{ms} = CE \frac{\pi}{4} d^2 \sqrt{2\Delta p \rho} \qquad (3-12)$$

对气体而言,在流经孔板时,由于流速和压力的改变而伴随着密度的改变(气体从 p_1 降为 p_2 因膨胀而使密度减小),为适应此种变化以修正因假设密度等于常量而对流量引起的偏差,因此必须加入一个系数,这个系数被称为可膨胀性系数,用符号 ε 表示。于是式(3-12)可改写为

$$q_{ms} = CE \frac{\pi}{4} \varepsilon d^2 \sqrt{2\Delta p \rho} \qquad (3-13)$$

当以上游条件参数为测量依据时,上式变为

$$q_{ms} = CE \frac{\pi}{4} \varepsilon_1 d^2 \sqrt{2\Delta p \rho_1} \qquad (3-14)$$

$$q_{Vs} = q_{ms}/\rho_1 \qquad (3-15)$$

式(3-14)、式(3-15)为流体流经孔板时的流量基本方程。当流体为液体时,$\varepsilon_1 = 1$;为气体时,$\varepsilon_1 < 1$。

2. 天然气标准体积流量计算基本方程

在天然气工业经营管理中,均采用标准状态条件下的体积流量 Q_n 作为结算气量的依据,故式(3-15)可以改写为

$$Q_{ns} = q_{ms}/\rho_n \qquad (3-16)$$

式中 ρ_n——天然气在标准状态条件下的密度,kg/m^3。

将式(3-13)代入式(3-16)得

$$Q_{ns} = CE \frac{\pi}{4} \varepsilon_1 d^2 \sqrt{2\Delta p \rho_1}/\rho_n \qquad (3-17)$$

式中 ρ_1——天然气在上游取压孔工况条件下的密度,kg/m^3

3. 天然气流量计算实用方程

根据气体状态方程可导出上游取压孔工况下的密度方程为

$$\rho_1 = \frac{M_r p_1}{Z_1 R T_1} \qquad (3-18)$$

式中 ρ_1——实际工况下上游取压孔(p_1、T_1)流动天然气密度，kg/m³；

p_1——上游取压孔流动天然气绝对压力，MPa；

T_1——上游流动天然气热力学温度，K；

M_r——天然气摩尔质量，kg/kmol；

Z_1——实际工况(p_1、T_1)下上游取压孔天然气的压缩因子；

R——通用气体常数，$R=0.00831448$kJ/(mol·K)。

同样，我们也可写出标准状态下(p_n、T_n)的密度方程：

$$\rho_n = \frac{M_r p_n}{Z_n R T_n} \qquad (3-19)$$

式中 ρ_n——标准状态条件下(p_n、T_n)天然气密度，kg/m³；

p_n——标准状态条件下绝对压力($p_n=0.101325$MPa)；

T_n——标准状态条件下热力学温度($T_n=293.15$K)；

Z_n——标准状态条件下，天然气压缩因子。

同理，对空气亦可写成与式(3-19)相同的形式：

$$\rho_{na} = \frac{M_a p_n}{Z_{na} R T_n} \qquad (3-20)$$

式中 ρ_{na}——标准状态条件下干空气的密度，kg/m³；

Z_{na}——标准状态条件下，干空气的压缩因子($Z_{na}=0.99963$)；

M_a——干空气的摩尔质量($M_a=28.9641$kg/kmol)。

天然气真实相对密度定义为：在相同状态条件下天然气密度与干空气的密度之比。在标准状态条件下，天然气的真实相对密度 G_{nr} 为

$$G_{nr} = \frac{\rho_n}{\rho_{na}} \qquad (3-21)$$

将式(3-19)和式(3-20)代入式(3-21)整理后得

$$G_{nr} = \frac{M_r}{M_a} \times \frac{Z_{na}}{Z_n} \qquad (3-22)$$

天然气的理想相对密度 G_i 定义为摩尔质量之比,按式(2-10)计算,真实相对密度 G_{nr} 按式(2-11)计算。
所以

$$G_i = G_{nr} \frac{Z_n}{Z_{na}} \qquad (3-23)$$

因此式(3-23)代表了真实气体相对密度与理相相对密度之间的关系。当首先对式(3-18)、式(3-19)中的 M_r 以式(2-)中的理想相对密度 G_i 替代($M_n = G_i M_a$)时,则有

$$\rho_1 = \frac{G_i M_a p_1}{Z_1 R T_1} \qquad (3-24)$$

$$\rho_n = \frac{G_i M_a p_n}{Z_n R T_n} \qquad (3-25)$$

然后将式(3-24)和式(3-25)中的 G_i 以式(3-23)中的真实相对密度 G_{nr} 替代后,则有

$$\rho_1 = \frac{G_{nr} Z_n M_a p_1}{R Z_{na} Z_1 T_1} \qquad (3-26)$$

$$\rho_n = \frac{G_{nr} M_a p_n}{R Z_{na} T_n} \qquad (3-27)$$

通过求解式(3-26)和式(3-27)便可通过真实气体的相对密度 G_{nr} 求出方程(3-17)中的气体真实密度 ρ_1 和 ρ_n,进而求出天然气在标准状态条件下的体积流量。

4.天然气流量计算实用方程的导出

将式(3-17)中的 ρ_1 和 ρ_n 分别用式(3-26)和(3-27)替代后,便可得到下式:

$$Q_{ns} = \frac{CE\frac{\pi}{4}\varepsilon_1 d^2 \sqrt{2\Delta p \frac{G_{nr}Z_n M_a p_1}{RZ_{na}Z_1 T_1}}}{\frac{G_{nr}M_a p_n}{RZ_{na}T_n}} \qquad (3-28)$$

将分母平方进入根号,经整理并把部分常数提到前面后,则有

$$Q_{ns} = CE\varepsilon_1 \frac{\pi}{4}d^2 \sqrt{\frac{RZ_{na}T_n}{M_a p_n^2}}\sqrt{2}\sqrt{\frac{T_n Z_n}{G_{nr}T_1 Z_1}}\sqrt{\Delta p p_1}$$

$$(3-29)$$

将常数 $\pi, R, Z_{na}, T_n, p_n, M_a$ 等代入后,并取孔板开孔直径 d 的单位为毫米(mm),则得

$$Q_{ns} = 3.1794 \times 10^{-6} CE\varepsilon_1 d^2 \sqrt{\frac{1}{G_{nr}}}\sqrt{\frac{T_n}{T_1}}\sqrt{\frac{Z_n}{Z_1}}\sqrt{\Delta p p_1} \quad m^3/s$$

$$(3-30)$$

令: $F_G = \sqrt{\frac{1}{G_{nr}}}$,称为相对密度系数;

$F_T = \sqrt{\frac{T_n}{T_1}}$,称为流动温度系数;

$F_Z = \sqrt{\frac{Z_n}{Z_1}}$,称为超压缩系数;

$A_s = 3.1794 \times 10^{-6}$,称为秒计量系数。

则方程(3-30)变为下面形式:

$$Q_{ns} = A_s CE d^2 F_G \varepsilon_1 F_Z F_T \sqrt{p_1 \Delta p} \qquad (3-31)$$

式中 Q_{ns}——标准状态条件下天然气的体积流量,m^3/s;

d——孔板开孔直径,mm;

ε_1——可膨胀性系数(SY/T 6143—1996 标准中 ε 符号右下未注角码,但指的是上游条件);

p_1——孔板上游侧取压孔气流绝对静压力(静压),MPa;

Δp——孔板上、下游侧取压孔处静压力差(差压),Pa;

其他参数符号解释同前。

式(3-31)与 SY/T 6143—1996 标准式(20)完全相同,它为天然气经营管理中日常使用的流量计算实用方程。

二、几种主要的计量计算方法

1. 天然气流量计算实用方程中各系数与参数确定

1) 秒计量系数 A_s

式(3-31)中的常数项 A_s 定义为秒计量系数,其值的大小取决于状态标准和采用的计量单位。当我们采用 SI 制计量单位,标准状态采用 0.101325MPa、293.15K(即 20℃)并采用秒立方米计量时,则 $A_s = 3.1794 \times 10^{-6}$。在现场流量测量以及在节流装置设计中,常以小时流量作为天然气流量的计量单位,此时 $A_h = A_s \times 3600 = 0.011446$。如果以日流量为计量单位,此时则为 $A_d = A_s \times 86400 = 0.27470$。

2) 流出系数 C

流出系数计算在现行标准 SY/T 6143—1996 中是按照 Stolz 公式计算的,其计算式为

$$\left.\begin{aligned}C &= 0.5959 + 0.0312\beta^{2.1} - 0.1840\beta^8 \quad &\text{(A)}\\ &+ 0.0900L_1\beta^4(1-\beta^4)^{-1} - 0.0337L_2\beta^3 \quad &\text{(B)}\\ &+ 0.0029\beta^{2.5}\left(\frac{10^6}{Re_D}\right)^{0.75} \quad &\text{(C)}\end{aligned}\right\} \quad (3-32)$$

式中 L_1——l_1/D 为对孔板上游侧取压位置的修正;

L_2——l_2/D 为对孔板下游侧取压位置的修正。

其中 l_1、l_2 分别为孔板上、下游侧取压孔位置(相对孔板上、下游端面而言),D 为测量管内径,单位 mm。

式(3-32)由三个部分组成：

(1)第 1 部分(A)是孔板的理想流出系数,其条件是雷诺数为无穷大。

(2)第 2 部分(B)是对上、下游侧取压孔位置的修正(相对孔板上、下游端面而言)。这一段是方程的通用部分。其中第一项是指上游取压位置；第二项是指下游取压位置。

对角接取压：$l_1 = l_2 = 0$，此时流出系数为

$$C = (A) + (C)$$

对法兰取压：$l_1 = l_2 = 25.4$mm。当上游取压孔位置 $0.0900\dfrac{l_1}{D} \geqslant 0.0390$ 时，$\beta^4(1-\beta^4)^{-1}$ 项前的系数一律取 0.0390。此时，流出系数为

$$C = (A) + 0.0390\beta^4(1-\beta^4)^{-1} - 0.8560D^{-1}\beta^3 + (C)$$

(3)第 3 部分(C)是描述雷诺数的相关性,在此处它仅仅依赖于 β 值。从概念上说,方程最后一项的形式具有很大的优越性,因为它把系数计算与通过孔板的流体力学结合成了一个整体。

英国 NEL 和美国 API 流量专家们根据 20 世纪 80 年代以来最新实验数据拟合出 NEL+API 公式。1998 年上半年由国际标准化组织 ISO/TC 30 技术委员会正式公布为 ISO 5167—1 标准修定文件,将原用 Stolz 公式以 NEL+API 公式代替之。其公式形式如下：

$$\begin{aligned}C = {} & 0.5961 + 0.0261\beta^2 - 0.216\beta^8 + 0.000521(10^6\beta/Re_D)^{0.7} \\ & + (0.0188 + 0.0063A)\beta^{3.5} - (10^6/Re_D)^{0.3} + (0.043 \\ & + 0.080e^{-10L_1} - 0.123e^{-7L_1})(1 - 0.11A)\beta^4/(1-\beta^4) \\ & - 0.031(M_2 - 0.8M_2^{1.1})\beta^{1.3} \end{aligned} \quad (3-32\text{a})$$

当 $D < 71.12$mm 时,应加下列项：

$$+ 0.011(0.075 - \beta)(2.8 - D/25.4)$$

式中

$$M_2 = 2L_2/(1 - \beta); \qquad A = (19000\beta/Re_D)^{0.8}。$$

式(3-32a)中的符号含义及单位与式(3-32)同。该公式与 Stolz 比较,同样有严格的物理意义,具有基本部分、取压部分和管道雷诺数相关性部分,并且是由最新实验研究的 1 万多个由水、油、气实验数据点拟合的,较 Stolz 公式更先进,更准确,更具代表性,今后修订 SY/T 6143—1996 标准时可能采用该公式了。

从 C 值计算分析看,只要 β 值和雷诺数 Re_D 是定值,则 C 值也是定值。β 值取决于 d、D,d、D 又取决于气流温度 t;Re_D 取决于天然气流量、物性参数 G_{ns}、κ、μ 以及测量管内径 D,因此对于特定天然气常用流量 Q_n,气流常用温度 t 而言 C 是定值。

3)渐近速度系数 E

渐近速度系数定义为

$$E = \frac{1}{\sqrt{1 - \beta^4}} \qquad (3-33)$$

系数 E 是在流量基本方程的导出过程中所定义的一个系数,用以描述节流装置渐近段(上游测量管)的流速到孔板开孔处的流速之间的关系。同样只要 β 值一定,E 是定值。

4)可膨胀性系数 ε

当天然气流经孔板时,由于流速和压力的改变而伴随着密度的变化,因此必须加入一个系数以便适应此种变化,这个系数称为可膨胀性系数 ε。ε 值按下面经验公式计算:

$$\varepsilon = 1 - (0.41 + 0.35\beta^4)\frac{\Delta p}{10^6 p_1 \kappa} \qquad (3-34)$$

在现场实际应用中可根据式(3-34)按 $\Delta p/p_1$(Δp 以帕代入,p_1 以兆帕代入)、β 比值和实际 κ 值进行计算。

按式(3-34)计算 ε 值时应满足以下要求:

(1)孔板上、下游绝对静压力之比应大于或等于 0.75(即 $p_2/p_1 \geqslant 0.75$)。

(2)差压 Δp 按实际流量时的差压计示值取值,压力 p_1 按上游绝对压力示值取值。

(3)等熵指数 κ 按 SY/T 6143—1996 标准附录 A1.3 条确定。

如果 β 值,κ 值和静压 p_1 一定,取常用流量 Q_n 下的差压 Δp,则 ε 是定值。

5)相对密度系数 F_G

相对密度系数 F_G 定义为

$$F_G = \sqrt{\frac{1}{G_{nr}}} \qquad (3-35)$$

式(3-35)中 G_{nr} 为天然气的真实相对密度,确定方法按 SY/T 6143—1996 标准附录 A1.2 条规定。对于组成相对较稳定的天然气,G_{nr} 是定值,F_G 也就是定值了。

6)天然气超压缩系数 F_Z

超压缩系数 F_Z 是对实际气体特性偏离理想气体定律的修正。当用压缩因子 Z 对理想气体进行修正时,可用它导出流量方程中的系数 $\sqrt{\frac{Z_n}{Z_1}}$。为方便起见,将这个系数叫做超压缩系数 F_Z。因此,我们可得出下面的定义式:

$$F_Z = \sqrt{\frac{Z_n}{Z_1}} \qquad (3-36)$$

式中 Z_n——天然气在标准状态条件下的压缩因子;

Z_1——天然气在流动状态条件下的压缩因子。

关于超压缩系数 F_Z 有两种方法可以求解:

(1)根据 AGA PAR NX-19《天然气超压缩性系数手册》求 F_Z 值。此法为 SY/T 6143—1996 标准所规定求解 F_Z 值的方法。

该法根据各种天然气实际相对密度等参数直接算出 F_Z 值

(计算方程详见本书第二章第二节)。其使用条件是:天然气以甲烷为主,加上乙烷和其他少量的重烃;真实相对密度小于或等于 0.75;二氧化碳和氮气稀释组分分别不超过 15% 摩尔分数时,其 Z 值准确度为 ±0.5%。

(2)根据 AGA NO8 报告求 F_Z 值。该法目前已纳入国际标准 ISO/DIS 12213。在常用段范围内,Z 值准确度最高可达 ±0.1%。

上述两法均需用计算机(或计算器)编程计算才具实用性,手工计算相当费时间和繁琐。可针对计量点具体情况编程制表,查表进行日常流量计算。如果天然气十分稳定,气流静压 p_1,气流温度 t 一定,则 F_Z 值也一定,因此在计量准确度要求不很高的情况下,可采用常用流量 Q_n 下的天然气组分、气流静压、气流温度计算出一个定值的 F_Z,上下波动的正负差额可以相互抵消一部分的办法进行处理。

7)流动温度系数 F_T

流动温度系数 F_T 定义为

$$F_T = \sqrt{\frac{T_n}{T_1}} \qquad (3-37)$$

式中　T_n——标准状态条件温度,$T_n = 273.15 + 20 = 293.15 \mathrm{K}$;

　　　T_1——气流实际温度,$T_1 = 273.15 + t$,t 为孔板节流装置处实测气流摄氏温度(℃),可在下游或上游规定位置上实测。

如果气流温度 t 一定,则 F_T 为定值。

8)流动条件下孔板开孔直径 d 的确定

在流动条件下孔板开孔直径 d 按下式确定:

$$d = d_{20}[1 + \Lambda_d(t-20)] \qquad (3-38)$$

式中　d——流动温度条件下,孔板开孔的工作直径,mm;

　　　d_{20}——孔板在 20℃ ±2℃ 条件下检测的开孔直径,mm;

　　　Λ_d——孔板材质的线膨胀系数,mm/(mm·℃);表 3-8 列

出了常用材质的线膨胀系数,可由该表查得;

t——实测气流温度,℃。

表 3-8 金属材料的线膨胀系数 Λ 值表

t,℃	20~100	20~200	20~300
材质	Λ,10^6mm/(mm·℃)		
A3 号钢、15 号钢	11.75	12.41	13.45
10 号钢	11.60	12.60	
20 号钢	11.16	12.12	12.78
45 号钢	11.59	12.32	13.09
1Cr13,2Cr13	10.50	11.00	11.50
Cr17	10.00	10.00	10.50
12CrMoV	9.8~10.63	11.30~12.35	12.30~13.35
10CrMo910	12.50	13.60	13.60
Cr6SiMo	11.50	12.00	
X20CrMoWV121 及 X20CrMoV121	10.80	11.20	11.60
1Cr18Ni9Ti	16.60	17.00	17.20
普通碳钢	10.60~12.20	11.30~13.00	12.10~13.50
工业用铜	16.00~17.10	17.10~17.20	17.60
黄铜	17.80	18.80	20.90
红铜	17.20	17.50	17.90

制成孔板的材料是已知的,Λ_d 是可查得的定值。如果气流温度 t 一定,则孔板在流动条件下的工作孔径 d 就可以由式(3-38)计算出来,是定值。

9)气流绝对静压 p_1

p_1 为在孔板上游侧取压孔处实测之绝对压力,其值可用绝对压力计实测。

或者按下式将表静压实测值换算成绝对静压力:

$$p_1 = p_1 + p_n \qquad (3-39)$$

式中 p_1——孔板上游侧取压孔处实测之表静压值，MPa；

p_n——计量站所在地的大气压力值，MPa。

关于大气压力值的取值，在有条件的地方，可使用气压计实测，当无条件实测时，可应用表3-9所提供的"全国各地区大气压力全年平均值表"作为计算依据。

表3-9 全国各地区大气压力全年平均值表

地 名	大气压力，10^{-4}MPa	地 名	大气压力，10^{-4}MPa
海拉尔	941.7	和 田	862.5
满州里	936.5	于 田	856.4
齐齐哈尔	996.3	兰 州	847.8
鹤 岗	985.0	酒 泉	852.4
哈尔滨	993.7	天 水	887.3
牡丹江	985.6	玉 门	847.0
四 平	995.7	银 川	890.2
延 吉	993.9	石嘴山	892.3
通 化	968.5	延 安	907.5
吉 林	992.8	西 安	970.1
长 春	986.4	汉 中	956.8
开 原	1004.2	宝 鸡	945.6
阜 新	999.3	榆 林	896.4
沈 阳	1011.2	大 同	894.9
营 口	1016.7	太 原	927.0
鞍 山	1013.7	晋 城	930.8
抚 顺	1002.3	北 京	1013.2
丹 东	1015.0	天 津	1016.6
大 连	1005.0	保 定	1014.6
锦 州	1008.1	石家庄	1007.3

续表

地　名	大气压力，10^{-4}MPa	地　名	大气压力，10^{-4}MPa
呼和浩特	896.2	张家口	932.4
渤海湾	892.6	承　德	972.1
二连浩特	905.0	唐　山	1013.9
集　宁	857.2	邢　台	1007.6
乌鲁木齐	994.0	济　南	1010.3
伊　宁	941.4	青　岛	1015.4
克拉玛依	970.6	兖　州	1010.5
哈　密	930.8	德　州	1014.3
吐鲁番	1013.2	徐　州	1012.4
塔　城	956.5	郑　州	1003.4
喀　什	871.6	开　封	1008.1
南　阳	1000.8	三门峡	971.1
信　阳	1007.3	独　山	901.1
安　阳	1007.2	昆　明	810.8
上　海	1016.1	腾　冲	834.8
南　京	1015.4	蒙　自	868.7
连云港	1016.3	景　洪	947.4
芜　湖	1014.0	思　茅	868.7
蚌　埠	1014.2	金　华	1008.9
合　肥	1012.3	温　州	1015.2
杭　州	1015.8	瑞　金	992.8
九　江	1011.3	福　州	1005.2
南　昌	1009.6	厦　门	1007.0
汉　口	10133.4	建　阳	993.8
宜　昌	1007.7	南　平	999.8
黄　石	1013.6	韶　关	1005.9
巴　东	980.7	广　州	1012.6

续表

地 名	大气压力,10^{-4}MPa	地 名	大气压力,10^{-4}MPa
岳 阳	1009.4	东沙群岛	1011.1
长 沙	1007.8	西沙群岛	1009.8
沅 陵	998.5	海 口	1009.1
万 县	992.0	湛 江	1008.5
重 庆	983.2	汕 头	1012.7
成 都	956.3	桂 林	994.7
峨眉山	702.1	南 宁	1004.3
西 昌	837.4	梧 州	999.4
宜 宾	974.4	百 色	991.1
万 源	937.6	台 北	1013.0
甘 孜	673.6	台 中	1003.1
绵 阳	960.1	台 南	1010.5
南 充	979.0	台 东	1016.3
贵 阳	893.3	花莲港	1011.3
遵 义	918.2	西 宁	775.2
桐 梓	904.6	玉 树	649.5
玛 多	607.7	昌 都	681.2
拉 萨	651.8	林 芝	706.5
日喀则	637.8	日 定	601.7

10）差压 Δp

天然气用孔板流量计流量计算实用方程在应用能量方程导出过程中,规定管道水平安装（包括上、下游侧的测量管）。因此,其上、下游取压孔的位置差为零,差压 Δp 则是在孔板上、下游侧所规定的取压孔位置上测得的静压力之差：

$$\Delta p = p_1 - p_2 \qquad (3-40)$$

差压是孔板流量计测量流体流量的主参数,每一种测量计算方法都要将它作为变数进行测量。

11) 等熵指数 κ

在天然气流量用孔板流量计计量中,天然气以含甲烷为主,它的热容可以表征天然气的热容。因此用它来计算等熵指数是可以满足准确度要求的。根据上述原因,就可按下式计算流动状态条件下天然气的等熵指数:

$$\kappa = C_p/C_V \qquad (3-41)$$

式中 C_p——甲烷的比定压热容,kJ/(kg·℃);

C_V——甲烷的比定容热容,kJ/(kg·℃)。

SY/T 6143—1996 标准附录 A 表 A6 列出了不同压力和不同温度下甲烷的热容值。

根据该表和式(3-41)可制成不同压力和不同温度下的甲烷热容比,如表 3-10 所示,按其计量工况条件查表 3-10 就可得到该工况下的等熵指数。

表 3-10 不同压力和温度下甲烷的比热比 C_p/C_V 值表

t,℃	-20	-10	0	10	20	30	40	50
p,MPa				C_p/C_V				
0.10	1.343	1.333	1.325	1.317	1.309	1.302	1.295	1.292
1.00	1.386	1.369	1.354	1.343	1.332	1.318	1.313	1.305
2.00	1.447	1.421	1.398	1.379	1.362	1.346	1.334	1.323
3.00	1.522	1.480	1.439	1.414	1.390	1.372	1.358	1.346
4.00	1.576	1.529	1.496	1.461	1.427	1.403	1.382	1.365
5.00	1.651	1.569	1.545	1.505	1.467	1.441	1.414	1.394
6.00	1.721	1.659	1.598	1.538	1.495	1.464	1.440	1.417
7.00	1.872	1.828	1.738	1.655	1.596	1.548	1.510	1.474
8.00	1.996	1.932	1.823	1.717	1.639	1.582	1.537	1.501
9.00	2.127	2.030	1.900	1.774	1.682	1.611	1.564	1.519
10.00	2.261	2.137	1.983	1.832	1.720	1.643	1.586	1.540

从实用的观点出发,流量方程对等熵指数微小的变化不特别敏感。按照天然气应用中已经承认的习惯作法,也是现今 AGA NO3 报告中所推荐的方法,允许采用 $\kappa=1.3$ 并根据公式(3-34)来计算可膨胀性系数。若要更为准确计算流量时,可根据天然气组分、流动静压、流动温度查阅有关资料进行计算。它与天然气压缩因子 Z 的确定类似,只要组分稳定,静压和温度一定,κ 值也认为是定值。

12)管道雷诺数 Re_D

在我国的天然气流量计量中所用的雷诺数是以气流上游条件参数和上游测量管内径所表示的雷诺数,如下式所示:

$$Re_D = \frac{4q_{ms}}{\pi\mu_1 D} \qquad (3-42)$$

式中　q_{ms}——质量流量,kg/s;

μ_1——上游条件下气体动力粘度,mPa·s;

D——流动状态下的测量管内径,m。

管道雷诺数 Re_D 的实用计算式第二章第二节已经导出,为式(2-24),式中的 D 值按下式计算:

$$D = D_{20}[1 + \Lambda_D(t-20)] \qquad (3-43)$$

式中　D_{20}——在 20℃±2℃ 室温下,测量管的检测内径,mm;

Λ_D——测量管材质的线膨胀系数,由表 3-8 查得,mm/(mm·℃);

t——流动气体实测温度,℃。

式(2-24)中的 G_{nr} 由式(2-11)计算,式(2-11)中的 Z_n 由式(2-9)计算。只要分析出天然气的组分,其式(2-24)中的物性参数 G_{nr}、μ 就可确定了。式(2-11)中的 G_i 按式(2-10)计算,式(2-10)中的 M_r 按式(2-6)计算,$M_a=28.9641$,$Z_{na}=0.99963$,μ 值的确定在下面介绍。只要天然气成分稳定,流动静压、流动温度一定,测量管参数已知,用计划用气量作为 Q_n 值代入便可计算出一个固定的管道雷诺数 Re_D 值来。

但按式(2-24)准确计算雷诺数时,必须注意公式中的体积流量 Q_{ns} 的变化,因 Q_{ns} 是按实用方程(3-31)求得的。在已知装置参数(d、D)和测量参数(p、T 和 G_{nr})等条件下,要想计算 Q_{ns} 首先必须求出流出系数 C,但 C 值是雷诺数 Re_D 的函数,因此这是一个套循环函数的计算过程,需要采用迭代逼近计算法,在人工计算时首先假定雷诺数 Re_D 为无穷大,计算出初始流量 Q'_{ns} 用以代替 Q_{ns},采用 Q'_{ns} 可以求出工况下的管道雷诺数 Re_D 近似值,采用此近似值计算出流出系数 C 值再代入式(3-31),最后计算出逼近流量的实测流量值。如用计算机可假定 $Re_D = 10^6$,这种逼近可以循环许多次,但人工计算,一般逼近一次即可。

13)动力粘度 μ

粘度主要用于雷诺数计算。因为雷诺数对流出系数的影响较小,故其计算精度不必像直接代入流量方程式中的参数一样要求。由于天然气以甲烷为主,甲烷的粘度足以表征天然气的粘度,因此用它来计算雷诺数是可以满足精度要求的。不同压力、温度下的甲烷动力粘度 μ 值可查表3-11即可得到工况下面的 μ 值。一般情况下也可采用 $0.011 \text{mPa} \cdot \text{s}$。

表3-11 不同压力、温度下甲烷动力粘度 μ 值表

t,℃	-15	0	15	30	45	60	75	90
$p_绝$,MPa	\multicolumn{8}{c}{μ, $10^5 \text{mPa} \cdot \text{s}$}							
0.10	976	1027	1071	1123	1167	1213	1260	1303
1.00	991	1040	1082	1135	1178	1224	1270	1312
2.00	1014	1063	1106	1153	1196	1239	1281	1323
3.00	1044	1091	1127	1174	1216	1257	1297	1338
4.00	1073	1118	1149	1195	1236	1275	1313	1352
5.00	1114	1151	1180	1224	1261	1297	1333	1372
6.00	1156	1185	1211	1253	1287	1320	1352	1391
7.00	1207	1230	1250	1289	1318	1346	1374	1412
8.00	1261	1276	1289	1324	1350	1373	1396	1432
9.00	1331	1331	1335	1366	1385	1403	1424	1456
10.00	1405	1389	1383	1409	1421	1435	1451	1482

要更为准确地确定天然气动力粘度 μ 时,应根据天然气组分、流动静压、流动温度查阅有关资料进行计算,它也与确定天然气压缩因子类似,只要组分稳定,静压和温度一定,其动力粘度 μ 值也就一定。但 κ 和 μ 对天然气流量计量的影响程度就比压缩因子 Z 对天然气流量计量的影响程度小得多。

2. 几种主要的测量积算方法

从上面对天然气流量计算实用方程各系数参数确定的分析看,对不同准确度要求和现场计量点诸多的工况,结合计量技术水平可以组成多种测量积算方法,下面简单介绍 5 种主要的测量积算方法。为了清楚起见,需结合例题进行比较分析,找出各种测量积算方法的优缺点。

1) 只用差压记录仪的测量积算方法

当天然气流动工况相当稳定时,操作压力(静压)、操作温度(气流温度)、天然气组分及其他运行条件都不变时,并且孔板流量计又满足 SY/T 6143—1996 标准的各项技术指标,则实用方程式(3-31)中除 Δp 以外的其他各值是一定的,仅可膨胀性系数 ε 值随 Δp 的变化略微有点变化,可用计划用气量(常用流量)所对应的 Δp 值代入公式(3-34)中计算出 ε 值,这时实用方程式(3-31)就可写成如下形式:

$$Q_{\text{ns}} = k\sqrt{\Delta p} \qquad (3-44)$$

式中

$$k = A_s C E d^2 F_G \varepsilon F_Z F_T \sqrt{p_1} \qquad (3-45)$$

为了方便起见,参照 SY/T 6143—1996 标准附录 B 标准例题的有关参数进行分析。

(1) 已知条件

①测量管直径 $D = 259.38$mm(20 号钢的新无缝管);

②孔板开孔直径 $d_{20} = 150.25$mm(1Cr18Ni9Ti);

③气流常用温度 $t = 20$℃;

④气流常用静压 $p=1.5\text{MPa}(表压)$;
⑤当地常用平均大气压 $p_a=0.0981\text{MPa}$;
⑥孔板流量计施工安装后经检验符合 SY/T 6143—1996 标准有关的技术要求,经认证后可以投产;
⑦采用的差压计、静压压力计、温度计的准确度均为 1 级,差压计量程为 $0\sim25000\text{Pa}$,压力计量程为 $0\sim2.5\text{MPa}$,温度计量程为 $0\sim50℃$;
⑧天然气组分如表 3-12 所示;

表 3-12 天然气组分数据表

组分	甲烷	乙烷	丙烷	丁烷	2-甲基丙烷	戊烷
摩尔分数	0.8682	0.0625	0.0238	0.0072	0.0064	0.0025
组分	2-甲基丁烷	己烷	氢气	氧气	氮气	二氧化碳
摩尔分数	0.0034	0.0027	0.0004	0.0004	0.0068	0.0157

⑨计划用气量 $Q_{ns}=8.12\text{m}^3/\text{s}$(标准状态条件下)。

(2)根据这些已知条件,首先计算确定 k 值。
①天然气在标准状态条件下真实相对密度 G_{nr} 的计算:
根据式(2-6)结合查表 1-1 和已知条件 h 项求天然气的摩尔质量 M_r,而干空气的摩尔质量在式(3-20)中已经给出,$M_a=28.9641$。由此就可求出天然气的理想相对密度 G_i(也可以用表 1-1 所列纯组分的理想相对密度乘以在天然气中所含该组分的摩尔分数叠加后而直接得出 G_j)。

天然气摩尔质量 M_r 为

$$M_r = \sum_{i=1}^{n} M_i X_i = 16.043 \times 0.8682 + 30.070 \times 0.0625 + 44.097$$

$$\times 0.0238 + 58.124 \times 0.0072 + 58.124 \times 0.0064$$

$$+ 72.151 \times 0.0025 + 72.151 \times 0.0034 + 86.178$$

$$\times 0.0027 + 2.016 \times 0.0004 + 4.003 \times 0.0004$$
$$+ 28.013 \times 0.0068 + 44.010 \times 0.0157$$
$$= 19.1901$$

根据式(2-10)得

$$G_i = \frac{M_r}{M_a} = \frac{19.1901}{28.9641} = 0.6625$$

再根据式(2-11)求天然气在标准状态条件下的真实相对密度 G_{nr},式中 Z_{na} 已在式(3-20)中给出了 $Z_{na} = 0.99963$, Z_n 由式(2-9)计算,式(2-9)中的 $\sum_{i=1}^{n} X_i \sqrt{b}$ 按表 3-12 的已知条件,结合查表 1-1,将天然气中各纯组分的求和因子 $\sqrt{b}$ 查出后便可计算出来。

$$\sum_{i=1}^{n} X_i \sqrt{b_i} = 0.8682 \times 0.0424 + 0.0625 \times 0.090 + 0.0238 \times 0.1349$$
$$+ 0.0072 \times 0.1844 + 0.0064 \times 0.1792 + 0.0025$$
$$\times 0.2293 + 0.003 \times 0.2045 + 0.0027 \times 0.2877 + 0.000$$
$$\times (-0.016) + 0.0068 \times 0.0173 + 0.0157 \times 0.0595$$
$$= 0.051213$$
$$Z_n = 1 - 0.051213^2 + 0.0005 \times (2 \times 0.0004 - 0.0004^2)$$
$$= 0.99738$$

所以

$$G_{nr} = 0.6625 \times 0.99963 / 0.99738$$
$$= 0.6640$$

②求出孔板流量计的基本孔板系数 k

由式(3-45)可知基本孔板系数 k 是由许多系数参数相乘而得出的。从在前面分析确定这些系数参数看出,只要天然气通过孔板节流装置时,其静压、温度和天然气组分不发生变化,各系数参数基本上都是确定值,因此 k 值也应是一定的。

设计计算时一般都取常用的静压、温度、天然气组分和流量值（计划用气量）。由此可以计算出 k 值的各个系数和参数。

a. 根据常用流量 $Q_{ns}=8.12\mathrm{m}^3/\mathrm{s}$ 计算对应的管道雷诺数 Re_D，按式(2-24)计算，式中 μ 由表3-11内插而得。

$$Re_D = 1.53\times 10^6 \frac{Q_{ns}G_{nr}}{\mu_1 D} = 1.53\times 10^6 \times 8.12 \times 0.664/0.01113/259.38$$

$$= 2.86\times 10^6$$

b. 秒计量系数 $A_s = 3.1794\times 10^{-6}$ 是固定值。

c. 再根据公式(3-32)计算流出系数 C，式中：$\beta = d_{20}/D_{20} = \frac{150.25}{259.38} = 0.57927$，以法兰取压法为准（角接取压的计算只是取压项为零，其余计算相同，此略），$L_1 = L_2 = 25.4/259.38 = 0.097926$。

$$C = 0.5959 + 0.0312\beta^{2.1} - 0.1840\beta^8 + 0.0900L_1\beta^4(1-\beta^4)^{-1}$$
$$- 0.0337L_2\beta^3 + 0.0029\beta^{2.5}\left(\frac{10^6}{Re_D}\right)^{0.75}$$

$$= 0.5959 + 0.0312\times 0.57927^{2.1} - 0.1840\times 0.57927^8$$
$$+ 0.0900\times 0.097926\times 0.57927^4\times (1-0.57927^4)^{-1}$$
$$- 0.0337\times 0.097926\times 0.57927^3 + 0.0029\times 0.57927^{2.5}$$
$$\times (10^6/(2.86\times 10^6))^{0.75} = 0.60429$$

d. 根据式(3-33)求渐近速度系数 E：

$$E = \frac{1}{\sqrt{1-\beta^4}} = 1/\sqrt{1-0.57927^4} = 1.0615$$

e. 根据式(3-34)求可膨胀性系数 ε，式中静压 $p_1 = 1.50\mathrm{MPa}$（已知数），取绝对压力 $p_1 = p_1 + p_a = 1.5981\mathrm{MPa}$，等熵指数 κ 值根据常用温度（已知）、常用压力（已知），由表3-10内插可得 $\kappa =$

1.35,因此,

$$\varepsilon = 1 - (0.41 + 0.35\beta^4) \frac{\Delta p}{10^6 p_1 \kappa}$$

$$= 1 - (0.41 + 0.35 \times 0.57927^4) \times 12500/(10^6 \times 1.5981 \times 1.35)$$

$$= 0.9974$$

f. 根据式(3-35)求天然气的相对密度系数 F_G:

$$F_G = \sqrt{\frac{1}{G_{nr}}} = \sqrt{\frac{1}{0.664}} = 1.2272$$

g. 根据 AGA PAR NX-19 系列计算方程,即式(2-32)用程序计算机(或器)编程计算得:

$$F_Z = 1.0195$$

h. 根据式(3-37)计算流动温度系数 F_T:

$$F_T = \sqrt{T_n/T_1} = \sqrt{293.15/(273.15 + 20)} = 1.0000$$

i. 根据式(3-38)计算孔板开孔工作孔径平方值,式中 $\Lambda_d = 1.66 \times 10^{-5}$, $t = 20\text{℃}$。

$$d^2 = d_{20}^2[1 - \Lambda_d(20 - 20)]^2 = 150.25^2 = 22575$$

j. 根据式(3-39)计算绝对静压开方根 $\sqrt{p}$:

$$\sqrt{p} = \sqrt{p_1 + p_a} = \sqrt{1.5 + 0.0981} = 1.2642$$

k. 在天然气成分不变,流动静压、流动温度也不变的情况下,其孔板流量计的 k 值为:

$$k = 3.1794 \times 10^{-6} \times 0.60429 \times 1.0615 \times 0.9974$$

$$\times 1.2272 \times 1.0195 \times 1.0000 \times 22575 \times 1.2642$$

$$= 0.072632$$

从上面的计算过程就不难看出,天然气流量测量的工况条件必须稳定,即天然气组分长期不变,天然气流动静压、流动温度也不变,这时只需要按式(3-44)配备一台双波纹管差压记录仪或一台差压变送器,加一台开方器和记录仪测量出通过孔板流量计的差压随时间的变化关系,有了这个关系曲线就可以积算每一天的日流量。当利用差压变送器加开方器和记录仪时还需配备积算器,就可以自动积算出一天的流量来,当利用双波纹管差压记录仪时,还需进行技术处理运算后才能积算出这一天的流量来。

总之,在这种工况条件下,通过孔板流量计的瞬时流量与差压的开方根纯粹是一个正比例关系,技术处理运算就好办得多。

但是,这一方案仅适用于工况条件没有变化的情况。在实际工况中,出于工艺条件、输气要求、管道状态和气源状况等的变化而使实际运行压力和温度以及天然气组分都是变化的,往往偏离孔板流量计设计时所取的设计压力、设计温度和所提供的天然气组分,这时就使测量结果产生了附加误差,这种附加误差随着压力、温度和天然气组分的变化而变化,它们的大小可以用下式表示:

$$\delta = \frac{Q_{设} - Q_{实}}{Q_{实}} = \left(\frac{Q_{设}}{Q_{实}} - 1\right) \times 100\% \qquad (3-46)$$

式中 δ——实际流量 $Q_{实}$ 与设计流量 $Q_{设}$ 之间的相对误差。

假设气流静压的实际值偏离设计值 $\pm 5\%$,这时如果设计压力 $p_{设} = 1.5$ MPa,实际压力最低 $p'_{实} = 1.425$ MPa,最高 $p''_{实} = 1.575$ MPa;又假设气流温度的实际值偏离设计值 ± 10 ℃,这个时候如果设计温度 $t_{设} = 20$ ℃,实际温度最低 $t'_{实} = 10$ ℃,最高 $t''_{实} = 30$ ℃;再假设天然气组分的变化引起真实相对密度的实际值偏离设计值 $\pm 5\%$,实际值最低 $G'_{实} = 0.6308$,最高 $G''_{实} = 0.6972$;当静压波动到最高值 $p''_{实}$,温度波动到最低值 $t'_{实}$时,天然气组分也波动到最低值 $G'_{实}$;出现实际流量最高值 $Q''_{实}$:当静压波动到最低值 $p'_{实}$,温度波动到最高值 $t''_{实}$时,天然气组分也波动到最高 $G''_{实}$,

出现实际流量最低值 $Q'_\text{实}$，按照上述参数，就所举例题严格按 SY/T 6143—1996 标准的计算方法编程计算，当差压 $\Delta p = 12500\text{Pa}$ 时计算出：

法兰取压　　$Q_\text{设} = 8.120388\text{m}^3/\text{s}$
　　　　　　$Q''_\text{实} = 8.683034\text{m}^3/\text{s}$
　　　　　　$Q'_\text{实} = 7.600012\text{m}^3/\text{s}$

其相对于实际流量 $Q_\text{实}$ 的附加误差为：

高限时　　$\delta = \left(\dfrac{8.120388}{8.683034} - 1\right) \times 100\% = -6.48\%$，少计 6.48%

低限时　　$\delta = \left(\dfrac{8.120388}{7.600012} - 1\right) \times 100\% = +6.85\%$，多计 6.85%

角接取压　　$Q_\text{设} = 8.113985\text{m}^3/\text{s}$
　　　　　　$Q''_\text{实} = 8.676189\text{m}^3/\text{s}$
　　　　　　$Q'_\text{实} = 7.594018\text{m}^3/\text{s}$

高限时　　$\delta = \left(\dfrac{8.113985}{8.676189} - 1\right) \times 100\% = -6.48\%$，少计 6.48%

低限时　　$\delta = \left(\dfrac{8.113985}{7.594081} - 1\right) \times 100\% = +6.58\%$，多计 6.85%

这种附加误差的数量级在天然气经营销售中显然是不允许的。当静压、温度和天然气组分变化再加大时，其附加误差还会增加。为了克服这种附加误差，在实际应用过程中一般都要采用温度压力补偿。当计量准确度要求很高时还应考虑天然气成分分析仪的在线分析。下面附上按 SY/T 6143—1996 标准编程计算出这 3 种情况的计算结果清单。从清单中可以看出只有当实际工况与设计工况相符时，其流量计量结果才是一致的，否则就会产生附加误差。它们差在哪些系数参数上，也可以从中一目了然，供读者们自己去结合实际情况进行分析，选择符合实际的计量积算方法。

天然气流量计算〈存表插值〉结果数据报告表

计算时间:1998 年 8 月 31 日 16:30 时　类别:计算流量　计量点号:1　采用法兰取压方式

输入			输出			
温度 ℃	静压 MPa	差压 Pa	秒流量 m^3/s	分流量 m^3/min	时流量 m^3/h	日流量 m^3/d
20	1.5	12500	8.120388	487.2233	29233.4	701602

所用基本参数如下:

测量管实测内径 $D=259.38$mm;孔板实测孔径 $d=150.25$mm;测量管线膨胀系数 $L_D=1.116E-5$mm/(mm·℃);尖锐度系数 $b_k=1$;粗糙度 $K=0.1$mm;孔板线膨胀系数 $L_d=0.0000166$mm/(mm·℃);温度计量程 $T_k=0\sim 50$℃;差压计量程 $H_k=25000$Pa;压力计量程 $p_k=2.5$MPa;气体相对密度 $G=0.664$;气体含 N_2 量(摩尔分数)$M_n=0.0068$;气体含 CO_2 量(摩尔分数)$M_C=0.0157$;当地大气压 $p_a=0.0981$MPa。

所得中间参数如下:

流出系数 $C=0.604294$;粗糙度系数 $\Upsilon_{re}=1$;相对密度系数 $F_G=1.227202$;可膨胀性系数 $\varepsilon=0.9973961$;超压缩系数 $F_Z=1.019472$;流动温度系数 $F_t=1$;渐近速度系数 $E=1.061546$;等熵指数 $\kappa=1.349943$;动力粘度 $\mu=1.112825E-2$;雷诺数 $Re=2858071$。

注:本次计算所用测量参数为人工输入,其对应的电信号值如下:

	温度	静压	差压
电压值(V)	2.6	3.4	3
电流值(mA)	10.4	13.6	12

天然气流量计算〈存表插值〉结果数据报告表

计算时间:1998 年 8 月 31 日 16:30 时　类别:计算流量　计量点号:1　采用法兰取压方式

输入			输出			
温度 ℃	静压 MPa	差压 Pa	秒流量 m^3/s	分流量 m^3/min	时流量 m^3/h	日流量 m^3/d
10	1.575	12500	8.683034	520.9822	31258.92	7050214

所用基本参数如下:

测量管实测内径 $D=259.38$mm;孔板实测孔径 $d=150.25$mm;测量管线膨胀系数 $L_D=1.116E-5$mm/(mm·℃);尖锐度系数 $b_k=1$;粗糙度 $K=0.1$mm;孔板线膨胀系数 $L_d=0.0000166$mm/(mm·℃);温度计量程 $T_k=0\sim 50$℃;差压计量程 $H_k=25000$Pa;压力计量程 $p_k=2.5$MPa;气体相对密度 $G=0.6308$;气体含 N_2 量(摩尔分数)$M_n=0.0068$;气体含 CO_2 量(摩尔分数)$M_C=0.0157$;当地大气压 $p_a=0.0981$MPa。

所得中间参数如下:

流出系数 $C=0.6042832$;粗糙度系数 $\Upsilon_{re}=1$;相对密度系数 $F_G=1.259082$;可膨胀性系数 $\varepsilon=0.9975443$;超压缩系数 $F_Z=1.020774$;流动温度系数 $F_t=1.017505$;渐近速度系数 $E=1.061531$;等熵指数 $\kappa=1.367232$;动力粘度 $\mu=0.0108393$;雷诺数 $Re=2980691$。

注:本次计算所用测量参数为人工输入,其对应的电信号值如下:

	温度	静压	差压
电压值(V)	1.8	3.52	3
电流值(mA)	7.2	14.08	12

天然气流量计算〈存表插值〉结果数据报告表

计算时间:1998年8月31日16:30时　类别:计算流量　计量点号:1　采用法兰取压方式

输入			输出			
温度 ℃	静压 MPa	差压 Pa	秒流量 m³/s	分流量 m³/min	时流量 m³/h	日流量 m³/d
30	1.425	12500	7.600012	456.0008	27360.05	656641

所用基本参数如下:
测量管实侧内径 $D=259.38$ mm;孔板实测孔径 $d=150.25$ mm;测量管线膨胀系数 $L_D=1.116E-5$ mm/(mm·℃);尖锐度系数 $b_k=1$;粗糙度 $K=0.1$ mm;孔板线膨胀系数 $L_d=0.0000166$ mm/(mm·℃);温度计量程 $T_k=0\sim50$ ℃;差压计量程 $H_k=25000$ Pa;压力计量程 $p_k=2.5$ MPa;气体相对密度 $G=0.6972$;气体含 N_2 量(摩尔分数)$M_n=0.0068$;气体含 CO_2 量(摩尔分数)$M_C=0.0157$;当地大气压 $p_a=0.0981$ MPa。

所得中间参数如下:
流出系数 $C=0.6043059$;粗糙度系数 $\Upsilon_{re}=1$;相对密度系数 $F_G=1.197626$;可膨胀性系数 $\varepsilon=0.9972323$;超压缩系数 $F_Z=1.01822$;流动温度系数 $F_t=0.9833682$;渐近速度系数 $E=1.06156$;等熵指数 $\kappa=1.332647$;动力粘度 $\mu=1.144416E-2$;雷诺数 $Re=2731133$。

注:本次计算所用测量参数为人工输入,其对应的电信号值如下:

	温度	静压	差压
电压值(V)	3.4	3.28	3
电流值(mA)	13.6	13.12	12

天然气流量计算〈存表插值〉结果数据报告表

计算时间:1998年8月31日17:30时　类别:计算流量　计量点号:2　采用角接取压方式

输入			输出			
温度 ℃	静压 MPa	差压 Pa	秒流量 m³/s	分流量 m³/min	时流量 m³/h	日流量 m³/d
20	1.5	12500	8.113985	486.8391	29210.34	701048

所用基本参数如下:
测量管实侧内径 $D=259.38$ mm;孔板实测孔径 $d=150.25$ mm;测量管线膨胀系数 $L_D=1.116E-5$ mm/(mm·℃);尖锐度系数 $b_k=1$;粗糙度 $K=0.1$ mm;孔板线膨胀系数 $L_d=0.0000166$ mm/(mm·℃);温度计量程 $T_k=0\sim50$ ℃;差压计量程 $H_k=25000$ Pa;压力计量程 $p_k=2.5$ MPa;气体相对密度 $G=0.664$;气体含 N_2 量(摩尔分数)$M_n=0.0068$;气体含 CO_2 量(摩尔分数)$M_C=0.0157$;当地大气压 $p_a=0.0981$ MPa。

所得中间参数如下:
流出系数 $C=0.6038173$;粗糙度系数 $\Upsilon_{re}=1$;相对密度系数 $F_G=1.227202$;可膨胀性系数 $\varepsilon=0.9973961$;超压缩系数 $F_Z=1.019472$;流动温度系数 $F_t=1$;渐近速度系数 $E=1.061546$;等熵指数 $\kappa=1.349943$;动力粘度 $\mu=1.112825E-2$;雷诺数 $Re=2855817$。

注:本次计算所用测量参数为人工输入,其对应的电信号值如下:

	温度	静压	差压
电压值(V)	2.6	3.4	3
电流值(mA)	10.4	13.6	12

天然气流量计算〈存表插值〉结果数据报告表

计算时间:1998年8月31日17:30时　类别:计算流量　计量点号:2　采用角接取压方式

输	入		输	出		
温度 ℃	静压 MPa	差压 Pa	秒流量 m^3/s	分流量 m^3/min	时流量 m^3/h	日流量 m^3/d
10	1.575	12500	8.676189	520.5713	31234.28	749623

所用基本参数如下:

测量管实测内径 $D=259.38mm$;孔板实测孔径 $d=150.25mm$;测量管线膨胀系数 $L_D=1.116E-5mm/(mm·℃)$;尖锐度系数 $b_k=1$;粗糙度 $K=0.1mm$;孔板线膨胀系数 $L_d=0.0000166mm/(mm·℃)$;温度计量程 $T_k=0\sim50℃$;差压计量程 $H_k=25000Pa$;压力计量程 $p_k=2.5MPa$;气体相对密度 $G=0.6308$;气体含 N_2 量(摩尔分数)$M_n=0.0068$;气体含 CO_2 量(摩尔分数)$M_C=0.0157$;当地大气压 $p_a=0.0981MPa$。

所得中间参数如下:

流出系数 $C=0.6038068$;粗糙度系数 $\Upsilon_{re}=1$;相对密度系数 $F_G=1.259082$;可膨胀性系数 $\varepsilon=0.9975443$;超压缩系数 $F_Z=1.020774$;流动温度系数 $F_t=1.017505$;渐近速度系数 $E=1.061531$;等熵指数 $\kappa=1.367232$;动力粘度 $\mu=0.0108393$;雷诺数 $Re=2978341$。

注:本次计算所用测量参数为人工输入,其对应的电信号值如下:

	温度	静压	差压
电压值(V)	1.8	3.52	3
电流值(mA)	7.2	14.08	12

天然气流量计算〈存表插值〉结果数据报告表

计算时间:1998年8月31日17:30时　类别:计算流量　计量点号:2　采用角接取压方式

输	入		输	出		
温度 ℃	静压 MPa	差压 Pa	秒流量 m^3/s	分流量 m^3/min	时流量 m^3/h	日流量 m^3/d
30	1.425	12500	7.594018	455.6411	27338.46	656123

所用基本参数如下:

测量管实测内径 $D=259.38mm$;孔板实测孔径 $d=150.25mm$;测量管线膨胀系数 $L_D=1.116E-5mm/(mm·℃)$;尖锐度系数 $b_k=1$;粗糙度 $K=0.1mm$;孔板线膨胀系数 $L_d=0.0000166mm/(mm·℃)$;温度计量程 $T_k=0\sim50℃$;差压计量程 $H_k=25000Pa$;压力计量程 $p_k=2.5MPa$;气体相对密度 $G=0.6972$;气体含 N_2 量(摩尔分数)$M_n=0.0068$;气体含 CO_2 量(摩尔分数)$M_C=0.0157$;当地大气压 $p_a=0.0981MPa$。

所得中间参数如下:

流出系数 $C=0.6038292$;粗糙度系数 $\Upsilon_{re}=1$;相对密度系数 $F_G=1.197626$;可膨胀性系数 $\varepsilon=0.9972323$;超压缩系数 $F_Z=1.01822$;流动温度系数 $F_t=0.9833682$;渐近速度系数 $E=1.06156$;等熵指数 $\kappa=1.332647$;动力粘度 $\mu=1.144416E-02$;雷诺数 $Re=2728979$。

注:本次计算所用测量参数为人工输入,其对应的电信号值如下:

	温度	静压	差压
电压值(V)	3.4	3.28	3
电流值(mA)	13.6	13.12	12

2)电动单元组合仪表温压补偿测量积算方法

从第一种测量积算方法的分析中得知,气流温度、静压和天然气组分的变化对计量准确度影响很大。当天然气组分稳定时,采用电动单元组合仪表进行温度压力补偿测量积算方法,可以获得足够准确的计量。

孔板流量计是一种瞬时流量计,计算的单位时间取得越短,计算出来的流量值越逼近真实流量值。对于气流温度,静压和差压都较稳定的计量点取一小时或一天作为计算流量的单位时间,计算出来的流量值不致造成太大的附加误差。但是,现场实际计量过程中,气流温度、静压和差压在一小时或一天内不发生变化是不可能的,甚至一秒钟内也有波动,因为天然气在生产、输送和用气过程中的实际流动不可能达到定常流状态。因此,国内外通常采用秒流量作为瞬时流量的计量单位,小时流量和日流量用秒流量进行积分,这样就比较逼近真实流量值。

秒流量的计算公式为(3-31),小时流量为秒流量的积分,即

$$Q_{nh} = \sum_{i=1}^{3600} Q_{ns} \qquad (3-47)$$

而日流量也是秒流量的积分,即

$$Q_{nd} = \sum_{i=1}^{86400} Q_{ns}$$

这样的测量积算方法用电动单元组合仪表便可以实时进行,其测量积算原理如图3-23所示。

如果测量系统的计算和积算在1秒钟内来不及,可以取尽量短的时间间隔 τ 来求取 p、Δp、T 的平均值,可以采用式(3-48)的计算式:

$$Q_{nd} = \sum Q_i = \left[k_1 \sqrt{\frac{p_1 \Delta p_1}{T_1}} + k_2 \sqrt{\frac{p_2 \Delta p_2}{T_2}} + \cdots + k_n \sqrt{\frac{p_n \Delta p_n}{T_n}} \right] \tau$$

$$(3-48)$$

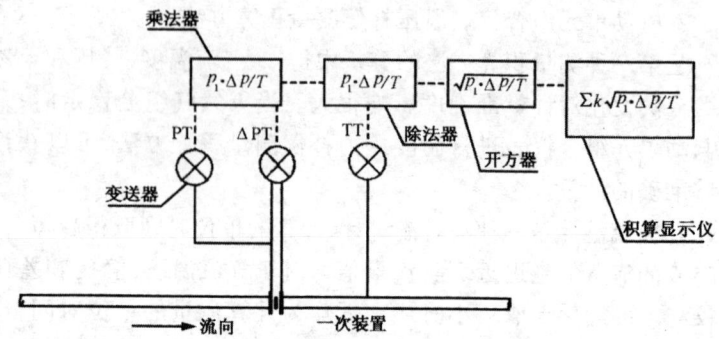

图 3-23 电动单元组合仪表温压补偿测量原理框图

式中 τ——为求取 p、Δp、T 平均值的时间间隔；

$k_1, \cdots, k_n$——为各个时间间隔内相应于 p、Δp、T 条件下系数 k，$k = A_\tau C d^2 F_G F_Z \varepsilon$；

$Q_1, \cdots, Q_i$——相应于各个时间间隔内的瞬时流量。

如果我们想办法使压力和温度波动较小，并且天然气组分不发生变化，许多系数就可以看成一个常数，则 k 值可以提到括号外面，于是

$$Q_{\text{nd}} = k\left(\sqrt{\frac{p_1 \Delta p_1}{T_1}} + \sqrt{\frac{p_2 \Delta p_2}{T_2}} + \cdots + \sqrt{\frac{p_n \Delta p_n}{T_n}}\right)\tau$$

$$= k\tau\left[\sum_{i=1}^{n} \sqrt{\frac{p_i \Delta p_i}{T_i}}\right] \tag{3-49}$$

如果气流温度不变，则式(3-49)变为

$$Q_{\text{nd}} = k'\left(\sqrt{p_1 \Delta p_1} + \sqrt{p_2 \Delta p_2} + \cdots + \sqrt{p_n \Delta p_n}\right)\tau \tag{3-50}$$

此时

$$k' = A_\tau C E d^2 \varepsilon F_G F_Z F_T \tag{3-51}$$

最理想的情况下，气流温度、静压都不变，则式(3-50)变为

$$Q_{\text{nd}} = k''\left(\sqrt{\Delta p_1} + \sqrt{\Delta p_2} + \cdots + \sqrt{\Delta p_n}\right)\tau \tag{3-52}$$

此时，$k'' = A_{\tau}CEd^2\varepsilon F_G F_Z F_T \sqrt{p'}$，这就与第一种测量积算方法相同了，$k''$等于第一种方法中的$k$，显然，采用上述修正方法，其准确度将有所提高。

虽然用电动单元组合仪表可以在气流温度压力波动较小的范围内进行温压补偿，提高测量流量的准确度，但是天然气组分变化而引起相对密度系数F_G的变化，对流量有较大的影响而得不到克服。从第一种测量积算方法的系数参数计算分析中，可以看出k值的-6.48%和$+6.85\%$的附加误差，由静压温度波动引起的附加误差占-3.99%和$+4.18\%$，这一部分附加误差可由温压补偿得到克服，而其余部分附加误差仍然存在，其中最主要的附加误差是天然气组分波动引起相对密度系数的变化所带来的附加误差，分别为-2.53%和$+2.47\%$。要进一步提高天然气流量计量的准确度，应采用另外的补偿测量积算方法。因此，国内外就采用密度补偿测量积算方法。

3) 密度补偿测量积算方法

密度补偿测量积算方法建立在测量天然气质量流量的基础上，由式(3-14)分析就会知其原理。

由式(3-17)分析得知，天然气在标准状态条件下的体积流量与天然气通过孔板时产生的差压和上游取压孔的密度的开方根以及天然气在标准状态条件下的密度有其对应的数值关系。可以用差压计、密度计和组分分析仪组成测量系统对天然气流量实施准确的测量。其测量方程为

$$Q_{ns} = \frac{\sqrt{2}\pi}{4}CE\varepsilon_1 d^2 \sqrt{\rho_1 \Delta p}/\rho_n \qquad (3-53)$$

从第一种测量积算方法各组数据计算分析看，取常用条件下的参数计算出的流出系数C，渐近速度系数E，可膨胀性系数ε和d^2值，在$t = 20℃ \pm 10℃$，$p = 1.5\text{MPa} \pm 5\%$，$Q_s = 8.12\text{m}^3/\text{s}$时，$CE\varepsilon d^2$值与常用参数计算值相差仅$\pm 0.002\%$。

因为

常用流量参数时　$CE\varepsilon d^2 = 14441$
最低流量极限时　$CE\varepsilon d^2 = 14447$
最高流量极限时　$CE\varepsilon d^2 = 14441$

由此看来密度补偿测量积算方法对提高天然气流量计量的准确度非常必要。其测量积算原理如图 3-24 所示。

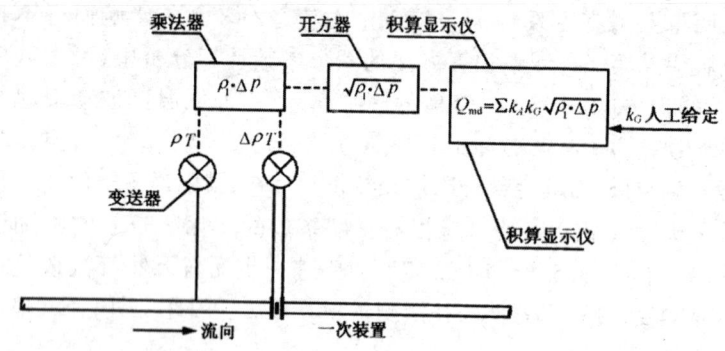

图 3-24　密度补偿测量积算方法原理图

由式(3-53)和式(3-21)可以导出

$$Q_{ns} = \frac{\sqrt{2}\pi}{4}CE\varepsilon_1 d^2 \cdot \frac{1}{G_{nr}}\sqrt{\rho_1 \Delta p} \qquad (3-54)$$

令

$$k_A = \frac{\sqrt{2}\pi}{4}CE\varepsilon_1 d^2, \quad k_G = \frac{1}{G_{nr}}$$

所以

$$Q_{nd} = \sum_{i=1}^{86400} k_A \cdot k_G \sqrt{\rho_1 \Delta p} \qquad (3-55)$$

式(3-55)就是密度补偿测量积算方法的原理方程式。

在天然气输配过程的流量测量中,气流静压都较高,一般都在 0.3MPa 以上,同时为了达到平稳供气,都装有调压阀,压力稳定、静压波动不超过输送压力的 ±5%,ε 值变化甚微,当气流温度变

化亦不太大时,只要管道条件、天然气组分一定,C 和 G_{nr} 也是常数,式(3-55)可以改写成

$$Q_{nd} = \sum_{i=1}^{86400} k \sqrt{\rho_1 \Delta p} \qquad (3-56)$$

式中

$$k = \frac{\sqrt{2}\pi}{4} CE\varepsilon_1 d^2 \frac{1}{G_{nr}} = k_A \cdot k_G$$

由式(3-56)可知,只要将实际测量的天然气密度 ρ_1 的信号送入测量回路,通过运算就可达到对差压进行连续自动补偿测量积算的目的。采用密度补偿不仅变送器少了,更重要的一点,是由于计算积算过程中没有压缩因子的影响,因而整个系统的准确度相对于温压补偿测量积算方法来说,又提高一步。

在天然气输配过程中,由于气体来自各个不同的气田和气藏,因而气体组分要发生一定的波动,相应的天然气的真实相对密度 G_{nr} 也就不是一个定值,为了补偿这一变化因素,其测量积算方程采用式(3-55)。k_G 可以通过定期的气分析资料获得。因为由净化厂送入输气管道的气体组分在某一稳定进气源的时间间隔内还是比较稳定的,这样就可以对 k_G 进行人工给定,完成天然气标准体积流量测量密度自动补偿之功能。

如果气体组分随时间的波动较大,可以采用增设在线相对密度变送器进行在线测量补偿,其天然气的标准体积流量测量准确度将得到进一步的提高。

但是,由于天然气用密度变送器和相对密度变送器,在国内还没有适合的产品,需依赖进口。因此,这种测量积算方法应用不多。

在我国,天然气计量站大都处于偏远山区,无可靠的市电或根本没有市电使用,使用电动变送器进行自动补偿测量积算天然气流量有较大的困难。根据 SY/T 6143—1996 标准规定,结合现场实际情况广泛采用了第四种测量积算方法。

4)双波纹管差压静压记录仪配温度计的测量积算方法

在天然气现场流量测量中,所采用的方法与一般化工过程中常采用的补偿方法不同,也就是说,对差压的补偿不采用补偿系数的概念,而是直接测量 $p_实$、$T_实$(不采用 $p_设$ 和 $T_设$ 进入流量计算方程)对差压进行补偿,其方法如下:

(1)根据站场测量设备的设计资料和气体分析资料等计算出基本孔板系数 k 值,即

$$k = ACEd^2 F_G \sqrt{T_b} \qquad (3-57)$$

(2)通过双波纹管差压流量计所记录的圆图卡片,人工描迹取点后用求积仪求出一天的平均压力值 $p_平$,平均差压值 $\Delta p_平$,以及由人工求出一天记录温度的平均值 $T_平$。

(3)根据 $p_平$,$\Delta p_平$,$T_平$ 查有关系数图表,或用编程计算器编程计算,求出相应于这些条件下的膨胀系数 ε、超压缩系数 F_Z 值。

(4)根据经处理后的简化公式计算每天的日流量 Q_{nd};

$$Q_{nd} = k\varepsilon F_Z \sqrt{\Delta p_平} \sqrt{p_平 / T_平} \qquad (3-58)$$

这样,用计算器就能很方便地计算出来。

当从理论上来分析式(3-58)时,可以发现这种对压力、温度采取 24h 大平均的取值方法是不严格的,特别在流量($\Delta p, p$)波动较大时更是如此。因为 $\Delta p, p$ 每时每刻的瞬时流量都不同,不能用一个平均差压和平均静压所求出的流量就能代表各个瞬时流量的累加量即真实流量。

因为

$$\sqrt{\frac{p_平 \Delta p_平}{T_平}} \neq \frac{1}{n}\left[\sqrt{\frac{p_1 \Delta p_1}{T_1}} + \sqrt{\frac{p_2 \Delta p_2}{T_2}} + \cdots + \sqrt{\frac{p_n \Delta p_n}{T_n}}\right]$$

$$= \frac{1}{n_i}\sum_{i=1}^{n}\sqrt{\frac{p_i \Delta p_i}{T_i}} \qquad (3-59)$$

式中 n 为测量次数,i 为任一次测量。

对于双纹管差压流量计来说,上述的缺陷可以通过采取下面两项措施使问题得到部分克服:

(1)采用 100% 的开方记录卡片,这样式(3-58)中的 Δp, p 值就可以不带根号,只要在系数 k 值中乘上一个卡片系数 $F_卡$ 就行了。此时的流量公式为

$$Q_{nd} = kF_卡 \varepsilon F_Z \sqrt{\frac{1}{T_平}} \Delta p_D p_D \qquad (3-60)$$

式中 Δp_D, p_D 分别为在记录图纸上读取的差力、静压方根平均值。因此可以认为

$$\Delta p_D \cdot p_D \approx \frac{1}{n}(\Delta p_{D1} p_{D1} + \Delta p_{D2} p_{D2} + \cdots + \Delta p_{Dn} p_{Dn})$$

$$= \frac{1}{n}\sum_{i=1}^{n} \Delta p_{Di} p_{Di} \qquad (3-61)$$

(2)在分离器出口与一次装置前足够长度的位置上安装一台自力式调压阀,使压力保持稳定,使 p_D 近于常数,因之 F_Z 值变化就较小。从方程(3-58)中可看出,剩下的因素就是温度值的影响,但由于温度项是在分母,相差 1℃,也只有 $1/\sqrt{273.15+t}$ 的影响量,因而:

$$\frac{1}{\sqrt{T_平}} \approx \frac{1}{n}\left(\frac{1}{\sqrt{T_1}} + \frac{1}{\sqrt{T_2}} + \cdots + \frac{1}{\sqrt{T_n}}\right) = \frac{1}{n}\sum_{i=1}^{n}\frac{1}{\sqrt{T_i}}$$

$$(3-62)$$

故可以认为

$$\frac{\Delta p_D \cdot p_D}{\sqrt{T_平}} \approx \frac{1}{n}\left[\frac{\Delta p_{D1} p_{D1}}{\sqrt{T_1}} + \frac{\Delta p_{D2} p_{D2}}{\sqrt{T_2}} + \cdots + \frac{\Delta p_{Dn} p_{Dn}}{\sqrt{T_n}}\right]$$

$$= \frac{p_D}{n}\sum_{i=1}^{n}\frac{\Delta p_{Di}}{\sqrt{T_i}} \qquad (3-63)$$

因此,由式(3-60)求出的流量基本上可代表真实流量。

但是,这种计量方程的简化除了温度为取大平均值带来的附加误差外,还有等熵指数、动力粘度取固定值 d_{20}、D_{20} 不进行温度修正引起的误差。据有关资料介绍,由于金属线膨胀系数很小,在 $0\sim40℃$ 范围内都不考虑对 d_{20}、D_{20} 的修正,从而也未考虑对 β 比的修正,并且又无法考虑对天然气组分变化引起的附加误差,这种方法带来的附加误差究竟有多大呢?由于它是广泛应用的测量积算方法,因此就应用前面的例题进行比较来分析它的附加误差。

根据式(3-57)计算出这种方法的 k 值。当取天然气的等熵指数 $\kappa=1.3$,动力粘度 $\mu_1=0.011\mathrm{mPa \cdot s}$,在常用流动条件下气流温度 $t=20℃$,天然气真实相对密度 $G_{nr}=0.664$,流量为常用流量 $Q_{ns}=8.12\mathrm{m}^3/\mathrm{s}$ 时:

法兰取压

$$k = 3.1794 \times 10^{-6} \times 0.604291 \times 1.061546 \times 150.25^2 \times$$
$$1.227202 \times \sqrt{293.15} = 0.96743$$

角接取压

$$k = 3.1794 \times 10^{-6} \times 0.6038145 \times 1.061546 \times 150.25^2 \times$$
$$1.227202 \times \sqrt{293.15} = 0.96667$$

根据式(3-57)分析,天然气可膨胀性系数 ε 和超压缩系数 F_Z 是随测量参数进行补偿运算的,不考虑其等熵指数 k 取 1.3 这个固定值带来的微小附加误差,只考虑由于气流温度、天然气组分变化而引起 k 值变化。

当气流温度 $t=40℃$,天然气组分变化引起真实相对密度 $G_{nr}=0.6308$ 时,k 值变化到最高值 k'',致使流量达最高值 $Q_{实}''$。

法兰取压:

$$k'' = 3.1794 \times 10^{-6} \times 0.6042942 \times 1.061575 \times 150.299883^2$$

$$\times 1.259082 \times \sqrt{293.15} = 0.99325$$

角接取压：

$$k'' = 3.1794 \times 10^{-6} \times 0.6038173 \times 1.061575 \times 150.299883^2 \times$$

$$1.259082 \times \sqrt{293.15} = 0.99247$$

当气流温度$t=0℃$，天然气组分变化引起真实相对密度$G_{nr}=0.6972$时，k值变化到最低值k'，致使流量达最低值$Q_{实}'$。

法兰取压：

$$k' = 3.1794 \times 10^{-6} \times 0.6042872 \times 1.061516 \times 150.200117^2 \times$$

$$1.197626 \times \sqrt{293.15} = 0.94346$$

角接取压：

$$k' = 3.1794 \times 10^{-6} \times 0.6038111 \times 1.061516 \times 150.200117^2 \times$$

$$1.197626 \times \sqrt{293.15} = 0.94271$$

按式(3-46)类似的附加相对误差的计算方法计算，在气流温度t，天然气真实相对密度G_{nr}如此波动范围内，如不考虑它们各自对k值的修正，将给流量测量带来如下的附加误差。

法兰取压：

高限　　$\delta = \left(\dfrac{k}{k''} - 1\right) \times 100\% = \left(\dfrac{0.96743}{0.99325} - 1\right)$

$\times 100\% = -2.60\%$，少计2.60%；

低限　　$\delta = \left(\dfrac{k}{k'} - 1\right) \times 100\% = \left(\dfrac{0.96743}{0.94346} - 1\right)$

$\times 100\% = +2.54\%$，多计2.54%。

角接取压：

高限　　$\delta = \left(\dfrac{k}{k''} - 1\right) \times 100\% = \left(\dfrac{0.96667}{0.99247} - 1\right)$

$$\times 100\% = -2.60\%, 少计 2.60\%;$$

低限 $\delta = \left(\dfrac{k}{k'} - 1\right) \times 100\% = \left(\dfrac{0.96667}{0.94271} - 1\right)$

$$\times 100\% = +2.54\%, 多计 2.54\%。$$

这些针对常用参数而在一定的变化范围内带来的附加误差在 $\pm 2.57\%$ 左右,是哪些变化因素引起的呢?经所算各组数据分析得知,主要是由于天然气组分变化引起相对密度变化而带来的附加误差,分别为 -2.53% 和 $+2.47\%$。其气流流动温度变化 ± 20℃ 带给 CEd^2 值的附加误差仅仅只有 $\pm 0.07\%$,这是微不足道的。从第一种测量积算方法计算数据得知,在气流流动温度变化 ± 10℃ 静压变化 $\pm 5\%$ 时,引起 εF_Z 值的变化量为 $\pm 0.14\%$。这第四种测量积算方法对天然气组分变化引起相对密度系数 F_G 的变化量采用定期人工给定,而 ε、F_Z 的变化采取实时每天计算进行补偿,仅仅是气流温度变化带给 CEd^2 值不到 $\pm 0.04\%$ 的附加误差。它与第三种方法一样,输送给输气管道的气源组分在某一段时间内取气样分析计算天然气真实相对密度 G_{nr},以作为这段时间计算天然气流量的相对密度系数 F_G 不变,才能克服由于相对密度波动而带来的附加误差,波动大附加误差大,波动小附加误差就小,附加误差基本上是其波动量的一半。因此对于天然气组分稳定的计量站,双波纹差压静压记录仪配温度计的测量积算方法是可行的。

5)电子计算机在线实时全补偿测量积算方法

这种测量积算方法的原理图如图 3-19 所示,它可以严格按 SY/T 6143—1996 标准规定的计算方法进行全补偿编程计算流量测量值和计算累积流量值。可以利用在线气相色谱仪提供的真实相对密度信号和发热量信号,根据用户要求输出质量流量、标准体积流量和能量流量。用一台电子计算机就可以对整个计量站的各路流量进行自动计算、积算、显示、打印和贮存,并且可将计算结果送至调度中心,以实现最佳控制和调度管理,这种测量积算方法对于实现集中控制和统一调度管理是极其优越的,不但可以进行全补偿测量计算和积算,也可以根据用户要求和实际工况采取各种方式的补偿方法而满足其流量测量的计算和积算准确度要求。这种方法正在推广和试用中,使用经验还需摸索和积累。

三、流量计算值的检验

1. 几种主要测量积算方法的共性与个性

对上述5种主要测量积算方法仔细分析研究后,不难发现它们之间的共同点,都是根据 SY/T 6143—1996 标准的实用方程,即本章式(3-31),这就是它们之间的共性。它们的个性为:

(1)差压记录测量积算方法是所有测量积算方法中测量仪表最少,成本最低的一种测量积算方法,但是它把 p、T、C、E、d、ε、Z 和 G_{nr} 等都视为常数,因此,它仅适合于工况和操作条件非常固定的场合下使用,否则其流量测量的准确度完全得不到保证。

(2)电动单元组合仪表温压补偿测量积算方法,它克服了由于气流温度和压力变化而带来的大部分附加误差,能将 T、p 和 Δp 的变化量自动送入各计算器和积算显示仪进行自动运算、积算,求出每一个所取时间间隔的瞬时流量和积算出累积流量,并能自动显示、记录或远传。但是这一方法仍然将 C、E、d、ε、Z 和 G_{nr} 视为常数,故当压力高且波动较大时,特别是天然气组分变化较大时,其流量测量的准确度受到很大的影响。它主要表现在 F_G 和 F_Z 值的附加误差而使流量测量不确定度上升。因此,它只适合于低压(1.0MPa)且压力波动不大于给定压力的 ±5%,真实相对密度 G_{nr} 在波动不超过常值的 ±0.5% 情况下使用,否则,其 F_Z 值的附加误差可达 0.5% 以上,F_G 值的附加误差达 ±0.25% 以上。这种测量积算方法主要在天然气化工装置上使用较多,天然气计量站使用甚少。

(3)密度补偿测量积算方法消除了上述两方法中的主要缺点,即流量仅与密度有关,与气流温度、压力无关,因而与压缩因子无关。在运行条件相同的条件下，它与温压补偿测量积算方法相比较，气体密度计的准确度可高达±0.1%，温度变送器的准确度一般为±0.5%，压力变送器的准确度一般为±0.25%。此外，由于测量的参数少了，由此计算积算用的二次仪表少了，由二次仪表带来的误差相对减少。所以，密度补偿测量积算方法的准确度高于温压补偿测量积算方法的准确度，并且由于不存在压缩因子 Z 的影响，使用范围也不受压力和温度的限制。

(4)双波纹管差压静压记录仪配温度计测量积算方法是按实测变化着的气流温度、静压和差压，来计算实用公式(3-31)中相应条件下的各个系数和流量，因此其流量测量的准确度较第一方法要高得多。但是，由于人工积算圆图卡片时，对 Δp、p 和 T 均采用了取大平均的求值方法，因而导致了由于求值方法的不合理性而产生的附加误差，这些附加误差的大小与流量波动大小和人工求积正确与否有关。所以这种方法测量积算流量的准确度较第二、第三方法差。但是，这种方法最适合于我国目前天然气计量站分散无可靠电源的实际情况，因此本测量积算方法为目前天然气经营管理中最主要的方法。只要流量、静压和气流温度波动不大，其流量测量积算的准确度基本上能满足销售计量中的准确度要求。

(5)电子计算机在线实时全补偿测量积算方法采用了现代数字计算机技术，它可以按照使用者和用户的要求进行标准体积流量、质量流量和能量流量的准确运算，对任何变化的各种系数在线实时进行全补偿编程计算，并且它能较方便地用于实现集中控制和统一调度管理。用一台计算机可以对整个计量站的各路流量进行运算和监控。

2.测量积算方法的选择

在前面对孔板流量计主要 5 种测量积算方法进行了分析比较，对一个具体的计量站究竟采用哪一种测量积算方法最合适呢？要视天然气计量站场具体情况和经营管理者的合理要求而定。一般来说，应考虑以下几个方面来决定采取哪一种测量积算方法：

(1)计量站的规模,是单用户或是多用户。

(2)计量站有无可靠的电源。

(3)计量结果是否作为贸易依据。

(4)计量站是否有就地自控和远传的技术要求。

(5)设备购置和经费是否能得到保证。

根据以上 5 个方面再结合到用户合理的准确度要求和经济成本,计量站各工艺参数、工艺流程进行测量系统的流量测量不确定度评估,当测量系统流量测量不确定度,在使用范围内不超过用户要求的准确度,这种测量积算方法就基本满足要求而确定下来作为选择中的一种,经多次反复比较,综合考虑,最后就可以确定出一种最优的测量积算方法,以便得到最佳的管理效果。

3. 流量计算值的检验

1)检验用标准程序的编制

利用孔板流量计测量天然气流量的计算和积算方法,除了上述 5 种主要的测量积算方法外,根据计量站气流工况的具体条件和对计量准确度要求还可以有其他许多测量积算方法,但必须符合 SY/T 6143—1996 标准《天然气流量的标准孔板计量方法》的技术要求确定(计算)各个系数和计算流量值。但是选择的测量积算方法是否合适,确定(计算)的各个数值是否准确无误,将某些变量看成固定量带来了多大的附加误差,对操作者和管理者应该做到心中有数。SY/T 6143—1996 标准给出的计算方法是考虑了各种影响因素,甚至将孔板尖锐度和测量管内壁粗糙度在孔板流量计使用过程中受磨蚀而偏离标准的修正问题都考虑了进去,因此,只有利用电子计算机技术在线实时测量计算和积算才能真正严格执行这一标准。因为实用公式(3-31)中的 C、E、d^2、F_G、ε、F_T、F_Z 等系数都要根据实测气流温度、静压、天然气组分甚至差压才能计算确定。在电子计算机技术高度发达的今天,电子计算机应用于天然气流量的孔板流量计计量领域也不断增加,加之天然气工业的不断发展,运用天然气作原料、作燃料的企事业单位的用户猛增。为适应市场的需求,创造更大的经济效益,各仪表生产厂家、科研单位、学院甚至个人与使用单位合作,根据不同的标准和特殊要求,结合现场技术条件自制了各种不同的数学模型,也编制了不同的计算机软件。由于计算机型号品种和规格繁多,各计量站的计量路数和功能要求各不相同,各种型号的计算机和各种计算机语言并非100%兼容。而计算机型号和计算机语言要根据使用现场计量站的计量路数和管理功能来选择。因此,统一天然气流量计量用计算机的标准程序较困难,而应该统一孔板流量计计算天然气流量的数学模型,那就是 SY/T 6143—1996 标准规定的数学模型。这样,凡是用孔板流量计测量天然气流量的计量站,必须符合这个标准的各项技术要求,不管你用何种类型的差压计、压力计和温度计等二次测量仪表,何种计算工具,其计算处理的数学模型基础应该根据 SY/T 6143—1996 标准所规定的数学模型。如果经过简化,由于简化带来的附加误差(计量系统固有的流量测量不确定度除外)由计量各方和主管部门认为可以接受时,方能采用。

鉴于上述情况,我们可以用办公用计算机(例如 PC 机),严格按照 SY/T 6143—1996 标准规定的计算方法用大家都懂的 BASIC 语言,汉字操作系统编制"天然气流量计算检验标准程序",对各种各样计算方法进行流量计算值的检验。

按照这种思路,可以编制这样一个检验用标准程序。这个程序一般科技人员和工人都可操作使用,并应具有以下功能:

(1)具有自校功能。在检验流量计算值之前,先进行自校,无误后就将被检流量计计量系统的计算值所用的基本参数(也就是被检计量系统的工况参数)输入检验机中,并一一对照核对无误后,执行结果计算出的流量瞬时值误差是否满足认同的附加误差。

(2)选择功能。可以选择检验法兰取压和角接取压,程序提供和手工输入;选择打印基本参数、中间数据和检验结果的制表功能。

(3)违标判断功能。孔板流量计如果设计选型不当,使用违标,违背 SY/T 6143—1996 标准哪一项,给予指出,让使用者予与整改。

"天然气流量计算检验标准程序"的操作流程框图如图 3-25 所示。计算中所用的天然气物性参数的确定和计算,完全按标准规定,该查表内插取值的参数均采用存表内插法计算,例如天然气工况下的等熵指数 κ,动力粘度 μ 等。牛顿逼近迭代计算的准确度取 10^{-6}。其计算值与手工笔算比较,相差甚微。下面是标准例题输入的计算结果:

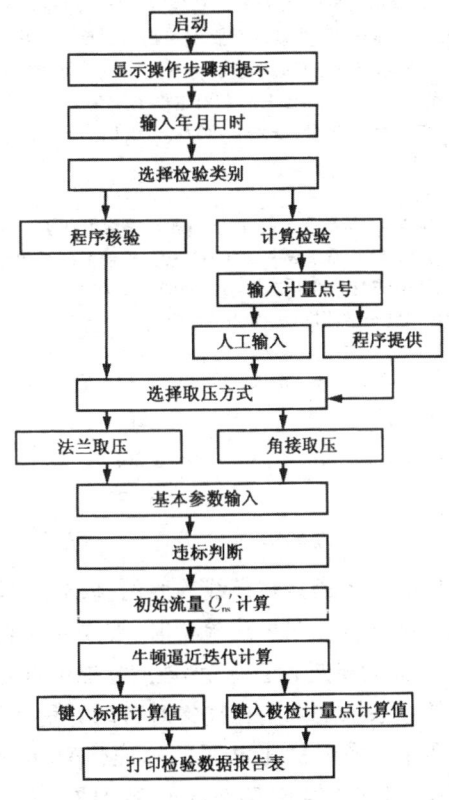

图 3-25 天然气流量计算检验标准程序操作流程框图

天然气流量计算检验结果数据报告表

检校时间:1997年8月1日15:30时　类别:计算检验　计量点号:1　采用法兰取压方式

电信号 V mA	输 入				输 出			
	检验比较	温度 ℃	静压 MPa	差压 Pa	秒流量 m^3/s	分流量 m^3/min	时流量 m^3/h	日流量 m^3/d
	标准	15	1.48	12500	8.14482	488.6892	29321.35	703712
	检校	15	1.48	12500	8.1448	488.688	29321.28	703712
	误差	0%	0%	0%	0%	0%	0%	0%

所用基本参数如下:

测量管实侧内径 $D=259.38mm$;孔板实测孔径 $d=150.25mm$;测量管线膨胀系数 $L_D=1.116E-5mm/(mm \cdot ℃)$;尖锐度系数 $b_k=1$;粗糙度 $K=0.1mm$;孔板线膨胀系数 $L_d=0.0000166mm/(mm \cdot ℃)$;温度计量程 $T_k=0\sim100℃$;差压计量程 $H_k=25000Pa$;压力计量程 $p_k=2.5MPa$;气体相对密度 $G=0.664$;气体含 N_2 量(摩尔分数)$M_n=0.0068$;气体含 CO_2 量(摩尔分数)$M_C=0.0157$;当地大气压 $p_a=0.0981MPa$。

所得中间参数如下:

流出系数 $C=0.6042892$;粗糙度系数 $\Upsilon_{rr}=1$;相对密度系数 $F_G=1.227202$;可膨胀性系数 $\varepsilon=0.9973759$;超压缩系数 $F_Z=1.020391$;流动温度系数 $F_t=1.008639$;渐近速度系数 $E=1.061538$;等熵指数 $\kappa=1.356577$;动力粘度 $\mu=1.095874E-2$。

此次检验所用参数均在正常范围内,OK!

雷诺数 $Re=2911010$

注:本次计算所用测量参数为人工输入,其对应的电信号值如下:

	温度	静压	差压
电压值(V)	1.6	3.368	3
电流值(mA)	6.4	13.472	12

检验单位:　　　　　　检验人:　　　　　　审核人:

这个检验标准程序建立在离线检验的基础上,只能检验其瞬时流量计算值正确与否。在离线检验时,首先将检验标准程序装入 IBM PC-XT 系列机进行自检,无误后才能进行检验计算。

如果被检计量系统是采用在线实时自动计量系统,可将被检计算机与装置脱离,采用稳压电源的标准信号 4mA(1V),8mA(2V),12mA(3V),16mA(4V)和20mA(5V)DC,分三通道对应着差压、静压和温度信号接线端子输入被检计算机运行,从显示器(或打印机)录下的瞬时流量(无论是以秒、分、时或日为时间单位)

共得 5 个差压值,5 个静压值,5 个温度值和 20 个流量值。再将相同基本参数和相同的标准信号一一对应输入 IBM PC-XT 检验机,由检验机计算出的瞬时流量值与被检计算机在相同的基本参数和相同的一一对应的标准信号情况下,其瞬时流量是否相同,其误差是否符合计量系统所限制的附加误差,符合为合格,超出为不合格。按理论推算,如果都是使用 SY/T 6143—1996 标准规定的计算方法,数学模型不会产生附加误差,附加误差仅仅来源于 A/D 模数转换接口,这与 A/D 转换卡的有效数字位数有关。

八位机的误差 $\delta = \pm \frac{1}{256} \times 100\% = \pm 0.391\%$;

十位机的误差 $\delta = \pm \frac{1}{1024} \times 100\% = \pm 0.098\%$;

十二位机的误差 $\delta = \pm \frac{1}{4096} \times 100\% = \pm 0.024\%$;

十六位机的误差 $\delta = \pm \frac{1}{6553} \times 100\% = \pm 0.002\%$。

如果被检计量系统不是采用在线实时计算机自动计量系统,而是采用其他测量方法和计算工具计算流量值的,同样道理,只要将被检计量系统的基本参数和差压、静压和温度的测量值,被检计量系统流量计算值一一对应地输入 IBM PC-XT 检验机中,便可检验出结果来,判定其是否符合要求。

对于流量波动大的计量系统,且静压、温度又不稳定,差压也时大时小,计量系统要求的准确度又高,需要进行在线检验累积流量的,需要增加设备。第一,在差压、静压和温度变送器输出的标准电信号的信号分配器,要分出一支信号接口以备检验用,IBM PC-XT 检验机需配 A/D 模数转换接口(含程序),通过 A/D 转换接口,信号分配器与被检机并联,同时输入与被检机相同的基本参数,利用现场测量信号(或利用稳压电源的标准信号,分三个通道对应其差压、静压和温度同时输入检验机和被检机,经过一段时间后,看两机显示(或打印)的流量计算值是否相同,其各个对应值的误差是否符合控制误差,符合为合格,超出为不合格。

值得注意的是,利用稳压电源标准信号输入的检验,应进行零点至满量程的检验,即 4mA(1V)、8mA(2V)、12mA(3V)、16mA(4V)和 20mA(5V)DC 的检验,分别对应二次仪表的量程是 0%、25%、50%、75% 和 100%。检验的所有计算值全部合格才算合格,其中有一个计算值不合格即为不合格。

2)检验实例

现以现场中使用最多的 CW-430 双波纹差压静压记录仪配玻璃棒式液体温度计加求积仪,CAS10 fx-4500 计算器计算流量值的检验为例,说明其附加误差究竟有多大。

不考虑取大平均值计算,人工求积计算等无法估算的误差,就一天的流量作为瞬时流量看待,检验因数学模型简化带来的附加误差。

前面已经介绍,CW-430 双波纹差压静压记录仪已用开方卡片克服大部分求大平均值的附加误差,开方卡片的记录格值 Δp_D、p_D 与差压值、静压值的关系式为

$$\Delta p = \frac{\Delta p_k \Delta p_D^2}{10^4} \qquad (3-64)$$

$$p = \frac{p_k p_D^2}{10^4} \qquad (3-65)$$

式中 $\Delta p, p$——分别为差压平均值(Pa)、静压平均值(MPa);
　　$\Delta p_k, p_k$——分别为差压计量程(Pa)、压力计量程(MPa);
　　$\Delta p_D, p_D$——分别为差压记录平均开方格值,静压记录平均开方格值。

由于计算器内存和功能有限,故将 SY/T 6143—1996 标准规定的数学模型进行了简化,将 d_{20}、D_{20} 取为室温 20℃下的实测直径,$k=1.3$,$\mu=0.011$ mPa·s 这样一来以日作为计量的单位时间,则日计量系数 A_d 值为:

$$A_d = A_s \times 86400 = 3.1794 \times 10^{-6} \times 86400 = 0.27470$$

又由于目前天然气的组分分析普遍采用每一季度在计量站上

取气样分析,获得二氧化碳和氮气的摩尔分数,并通过计算获得天然气的真实相对密度 G_{nr}。这样在每一个季度的流量计算中,许多参数就固定了。因此,就将能固定的参数系数取名为基本孔板系数 k,如果管道雷诺数采用计划用气量计算出来,不用多次逼近迭代计算而一次计算流量值的话,这时流出系数 C 就直接计算出来。如果需采用多次逼近迭代计算流量值,就设管道雷诺数 $Re_D = \infty$ 来计算出基本的流出系数 C_0 值。

一次计算:

$$k = k_0 \times C \tag{3-66}$$

多次迭代:

$$k = k_0 \times C_0 \tag{3-67}$$

$$k_0 = \frac{0.2747 \times b_k \times d_{20}^2 \sqrt{293.15 \times p_k \times \Delta p_k / (G_{nr} \times (1 - \beta^4))}}{10000} \tag{3-68}$$

式(3-68)中的 b_k 为孔板尖锐度系数,符合标准要求 $b_k = 1$。当孔板使用日久,在清洗检查中若发现孔板开孔直角入口边缘有肉眼可见的划痕、冲蚀和撞擦伤等缺陷,建议更换新孔板。若暂时无新孔板更换,应对原孔板开孔直角入口边缘进行铸模法或铝箔压印法实测 r_k 值。实测结果如 $r_k/d \leqslant 0.0004$ 时不必修正,如 $r_k/d > 0.0004$ 时,应对原流出系数 C 乘以 b_k 值进行修正,修正系数 b_k 按表3-13查取。d_{20}、p_k、Δp_k、G_{nr} 和 β 比都是已知数。

表3-13 b_k 与 r_k/d 的关系

r_k/d	$\leqslant 0.0004$	0.001	0.002	0.004	0.006	0.008	0.010	0.012	0.014	0.015
b_k	1	1.005	1.012	1.022	1.032	1.040	1.048	1.055	1.062	1.065

注:若无实测手段,可根据孔板使用时间按 $r_k = 0.165(1 - e^{-\frac{1}{3}}) + 0.03$ 估算,其中 t 为实际使用年限数。表3-13是ISO组

织在标准文献 ISO/R 541 和国标 GB 2624—81 列出的,SY/T 6143—1996 标准附录 C 中保留下来。r_k 值的估算关系式是前苏联根据使用中孔板实际测量直角入口边缘圆弧半径 r_k,他们作了大量数据统计,根据 r_k 与使用时间的关系曲线拟合的一个指数方程。

$$C_0 = 0.5959 + 0.0312\beta^{2.1} - 0.184\beta^8 \\ + 0.0900L_1\beta^4(1-\beta^4)^{-1} - 0.0337L_2\beta^3 \tag{3-69}$$

$$C = (C_0 + 0.0029\beta^{2.5} \times 10^{4.5}(R_k \times Q_{nd})^{-0.75}) \times \gamma_{Re} \tag{3-70}$$

式(3-69)和式(3-70)中除管道雷诺数与日流量的相关数 R_k 和测量管内壁粗糙度系数 γ_{Re} 外,其余各数都是已知的。对于法兰取压 $L_1 = L_2 = 25.4/D_{20}$。对于角按压 $L_1 = L_2 = 0$;γ_{Re} 值如果测量管内壁符合表 3-2 的标准要求时则 $\gamma_{Re} = 1$,偏离标准要求时按 SY/T 6143—1996 标准附录 C 取值;R_k 的计算式为

$$R_k = \frac{1.53 \times 10^6}{86400} \times \frac{G_{nr}}{\mu D_{20}} \tag{3-71}$$

式(3-71)中的 G_{nr}、μ、D_{20} 是已知的。

如果是一次性计算,根据计算系统的计划用气量和相关的基本参数就能很方便地计算出基本孔板系数 k 值来。如果要求多次逼近迭代计算就还得求出流出系数、管道雷诺数修正项。

由此,流量计算实用公式化简为

$$Q_{nd} = k\varepsilon F_Z p_D \Delta p_D / \sqrt{273.15 + t} \tag{3-72}$$

可膨胀性系数 ε 计算式可化简为

$$\varepsilon = 1 - E_k \Delta p_D^2 / p_D^2 \tag{3-73}$$

$$E_k = (0.41 + 0.35\beta^4)\Delta p_k / (10^6 p_k \kappa) \quad (3-74)$$

式(3-74)中的 β、Δp_k、p_k、κ 为已知值,可计算出 E_k 值。超压缩系数 F_Z 值计算可以作以下化简:

$$F_p = 156.47 / [160.8 - 7.22 G_{nr} + (M_c - 0.392 M_n)]$$
$$(3-75)$$

$$F_T = 226.29 / [99.15 + 211.9 G_{nr} - (M_c + 1.681 M_n)]$$
$$(3-76)$$

式(3-75)和式(3-76)中的 G_{nr}、M_c 和 M_n 为已知数可计算出,则

$$Z_p = 0.145 F_p \quad (3-77)$$

$$Z_T = F_T / 500 \quad (3-78)$$

测量管内壁粗糙度系数 γ_{Re} 值是说明测量管内壁在使用过程中是否满足表3-2粗糙度的限值要求,按下式计算:

$$\gamma_{Re} = (\gamma_0 - 1)\left[\frac{\lg(Re_D)}{6}\right]^2 + 1 \quad (3-79)$$

实际上 $Re_D = R_k Q_{n\phi}$,如果是一次计算就用计划用气量计算 Re_D。γ_0 的取值,当测量管内壁粗糙度符合表3-2限值时等于1,超出限值要求时大于1。要判别测量管内壁粗糙度是否符合表3-2的限值,首先要判别测量管内壁绝对粗糙度 K 在使用过程中的实际冲刷、腐蚀等粘污情况。如果在检查中发现测量管内壁有明显的冲刷、腐蚀等粘污情况,应更换新的测量管。若暂时无新测量管更换,需用流体实验方法测出相对粗糙度 K/D,若无实验条件,应对测量管内壁表面仔细观察,视其内表面冲刷、腐蚀等粘污情况由表3-4查取对应的绝对粗糙度 K,再由表3-14查取 γ_0,并由式(3-79)计算出 γ_{Re} 值。

表 3-14 标准孔板 γ_0 值表

γ_0 β^2 \ K/D	400	800	1200	1600	2000	2400	2800	3200	≥3400
0.1	1.002	1.000	1.000	1.000	1.000	1.000	1.000	1.000	1.000
0.2	1.003	1.002	1.001	1.000	1.000	1.000	1.000	1.000	1.000
0.3	1.006	1.004	1.002	1.001	1.000	1.000	1.000	1.000	1.000
0.4	1.009	1.006	1.004	1.002	1.001	1.000	1.000	1.000	1.000
0.5	1.014	1.009	1.006	1.004	1.002	1.001	1.000	1.000	1.000
0.6	1.020	1.013	1.009	1.006	1.003	1.002	1.000	1.000	1.000
0.64	1.024	1.016	1.011	1.007	1.004	1.002	1.002	1.000	1.000

如果要进行多次逼近迭代计算,就需要将式(3-79)写入计算器进行迭代。

按照上述化简处理之后采用 CW-430 双波纹差压静压记录仪配玻璃棒式液体温度计,求积仪和计算器计算流量的数学模型为:

(1)超压缩系数 F_Z 的计算式为

$$F_Z = \frac{\sqrt{\dfrac{B}{D} - D + \dfrac{n}{3H}}}{(1 - 0.00132)/\tau^{3.25}} \qquad (3-80)$$

式中

$$H = Z_P(p_K p_D^2/10^4 - 0.1) + 0.0147$$

$$\tau = Z_T(1.8t + 492)$$

$$B = \frac{3 - mn^2}{9mH^2}$$

$$m = 0.0330378\tau^{-2} - 0.0221323\tau^{-3} + 0.0161353\tau^{-5}$$

$$n = (-0.133185\tau^{-1} + 0.265827\tau^{-2} + 0.0457697\tau^{-4})/m$$

当 $1.09 \leqslant \tau < 1.4$ 时(相当于气流温度为 29.4~116.2℃,绝

对静压 0~13.79MPa 的使用区间):

$$E = 1 - 0.00075H^{2.3}e^{-20(\tau-1.09)} - 0.0011(\tau-1.09)^{0.5}H^2[2.17 + 1.4(\tau-1.09)^{0.5} - H]^2$$

当 $0.88 \leqslant \tau < 1.09$ 时(相当于气流温度为 $-40 \sim 29.4$℃,绝对静压 0~8.96MPa 的使用区间):

$$E = 1 - 0.00075H^{2.3}[2 - e^{-20(1.09-\tau)}] - 1.317(1.09-\tau)^4 H(1.69 - H^2)$$

$$b = \frac{9n - 2mn^3}{54mH^3} - \frac{E}{2mH^2}$$

$$B = \frac{3 - mn^2}{9mH^2}$$

$$D = (b + \sqrt{b^2 + B^3})^{1/3}$$

(2)可膨胀性系数 ε 按式(3-73)计算,E_k 按式(3-74)根据已知值计算出来,式(3-73)中的 Δp_D、p_D 分别为计量系统 CW-430 双波纹管差压静压记录仪用求积仪出的圆图记录卡片的日平均差压开方和静压开方格数值。

(3)标准体积流量计算按式(3-72)。一次计算流量时为用计划用气量作为初始流量计算出的流量值,即 Q_{nd}''';多次逼近迭代计算时为迭代用始流量值,即 Q_{nd}。

(4)迭代计算流出系数修正后的流量为

$$Q_{nd}'' = Q_{nd}'(1 + C_R Q_{nd}^{-0.75}) \tag{3-81}$$

$$C_R = 0.0029\beta^{2.5} \times 10^{4.5} \times R_k^{-0.75}/C_0 \tag{3-82}$$

式(3-82)中的 β、R_k 根据已知值由 d_{20}/D_{20} 和式(3-71)算出。

(5)迭代计算粗糙度系数修正后的流量为

$$Q_{nd}''' = Q_{nd}''\left[1 + (\Gamma_0 - 1)\left(\frac{\lg R_k Q_{nd}''}{6}\right)^2\right] \tag{3-83}$$

经过多次迭代逼近后,前一次计算与后一次计算的准确度达到小于 10^{-6} 时,按下式计算最终流量。

(6)最终流量计算式为

$$Q_{nd} = \text{INT}(Q_{nd}''' + 0.5) \qquad (3-84)$$

按化简后的数学模型巧妙安排,精心编制计算程序,一台 CASIO fx-4500 计算器,使用其本身的机器语言,1103 步程序和条件转移及子程序功能,可计算 7 路流量值。现举一个实例将其计算结果进行比较检验。

例:有一路孔板流量计的基本参数如下:

(1)测量管内径 $D_{20}=100.25\text{mm}$(20 号钢内壁镗制加工过);

(2)孔板开孔直径 $d_{20}=40.12\text{mm}$(1Cr18Ni9Ti);

(3)当地常年平均大气压 $p_a=0.1\text{MPa}$;

(4)孔板流量计安装后,经检验完全符合标准要求,经认证认为可以投产;

(5)采用 CW-430 双波纹差压静压记录仪配玻璃棒式液体温度计,求积仪和 CASIO fx-4500 程序计算器,差压量程 16000Pa,静压量程 1.6MPa,温度计量程为 0~50℃,准确度均为 1 级。

(6)天然气的真实相对密度 $G_{nr}=0.6254$,二氧化碳摩尔含量 $M_c=0.0025$,氮气摩尔含量 $M_n=0.0143$;

(7)静压日平均开方格数 $p_D=84.3$ 格,差压日平均开方格数 $\Delta p_D=69.2$ 格,试检验当气流温度 $t=20℃$,$t=0℃$,$t=40℃$ 时其流量计算值的附加误差。

按上述化简后的数学模型用 CASIO fx-4500 计算器编程计算得:

当 $t=20℃$ 时,$Q_{nd}=32087\text{m}^3/\text{d}$;

当 $t=0℃$ 时,$Q_{nd}=33347\text{m}^3/\text{d}$;

当 $t=40℃$ 时,$Q_{nd}=30970\text{m}^3/\text{d}$。

按式(3-64)和式(3-65)计算出差压值为 7661.82Pa;静压

值分别为 1.13704MPa(绝),1.03704MPa(表)。用 IBM PC-XT 机按检验标准程序检验后的结果看出在 $t=20℃$ 时附加误差只有 0.01%,在上下波动 20℃ 时附加误差为 ±0.07%,即是说这种取固定值的化简方法在常用的温度、静压和差压范围内不会带来太大的附加误差。使用 CW-430 双波纹差压静压记录仪加玻璃棒式液体温度计,求积仪和程序计算器的计算积算方法在无市电的边远计量站进行天然气贸易计量是可行的。

天然气流量计算检验结果数据报告表

检校时间:1998 年 9 月 9 日 16:00 时　　类别:计算检验　　计量点号:1　采用法兰取压方式

输　　入					输　　出			
电信号 V mA	检验比较	温度 ℃	静压 MPa	差压 Pa	秒流量 m³/s	分流量 m³/min	时流量 m³/h	日流量 m³/d
	标准	20	1.037	7662	0.371402	22.2841	1337.05	32089
	检验	20	1.037	7662	0.371377	22.2826	1336.96	32087
	误差	0%	0%	0%	-0.01%	-0.01%	-0.01%	-0.01%

所用基本参数如下:

计量管实侧内径 $D=100.25mm$;孔板实测孔径 $d=40.12mm$;测量管线膨胀系数 $L_D=1.116E-5mm(mm·℃)$;尖锐度系数 $b_k=1$;粗糙度 $K=0.03mm$;孔板线膨胀系数 $L_d=0.0000166mm/(mm·℃)$;温度计量程 $T_k=0\sim50℃$;差压计量程 $H_k=16000Pa$;压力计量程 $p_k=1.6MPa$;气体相对密度 $G=0.6254$;气体含 N_2 量(摩尔分数)$M_n=0.0143$;气体含 CO_2 量(摩尔分数)$M_c=0.0025$;当地大气压 $p_a=0.1MPa$。

所得中间参数如下:

流出系数 $C=0.6010799$;粗糙度系数 $\Upsilon_{re}=1$;相对密度系数 $F_G=1.264507$;可膨胀性系数 $\varepsilon=0.9978869$;超压缩系数 $F_Z=1.01192$;流动温度系数 $F_t=1$;渐近速度系数 $E=1.013078$;等熵指数 $\kappa=1.336111$;动力粘度 $\mu=1.102682E-2$。

此次检验所用参数均在正常范围内,OK!

雷诺数 $Re=321483.5$。

注:本次计算所用测量参数为人工输入,其对应的电信号值如下:

	温度	静压	差压
电压值(V)	2.6	3.5926	2.91545
电流值(mA)	10.4	14.3704	11.6618

检验单位:　　　　　　检验人:　　　　　　审核人:

天然气流量计算检验结果数据报告表

检校时间:1998年9月9日16:00时　　类别:计算检验　　计量点号:1　　采用法兰取压方式

电信号V mA	输入				输出			
	检验比较	温度 ℃	静压 MPa	差压 Pa	秒流量 m^3/s	分流量 m^3/min	时流量 m^3/h	日流量 m^3/d
	标准	0	1.037	7662	0.385728	23.1437	1388.62	33327
	检验	0	1.037	7662	0.385961	23.1576	1389.46	33347
	误差	0%	0%	0%	0.06%	0.06%	0.06%	0.06%

所得中间参数如下:

流出系数 $C=0.6010321$;粗糙度系数 $\Upsilon_{re}=1$;相对密度系数 $F_G=1.264507$;可膨胀性系数 $\varepsilon=0.9979241$;超压缩系数 $F_Z=1.015192$;流动温度系数 $F_t=1.035963$;渐近速度系数 $E=1.013072$;等熵指数 $\kappa=1.36003$;动力粘度 $\mu=1.043152E-2$。

此次检验所用参数均在正常范围内,OK!

雷诺数 $Re=352938.4$。

注:本次计算所用检测参数为人工输入,其对应的电信号值如下:

	温度	静压	差压
电压值(V)	1	3.5926	2.915455
电流值(mA)	4	14.3704	11.66182

检验单位:　　　　　　　　检验人:　　　　　　　审核人:

天然气流量计算检验结果数据报告表

检校时间:1998年9月9日16:00时　　类别:计算检验　　计量点号:1　　采用法兰取压方式

电信号V mA	输入				输出			
	检验比较	温度 ℃	静压 MPa	差压 Pa	秒流量 m^3/s	分流量 m^3/min	时流量 m^3/h	日流量 m^3/d
	标准	40	1.037	7662	0.358713	21.5228	1291.37	30993
	检验	40	1.037	7662	0.358449	21.5069	1290.42	30970
	误差	0%	0%	0%	-0.07%	-0.07%	-0.07%	-0.07%

所得中间参数如下:

流出系数 $C=0.6011295$;粗糙度系数 $\Upsilon_{re}=1$;相对密度系数 $F_G=1.264507$;可膨胀性系数 $\varepsilon=0.9978545$;超压缩系数 $F_Z=1.009412$;流动温度系数 $F_t=0.9675396$;渐近速度系数 $E=1.013083$;等熵指数 $\kappa=1.315878$;动力粘度 $\mu=1.166133E-2$。

此次检验所用参数均在正常范围内,OK!

雷诺数 $Re=293605.8$。

注:本次计算所用测量参数为人工输入,其对应的电信号值如下:

	温度	静压	差压
电压值(V)	4.2	3.5926	2.915455
电流值(mA)	16.8	14.3704	11.66182

检验单位:　　　　　　　　检验人:　　　　　　　审核人:

第四节　孔板流量计的选型及测量系统设计

一、孔板流量计适用条件

孔板流量计是以相似原理为根据,以实验数据为基础的瞬时流量计,从一次装置的几何尺寸到流体流动状态都有一定的要求,这些要求归结起来有下述两点。

1. 一次装置几何尺寸限制条件

翻开 SY/T 6143—1996 标准第 1 页就谈到,"本标准适用于节流装置的取压方式为法兰取压和角接取压,用标准孔板对气田或油田中采出的以甲烷为主要成分的混合气体的流量测量"。在该标准第 8 章表 3 中归纳出,孔板开孔直径 $d \geqslant 12.5mm$,测量管内径必须满足 $50mm \leqslant D \leqslant 1000mm$,孔径比必须满足 $0.20 \leqslant \beta \leqslant 0.75$ 等条件。一次装置的结构设计、加工、装配、安装、检验和使用必须符合该标准第 5、6、7 章的全部技术要求。如果节流装置在制造、安装和使用中有一项及一项以上的技术指标偏离标准规定,节流装置必须进行流出系数检定。由此看来,对于孔板流量计一次装置的选型特别重要,应选择有权生产节流装置且信誉好的厂家生产的产品。

2. 气质和气流状态条件

在 SY/T 6143—1996 标准中第 4.2.2 条规定"气流必须是单相的牛顿流体,若气体含有质量成分不超过 2% 的固体或液体微粒,且成均匀分散状态,也可以认为是单相的牛顿流体"。

从这一点出发,我国石油天然气行业标准 SY/T 7514《天然气》标准所规定的各种类别天然气都适用。

在本书第二章已详细介绍差压式流量计的特性曲线是在实验室特定的参比条件下通过实验数据作出的。也就是说,孔板流量计的流出系数 C 也一样是在特定的实验室参比条件下,通过大量的实验数据推导的计算方法,并通过实践检验是正确的,同时差压式流量计算基本方程的导出也是在这样的假设流动条件下推导

的。偏离了标准规定的流动状态条件将会产生难以估计的流量测量不确定度。因此,气流流动状态应符合:

(1)天然气通过孔板节流装置的流动必须是亚音速的、稳定的或仅随时间缓慢变化的,无脉动流存在。

(2)天然气流必须是单相的牛顿流体。

(3)天然气流流进孔板以前,其流速必须是与管道轴线平行,对称充分发展的速度分布剖面,无旋转流存在。

(4)天然气通过孔板节流装置的流动,必须保持孔板下游静压与孔板上游静压之比大于或等于 0.75,管道雷诺数 $Re_D \geqslant 5000$(角接取压)和管道雷诺数 $Re_D \geqslant 1260\beta^2 D$(法兰取压)。

因此,在选型设计时一定要配合计量站工艺参数仔细核算和流态分析,力争达到最佳的流量测量效果。

二、准确度要求和不确定度分析

1. 流量计量准确度的期望值

在天然气流量测量设计中,用户总想把计量准确度提得较高。在本书第二章已多次讲到流量测量是多参数间接测量,其准确度的提高非常困难。据国内外有关资料介绍,工业用流量测量的最高准确度也只能达到 1 级,并且需要配备所有有关参数的测量,包括流量标定系统在内的准确度保证措施。

国际法制计量组织(OIML)流量计量技术委员会的气体计量分委员会于 1997 年制定了"气体燃料计量系统"国际建议。欧洲标准化委员会起草了欧共体标准 PREN 1776"天然气计量系统的基本要求",都是为了提高和确保天然气计量准确度而对输配计量站的设计、建设、投产、操作和维修等方面提出的基本技术要求。国际建议中将计量站分为 A、B、C 三个等级,对不同的流量规模配备的二次测量仪表就不同。该建议适用于流量等于或大于 $100m^3/h$,运行压力不低于 0.2MPa,对于热值测量、测温、测压、取样以及包括指示、打印、存储、转换和积算等系统部件或设备都作了相应的技术规定,其流量计量最终结果的最高准确度 A 级,也是只能达到 ±1.0%,如表 3-15 和表 3-16 所示。

表3-15　测量仪表和计量结果的最大允许误差(准确度)

测量参数	最大允许误差 A级	最大允许误差 B级	最大允许误差 C级
温度	0.5K	0.5K	1.0K
压力	0.20%	0.50%	2.0%
密度	0.50%	1.0%	1.0%
热值	0.50%	1.0%	1.0%
压缩因子	0.30%	0.30%	0.30%
体积或质量（在计量条件下）	0.75%	1.0%	1.5%
计量结果	1.0%	2.0%	3.0%

表3-16　不同配置的计量系统准确度等级表

标准条件下设计流量,m^3/h	<1000	1000<10000	10000<50000	≥50000
流量计校准曲线修正		*	*	*
就地检定(校准)系统			*	*
温度测量	*	*	*	*
压力测量			*	*
压缩因子转换		*	*	*
就地发热量和气质测量			*	*
远距离发热量值测定(取样或计算)		*		
每间隔时间内流量记录			*	*
密度测量(代替p,T,Z)			*	*
准确度等级	C(3%)	B(2%)	B(1%~2%)	A(1%)

该建议规定了天然气计量系统的设计原则和设计指南,其中包括设计参数的确定,并联计量管路的选择,取样位置及压力、温度测量与工艺管路的要求。气相色谱系统应符合国际标准ISO 6974《天然气中组分测定:气相色谱法》和ISO 10723《天然气在线分析的操作评估》的规定。热值测量系统应包括校准部分,它通常

由热值和组分已知的标准气及减压、预热等管路系统组成。

在计量系统的设计、建设、校准和使用过程中,确保系统完整性的质量保证体系十分关键,有关各方都必须执行已协商同意的质量保证体系。在国家检定规程中,可以具体规定要检查或测试的内容。对热值测量系统,还要设置热值的上、下限,当测量值超限时,要用已知组分或已知热值的标气进行校准。

表 3-16 是为了获得 A 级、B 级和 C 级不同准确度等级而需要配置的测量仪表,且配表与设计流量有关。表 3-15 中的体积或质量(在计量条件下)项,实际上就是流量计准确度,即流量计的特性曲线的特征性。

此外,该建议还对计量系统的仪表和系统的型式批准,系统的检定,安装、操作和维护等提出了具体的要求。

以下着重分析一下孔板流量计在计量条件下的不确定度,可能达到的最高水平。

2. 孔板流量计不确定度变化范围分析

从 ISO 5167 标准,GB/T 2624—93 标准到 SY/T 6143—1996 标准,甚至对世界有较大影响的天然气流量的孔板计量专用标准 AGA N03 报告,估算流量测量不确定度公式都是相同的,估算的方法大同小异,其不确定度值大致相等,结论大体一致,如图 3-26 所示。

1)一次装置不确定度变化的估算

图 3-25 表示出一次装置的不确定度随 β 比变化的大致超向值,它是对在不算术相加附加不确定度的基础上说的。如一次装置达不到最高一级的标准要求,其不确定度还要比图中示值大,它包括两部分:

(1)流出系数不确定度变化。

当直管段长度符合 SY/T 6143—1996 表 2 括号外数值,圆度满足该标准第 5.2.2 条不大于 $\pm 0.3\%$ 的标准规定,孔板开孔轴线与上下游测量管轴线之间的距离 e_x 满足该标准第 5.5.3 条公式 (9)的要求时,则流出系数不确定度 $\delta C/C$ 只随 β 值的不同而不

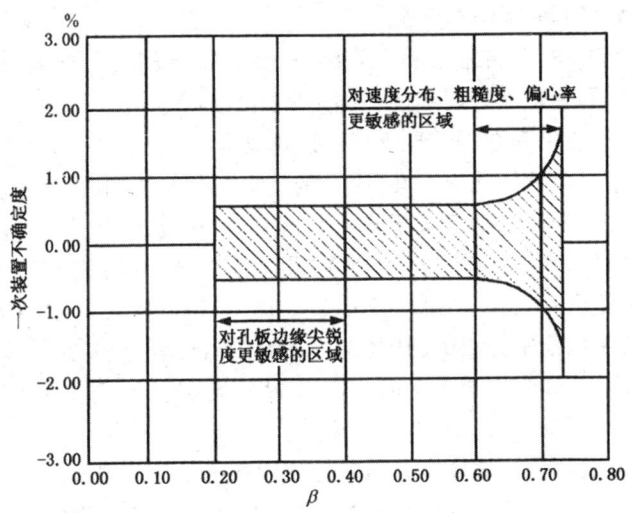

图 3-26 一次装置不确定度与 β 值的关系

同。当 $\beta \leqslant 0.6$ 时,则 $\delta C/C = \pm 0.6\%$;当 $\beta > 0.60$ 时,则 $\delta C/C = \pm \beta\%$。

当上游或下游直管段长度小于该标准表 2 中括号外的数值而又等于或大于括号内的数值时,则应在流出系数不确定度上算术相加 $\pm 0.5\%$ 的附加不确定度。

当在上游直管段长度范围内的任何台阶超过 $\pm 0.3\%$,但符合该标准公式(7)和公式(8)时,则应在流出系数不确定度上算术相加 $\pm 0.2\%$ 的附加不确定度。

当孔板开孔轴线与上下游测量管轴线之间的距离 e_x 不小于或等于 $0.0025D/(0.1+2.3\beta^4)$,但满足 $0.0025D/(0.1+2.3\beta^4) < e_x \leqslant 0.005D/(0.1+2.3\beta^4)$,则又应在流出系数不确定度上算术相加 $\pm 0.3\%$ 的附加不确定度。

如果还要按附录 C"节流装置在使用中出现部分偏离标准规定的处理"进行修正时,还应考虑以下的附加不确定度。

当孔板入口直角边缘的尖锐度 r_k 的单测值与平均值比较,最大偏差在 $\pm 20\%$ 以内时,则在流出系数不确定度上几何相加

±0.5%的附加不确定度。

当 r_k 的单测值与平均值比较,最大偏差超过±20%,则在流出系数不确定度上附加的不确定度还要加大。

(2)流出系数相关项不确定度的变化。

流出系数与孔板开孔直径、测量管内径密切相关,流量测量不确定度估算公式中有其相关项。相关项中的孔板开孔直径的不确定度 $\delta d/d = \pm 0.07\%$ 是定值,测量管内径不确定度 $\delta D/D = \pm 0.4\%$ 也是定值,β 值允许 $0.2 \leqslant \beta \leqslant 0.75$。按公式中相关项计算,其变化范围为 ±0.01966% ~ ±0.1791%。

由(1)和(2)两项组成一次装置不确定度的变化为:最小为±0.62%,最大为±3.87%或更大。

根据计量站的规模和用户合理的准确度要求选择一次装置产品的等级和合理的设计。不合实际的,过高的追求流量测量的准确度会造成经济上的浪费。

流量测量的准确度除了一次装置的不确定度外,还应包括天然气物性部分测量的不确定度和其他二次配套仪表部分的不确定度。

2)天然气物性测量不确定度变化

天然气物性测量的不确定度估算也包括两部分:

(1)天然气可膨胀性系数不确定度的估算。

天然气可膨胀性系数的不确定度 $\delta\varepsilon/\varepsilon = \pm 4(\Delta p/p_1)\%$ 计算,它与孔板流量计实测差压 Δp 成正比,与静压 p_1 成反比。目前在天然气计量中差压值一般在 50000Pa,范围内,静压在 1~10MPa 范围内,因此最小为±0.00002%,最大为±0.2%或更大。

(2)天然气密度测量不确定度 $\delta\rho/\rho$ 的估算。

根据 SY/T 6143—1996 标准有关条款规定,目前在国内普遍采用通过测量气流压力,气流温度和定时于计量点处取气样分析得到气流的全组分,按其标准规定计算天然气的真实相对密度 G_{nr},并根据 G_{nr} 和相关组分的摩尔分数、气流压力、气流温度,计算压缩因子而得天然气密度。根据目前现场常用仪表的使用范围,所遵守的标准、规程规范进行具体计算综合考虑,在不考虑取气样的间隔时间内由于天然气组分变化(或波动)所引起的附加不确定度时,天然气密度测量的不确定度 $\delta\rho/\rho$ 最小为 $\pm1.013\%$,最大为 $\pm1.571\%$ 或更大。

由(1)和(2)两项组成天然气物性测量不确定度的变化为:最小为 $\pm1.013\%$,最大为 $\pm1.584\%$ 或更大。

3)天然气流量测量总不确定度的变化

天然气流量测量的总不确定度,实际上就是测量系统的测量值与真值比较,置信概率为 95% 的准确度,根据目前天然气流量测量系统经常贯用的二次仪表和测量值的计算积算方法,按 SY/T 6143—1996 标准有关条款规定和所列公式进行框估,得知天然气流量测量的总不确定度 $\delta Q_n/Q_n$ 最小为 $\pm0.82\%$,最大为 $\pm4.52\%$ 或更大。由此分析,国际建议的 A、B、C 三级分别定级为 1.0%、2.0% 和 3.0% 的道理所在了。

三、孔板流量计设计计算

1. 计算命题

孔板流量计设计计算按 SY/T 6143—1996 标准规定,根据计量站工艺参数,被测天然气物性参数,结合用户对计量准确度的合理要求和计量站规模计量性质,合理地、精心地计算并选择出差压计、压力计和温度计等二次仪表的型号、规格,计算出孔板的开孔直径;选择出恰当的节流装置和配足直管段长度。有了这些设计计算好的基本参数,才好向节流装置生产厂提出订货,向施工单位提交安装施工图或安装要求。

节流装置生产厂按 SY/T 6143—1996 标准的有关技术要求,设计加工出全套节流装置,经检验合格后(对 A 级准确度要求的要进行型式试验)才能运至现场。施工单位按施工图设计要求准备好计量站的全套设备和仪表,并按标准规定进行安装、检验、吹扫、试压和验收,经认证合格后才能投入运行。

2. 设计计算的基本参数

若要设计一套孔板流量计测量系统,合理地、准确地对天然气计量站的计量管路流量进行恰到好处的测量,必须先知道计量站的规模,计量管路天然气流量变化范围,天然气物性参数、工艺参数等,并且要求这些资料正确、可靠、齐全、准确,然后才谈得上正确、合理地设计计算。这些原始资料包括:

(1)天然气流量变化范围,即最大流量 Q_{nmax}、最小流量 Q_{nmin}、常用流量 Q_{ncom}。

(2)天然气物性参数,包括天然气的真实相对密度 G_{nr}(或天然气在标准状态条件下的密度 ρ_n),动力粘度 μ,等熵指数 κ,二氧化碳摩尔含量 M_c 和氮气摩尔含量 M_n,或者是天然气的全成分分析数据。

(3)计量管路工艺参数,包括天然气流动时的静压 p,流动时的气流温度 t 和计量工艺管道内径 D,是否有允许压力损失的要求等。

应当注意所给参数的状态条件、单位等,否则计算结果才发现错误,这样即浪费时间,又浪费精力。

3.设计计算基本程序

1)核算流量比是否符合标准规定

$$Q_{nmax}/Q_{nmin} \leqslant 3 \qquad (3-85)$$

若满足式(3-85)即采用单路、单差压计和单孔板计量即可,若不满足,则应采用高、低双差压计或大、小不同开孔直径的两块孔板,或者两路计量的改进措施。

2)选择合适的计量管道

选择合适的计量管道应考虑到:

(1)管子能足够承受住天然气在流动时的压力,最高工作压力时能安全工作。

(2)天然气在最小流量 Q_{nmin} 流动时,其管道雷诺数 Re_{Dmin} 不致低于 SY/T 6134—1996 标准所规定的低限值。

(3)天然气在最大流量 Q_{nmax} 流动时,其在管道中流速不宜超过 20m/s。

(4)天然气流动时,在管道中的流速最好为5~15m/s左右。

按上述原则计算好管道内径 D 后,在表3-17中查取计量管管材规格。

表3-17 天然气流量测量用配管管径选用表

公称管径及外径mm	内径/壁厚mm 压力MPa	1.6	2.5	4.0	6.4	10.0	16.0	备注
DN50	ϕ57	50/3.5	50/3.5	50/3.5	49/4.0*	45/6.0*	43/7.0*	* 不推荐用,用时加修正
DN65	ϕ76	67/4.5	67/4.5	67/4.5	64/6	60/8	56/10	
DN80	ϕ89	81/4	81/4	81/4	79/5	77/6	71/9	
DN100	ϕ108	100/4	100/4	100/4	96/6	92/8	88/10	
	ϕ114	106/4	106/4	106/4	102/6	98/8	94/10	
DN150	ϕ159	149/5	149/5	149/5	143/8	135/12	131/14	
	ϕ168	158/5	158/5	158/5	152/8	144/12	140/14	
DN200	ϕ219	207/6	207/6	205/7	199/10	191/14		
DN250	ϕ273	259/7	259/7	257/8	251/11	241/16		
DN300	ϕ325	311/7	311/7	307/9	301/12	285/20		
DN350	ϕ377	361/8	361/8	357/10	345/16	333/22		
DN400	ϕ426	412/7	408/9	404/11	390/18			

3)选择差压计量程

当计量管道配管管材确定以后,测量管内径 D 就是已知数。从图3-26可知,当 β 比为0.5左右,测量的准确度最稳定,故设 $\beta=0.5$ 来设计计算和选择差压计的上限值。根据天然气流量计算实用公式(3-31)计算 Δp 值。式(3-31)中的 Q_{ns} 以常用流量 Q_{ncom} 代之; $A_s=3.1794\times10^{-6}$; C 由式(3-32)计算,其中管道雷诺数 Re_D 由式(2-25)算出, E 由式(3-33)计算; $d=\beta/D$; F_G 由式(3-35)计算,为简化手工计算的麻烦,令 $\varepsilon F_Z=1$,也是可以的,否则分别按式(3-34)和PAR NX-19计算而得, F_r 由式(3-37)计算,天然气流动静压 p_1 和流动温度 t 都是已知值,这样就可以计算出常用流量下对应的差压值 Δp_{com} 值来。将 Δp_{com} 扩大一定值,即为 $\Delta p_{max} = \Delta p_{com}/0.6$,然后将 Δp_{max} 值圆整到相邻的差压计量程值,这种规格的差压计便是该计量管路需要选用的差压计。

4)孔板开孔直径 d 的计算

为了使天然气最大流量 Q_{nmax} 通过孔板节流装置时,不致于造成差压计超限而产生计量事故,应将最大流量 Q_{nmax} 扩大一定值,即 $Q_{nmax}' = Q_{nmax}/0.95$。用 Q_{nmax}'、Δp_{max} 替代式(3-31)中的 Q_{ns} 和 Δp,然后计算出 d 值来,这个 d 值便是要计算这一计量管路的孔板开孔直径值。

5)验算最大、最小流量不超规定范围计量和压力损失计算。

根据式(3-85)的含义,最大流量与最小流量之比是 3∶1。按式(3-44)而言就有下面的关系式:

$$\frac{Q_{nmax}}{Q_{nmin}} = \frac{3}{1} = \frac{k\sqrt{\Delta p_{max}}}{k\sqrt{\Delta p_{min}}} \qquad (3-86)$$

由式(3-86)就可知,对于线性刻度差压计来说,最大流量 Q_{nmax} 时所对应的差压计刻度为 90% 的话,最小流量 Q_{nmin} 时所对应的差压计刻度就只有 10%。此时如果是开方刻度,上限为 95%,下限为 32%。因此,为了保证测量的准确度,不超限测量非常重要,在选择好差压计和计算出孔板开孔直径后,还应将最大流量和最小流量代入式(3-31)中计算出对应的最大差压 Δp_{max} 和最小差压 Δp_{min},看是否超出 10%~90%(等百分刻度)或 32%~95%(开方百分刻度)。如果超出这一规定范围还需调整后重算。

天然气流经孔板节流装置时,会造成压力损失 δ_p,其值按下式计算:

$$\delta_p = \frac{1 - CE\beta^2}{1 + CE\beta^2}\Delta p \qquad (3-87)$$

式中 C、E——流出系数和渐近速度系数,分别由式(3-32)和式(3-33)计算;

β——孔径比,$\beta = d/D$;

Δp——实测差压值,Pa。

当压力损失 δ_p 有限制要求时,按式(3-87)算出通过孔板节流装置的流量对应的压力损失,这个压力损失 δ_p 不得超过给定的压力损失,否则应增大 β 比,重新进行设计计算。

6)孔板节流装置上下游配管的选择

孔板节流装置上下游配管的直管段长度足与不足对流量测量的准确度影响很大。按 SY/T 6143—1996 标准第 5 章规定,在孔板前不但要求有第一直管段长度 l_1,而且要求有第二直管段长度 l_0,这两段直管段长度均按其前的阻力件形式和 β 比值选取。孔板后还要求直管段长度 l_2,它们各自的长度按表 3-3 选取,要选择管子质量好、直度直、内径与测量管内径一致的管子。

4.设计计算实例

1)已知参数

(1)最大流量 $Q_{nmax} = 10.0 \text{m}^3/\text{s}$(标准状态条件下);最小流量 $Q_{nmin} = 3.5 \text{m}^3/\text{s}$(标准状态条件下);常用流量 $Q_{com} = 7.0 \text{m}^3/\text{s}$(标准状态条件下)。

(2)天然气真实相对密度 $G_{nr} = 0.5632 \pm 0.5\%$;天然气含二氧化碳摩尔分数 $M_c = 0.0025 \pm 0.3\%$;天然气含氮气摩尔分数 $M_n = 0.0143 \pm 0.3\%$

(3)工艺管道 DN=200mm;天然气流动时的静压 $p_1 = 3.0$ MPa ± 5% 无压力损失要求;天然气流动时的温度 $t = 20℃ \pm 10℃$。

2)设计计算

(1)辅助计算。

根据所给天然气流量计量的已知参数,$Q_{nmax}/Q_{nmin} = 10/3.5 = 2.9 < 3$;由于 $p_1 = 3.0$MPa(表),取设计压力等级 PN=4.0(MPa)。选压力计量程值 $p_k = 0 \sim 4.0$MPa。按表 3-17 查得计量管配管为 $\phi 219 \times 7$,管道内径 $D = 205$mm。因此,首先核算计

管道是否合适,按式(2-24)核算最小雷诺数 Re_{Dmin} 是否大于 $1260\beta^2 D$(选择法兰取压法),此时取 $\beta=0.5$,取天然气动力粘度 $\mu=0.011\text{mPa}\cdot\text{s}$。

$$Re_{Dmin} = 1.53 \times 10^6 \frac{Q_{min} G_{nr}}{\mu D}$$

$$= 1.53 \times 10^6 \frac{3.5 \times 0.5632}{0.011 \times 205}$$

$$= 1.34 \times 10^6$$

而 $\qquad 1260 \times 0.5^2 \times 205 = 64575$

则 $Re_{Dmin} > 1260\beta^2 D$ 此条符合要求。

核算最大流量流过计量管道时最大流速是否超过20m/s。

$$v = \frac{Q_{nmax}/10p_1}{F} = \frac{10/30}{\frac{\pi}{4}0.205^2} = 10.1 < 20$$

该条也符合要求。

由此可知工艺管道合适,计量管配管管材选择 $\phi 219 \times 7$ 的管子即可,孔板节流装置选择由生产厂成套加工的 DN200、PN4.0 这种规格,测量管内壁上游 $10D$,下游 $4D$,经过镗制加工,因此粗糙度 $K=0.03\text{mm}$。孔板尖锐度系数 $b_k=1$。

(2)计算和选择差压计量程。

根据天然气流量计算实用公式(3-31),先令 $\beta=0.5$ 计算常用流量 Q_{ncom} 对应的差压 Δp_{com} 值,选温度计为 $t_k=0\sim 50$℃。

$$\Delta p = \frac{\left(\dfrac{Q_{ncom}}{A_s C E d^2 F_G \varepsilon F_Z F_T}\right)^2}{p_1} \qquad (3-88)$$

式(3-88)中 Q_{ncom}、p_1 和 A_s 为已知值,C、E、d、F_G、ε、F_Z、F_r 都可以按其相应的公式计算出来。

流出系数 C 值按式(3-22)计算得 $C=0.60299$；
渐近速度系数 E 值按式(3-33)计算得 $E=1.0328$；
孔板开孔初始直径 $d=\beta\times D=0.5\times 205=102.5\mathrm{mm}$；
相对密度系数 $F_G=\sqrt{\dfrac{1}{G_{nr}}}=\sqrt{\dfrac{1}{0.5632}}=1.3325$；
可膨胀性系数 ε 值按式(3-34)计算得 $\varepsilon=0.99886$；
超压缩系数 F_Z 值按 PAR NX-19 计算得 $F_Z=1.0281$；
流动温度系数 $F_r=\sqrt{\dfrac{293.15}{273.15+20}}=1.0000$。

由上述已知值和计算所得值代入式(3-88)中计算得出 $\Delta p_{com}=19554\mathrm{Pa}$，$\Delta p_{max}=19554/0.6=32590\mathrm{Pa}$，选择差压计的量程 $\Delta p_k=40000\mathrm{Pa}$ 即为合适。

(3)计算孔板开孔直径 d 值。

先将最大流量 Q_{nmax} 扩大一点 $Q'_{nmax}=10/0.95=10.5\mathrm{m}^3/\mathrm{s}$，按下式计算合适的孔板开孔直径 d。

$$CE\beta^2=\dfrac{Q'_{nmax}}{A_s D^2 F_G \varepsilon F_Z F_T \sqrt{p_1 \Delta p_k}} \quad (3-89)$$

式(3-89)中 C、E 和 ε 值都与孔径比 β 值有关，要计算一个合适的 β 值使式(3-89)等式左边与右过相等就需进行迭代计算，初始 $\beta=0.5$，经过若干次迭代后就能得到一个恰当的 β 比值，使等式两边几乎相等,计算机计算可以控制前后的计算值误差为百万分之一，甚至可以更小，手工计算，迭代一次就可以满足准确度要求,按照本例所给参数,计算出 $d_{20}=103.76\mathrm{mm}$。

(4)最大流量与最小流量使用范围核算,压力损失计算。

当天然气流量为最大流量 $Q_{nmax}=10\mathrm{m}^3/\mathrm{s}$ 时,对应的差压 Δp_{max} 为最大；当天然气流量为最小流量 $Q_{nmin}=3.5\mathrm{m}^3/\mathrm{s}$ 时,对应的差压 Δp_{min} 为最小。均按式(3-88)分别重复(2)项的计算过程,算出最大差压 $\Delta p_{max}=37852\mathrm{Pa}$,为差压计量程 p_k 的 94.6%(等百分刻度)或 97.3%(开方百分刻度)；算出最小差压 $\Delta p_{min}=$

4636.9Pa,为差压计量程 p_k 的 11.6%(等百分刻度)或 34.0%(开方百分刻度),使用范围核算合格。

该套孔板节流装置的压力损失按式(3-87)计算,最小压损 δ_{pmin} = 3359Pa,常用压损 δ_{pcom} = 13488Pa,最大压损 δ_{pmax} = 27420Pa。

(5)孔板节流装置上下游配管长度确定。

假设孔板前阻力件为管汇和闸阀且集中安装在一起,按 SY/T 6143—1996 标准第 5.3.5 条规定,紧接上游测量管配接不短于 20D 的 ϕ219×7 的直管段,紧接下游测量管配接不短于 2D 的 ϕ219×7 的直管段。

(6)计量系统测量积算方法确定和二次补偿配套仪表的选择。

根据表 3-16 查得,常用流量 Q_{ncom} = 7×3600 = 25200m³/h,准确度级属 B 级,用户如果要求 ±2.0% 是合理的,用户要求 ±1.0% 就欠妥。而且要配备就地检定、温度测量、压力测量、压缩因子确定、就地热值和气质测量,每间隔时间内流量记录,如果用密度测量,可省却 p、t 测量和 Z 值确定,并且流量计校准曲线还应进行修正。按表 3-15 表示,B 级为在计量条件下体积或质量测量的准确度 ±1.0%,压缩因子的准确度为 ±0.3%,热值测量的准确度为 ±1.0%,密度测量的准确度为 ±1.0%,压力测量的准确度为 ±0.5%,温度测量的准确度 ±0.5K,由此看来,只有采用电动仪表,或用温压补偿测量积算方法,或用密度补偿测量积算方法,最好用电子计算机实时在线测量积算方法。用电子计算机在线实时测量积算方法时,如果提高了测量仪表的准确度,按表 3-15 中 A 级配备,其计量结果的准确度就可满足用户 ±1.0%,的要求了。

根据计量系统的具体设计,可以选择出测量仪表的型号、规格和准确度等级,这已属于另一范畴,此不再赘述。

下面是这个例题,按上述设计计算步骤在 IBM PC-XT 机上编程设计计算结果的清单,供读者们参考、核对。孔板流量计设计计算用手工笔算是相当繁琐的,如果编程,计算既方便、快捷、又准确可靠。

天然气流量测量用标准孔板设计计算结果数据报告表

计算时间:1998年9月14日11:00时   类别:设计计算   计量点号:3   采用法兰取压方式

输入			输出		
温度 ℃	静压 MPa	秒流量 m^3/s	孔板孔径 mm	相应差压计示值 Pa	等百分刻度
20	3	7	103.7638	18543.52	46.3588

所用基本参数如下:

测量管实侧内径 $D=205mm$;孔板实测孔板 $d=103.7638mm$;测量管线膨胀系数 $L_D=1.116E-5mm/(mm\cdot ℃)$;尖税度系数 $b_k=1$;粗糙度 $K=0.03mm$;孔板线膨胀系数 $L_d=0.0000166mm/(mm\cdot ℃)$;温度计量程 $T_k=0\sim 50℃$;差压计量程 $H_k=40000Pa$;压力计量程 $P_k=4MPa$;气体相对密度 $G=0.5632$;气体含 N_2 量(摩尔分数)$M_n=0.0143$;气体含 CO_2 气量(摩尔分数)$M_c=0.0025$;当地大气压 $p_a=0.0981MPa$;最大流量 $Q_m=10m^3/s$;最小流量 $Q_i=3.5m^3/s$。

所得中间参数如下:

流出系数 $C=0.6030769$;粗糙度系数 $\Upsilon_{re}=1$;相对密度系数 $F_G=1.332505$;可膨胀性系数 $\varepsilon=0.9981404$;超压缩系数 $F_z=1.028114$;流动温度系数 $F_t=1$;渐近速度系数 $E=1.03453$;等熵指数 $\kappa=1.39363$;动力粘度 $\mu=1.144792E-2$;常用压损 $Y_2=13488.18$;最大差压 $H_m=37852.16Pa$;最小差压 $H_i=4636.89Pa$;雷诺数 $Re=2570228$。

计算单位: 计算人: 审核人:

四、大流量测量和测量系统不确定度估算

1.大流量测量

这里所说的大流量有两层含义:一层含义是被测流量值很大;另一层含义是流量值变化范围很大,最大流量 Q_{nmax} 与最小流量 Q_{nmin} 之比超过 4:1 以上。利用孔板流量计进行大流量测量是从事流量测量工作者面临的一个常见现实问题。由于我国目前在天然气流量测量中,采用孔板流量计占居绝对优势,据调查统计占 95% 以上,如何恰当地利用孔板流量计进行大流量测量,是值得认真研究和总结的问题。

1)扩大测量流量的量程比

计量管路流量量程变化是流量测量中普遍存在的实际问题,特别是直接对没有储气设备用户供气的贸易计量更是如此。我国天然气消耗量有相当一部分是供给城市作民用燃气的,因此一般

日负荷的变化都比较大,流量的量程比也就较大。孔板流量计测量流量的量程比只有3:1,一般不超过4:1。对于此类流量测量场合采用孔板流量计计量时,可以通过以下3种措施解决:

(1)将所给大流量分段多路并联组合测量方式。

如图3-27所示。如果被测量的天然气流量的量程比很大,可以通过不同管径的计量管道并联组合加以解决。通过计量管路的组合切换来适应流量的变化。如果流量的变化是季节性的,阶段性的,有规律性的变化,可以采用人工组合,切换;如果流量变化是经常的,随时的,无规律性的变化,就应采用流量计算机或远程站控终端装置编程自动组合,切换,以达到准确计量的目的。

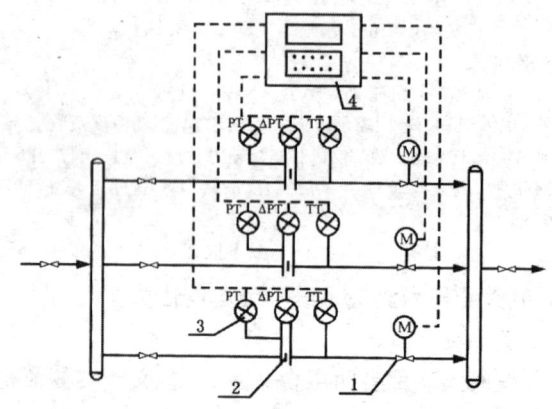

图3-27 多路孔板流量计并联组合测量
1—电动球阀;2—孔板节流装置;3—变送器;4—计算机

例如,假设上面的例题中最小流量不是3.5m³/s,而是0.05m³/s,这时$Q_{nmax}/Q_{nmin}=10/0.05=200$,很显然用一台孔板流量计根本不可能达到准确计量的目的。因为孔板流量计的量程比只有3:1,因此必须用多台孔板流量计进行分段组合测量才能达到准确计量的目的。这可以分成以下5段:

①0.05~0.15m³/s为第1段,选用计量管道配管管材规格为$\phi 57 \times 3.5$,设计计算书如下:

天然气流量测量用标准孔板设计计算结果数据报告表

计算时间:1998年9月16日10:20时　类别:设计计算　计量点号 4-a　采用法兰取压方式

输入			输出		
温度 ℃	静压 MPa	秒流量 m³/s	孔板孔径 mm	相应差压计示值 Pa	百分刻度
20	3	0.1	26.65768	842.4452	42.12226

所用基本参数如下:

测量管实测内径 $D=50$mm;孔板实测孔径 $d=26.65768$mm;测量管线膨胀系数 $L_D=1.116E-5$mm/(mm·℃);尖锐度系数 $b_k=1$;粗糙度 $K=0.02$mm;孔板线膨胀系数 $L_d=0.0000166$mm/(mm·℃);温度计量程 $T_k=0\sim50$℃;差压计量程 $H_k=2000$Pa;压力计量程 $p_k=4$MPa;气体相对密度 $G=0.5632$;气体含 N_2 量(摩尔分数)$M_n=0.0143$;气体含 CO_2 量(摩尔分数)$M_c=0.0025$;当地大气压 $p_a=0.0981$MPa;最大流量 $Q_m=0.15$m³/s;最小流量 $Q_i=0.05$m³/s。

所得中间参数如下:

流出系数 $C=0.606351$;粗糙度系数 $\Upsilon_{re}=1$;相对密度系数 $F_G=1.332505$;可膨胀性系数 $\varepsilon=0.9999144$;超压缩系数 $F_z=1.028114$;流动温度系数 $F_t=1$;渐近速度系数 $E=1.043025$;等熵指数 $\kappa=1.39363$;动力粘度 $\mu=1.144792E-2$;常用压损 $Y_2=587.3281$Pa;最大差压 $H_m=1899.593$Pa;最小差压 $H_i=211.0659$Pa;雷诺数 $Re=150541.9$。

计算单位:　　　　　计算人:　　　　审核人:

②$0.15\sim0.45$m³/s 为第 2 段,选用计量管道配管管材规格 $\phi 89\times 4$,设计计算书如下:

天然气流量测量用标准孔板设计计算结果数据报告表

计算时间:1998年9月16日10:20时　类别:设计计算　计量点号;4-b　采用法兰取压方式

输入			输出		
温度 ℃	静压 MPa	秒流量 m³/s	孔板孔径 mm	相应差压计示值 Pa	百分刻度
20	3	0.3	43.64335	1053.801	42.15203

所用基本参数如下:

测量管实侧内径 $D=81$mm;孔板实测孔径 $d=43.64335$mm;测量管线膨胀系数 $L_D=1.116E-5$mm/(mm·℃);尖锐度系数 $b_k=1$;粗糙度 $K=0.03$mm;孔板线膨胀系数 $L_d=0.0000166$mm/(mm·℃);温度计量程 $T_k=0\sim50$℃;差压计量程 $H_k=$

2500Pa；压力计量程 $p_k=4$MPa；气体相对密度 $G=0.5632$；气体含 N_2 量(摩尔分数)$M_n=0.0143$；气体含 CO_2 量(摩尔分数)$M_c=0.0025$；当地大气压 $p_a=0.0981$MPa；最大流量 $Q_m=0.45\text{m}^3/\text{s}$；最小流量 $Q_i=0.15\text{m}^3/\text{s}$。

所得中间参数如下：

流出系数 $C=0.6056628$；粗糙度系数 $\Upsilon_{re}=1$；相对密度系数 $F_G=1.332505$；可膨胀性系数 $\varepsilon=0.9998927$；超压缩系数 $F_z=1.028114$；流动温度系数 $F_t=1$；渐近速度系数 $E=1.045007$；等熵指数 $\kappa=1.39363$；动力粘度 $\mu=1.144792E-2$；常用压损 $Y_2=728.0545$Pa；最大差压 $H_m=2374.362$Pa；最小差压 $H_i=263.8181$Pa；雷诺数 $Re=278781.3$。

计算单位： 计算人： 审核人：

③$0.45\sim1.35\text{m}^3/\text{s}$ 为第 3 段，选择计量管道配管管材规格 $\phi108\times4$，设计计算书如下：

天然气流量测量用标准孔板设计计算结果数据报告表

计算时间:1998 年 9 月 16 日 10:20 时　类别:设计计算　计量点号:4-c　采用法兰取压方式

输入			输出		
温度 ℃	静压 MPa	秒流量 m³/s	孔板孔径 mm	相应差压计示值 Pa	百分刻度
20	3	.9	53.53963	4214.708	42.14708

所用基本参数如下：

测量管实测内径 $D=100$mm；孔板实测孔径 $d=53.53963$mm；测量管线膨胀系数 $L_D=1.116E-5$mm/(mm·℃)；尖税度系数 $b_k=1$；粗糙度 $K=0.03$mm；孔板线膨胀系数 $L_d=0.0000166$mm/(mm·℃)；温度计量程 $T_k=0\sim50$℃；差压计量程 $H_k=10000$Pa；压力计量程 $p_k=4$MPa；气体相对密度 $G=0.5632$；气体含 N_2 量(摩尔分数)$M_n=0.0143$；气体含 CO_2 量(摩尔分数)$M_c=0.0025$；当地大气压 $p_a=0.0981$MPa；最大流量 $Q_m=1.35\text{m}^3/\text{s}$；最小流量 $Q_i=0.45\text{m}^3/\text{s}$。

所得中间参数如下：

流出系数 $C=0.604607$；粗糙度系数 $\Upsilon_{re}=1$；相对密度系数 $F_G=1.332505$；可膨胀性系数 $\varepsilon=0.9995717$；超压缩系数 $F_z=1.028114$；流动温度系数 $F_t=1$；渐近速度系数 $E=1.043803$；等熵指数 $\kappa=1.39363$；动力粘度 $\mu=1.144792E-2$；常用压损 $Y_2=2929.011$Pa；最大差压 $H_m=9489.811$Pa；最小差压 $H_i=1054.423$Pa；雷诺数 $Re=677438.6$。

计算单位： 计算人： 审核人：

④$1.35\sim4.0\text{m}^3/\text{s}$ 为第 4 段，选择计量管道配管管材规格 $\phi159\times5$，设计计算书如下：

天然气流量测量用标准孔板设计计算结果数据报告表

计算时间:1998年9月16日10:20时　类别:设计计算　计量点号:4　采用法兰取压方式

输入			输出		
温度 ℃	静压 MPa	秒流量 m³/s	孔板孔径 mm	相应差压计示值 Pa	百分刻度
20	3	2.68	77.75315	8507.701	42.53851

所用基本参数如下:

测量管实侧内径 $D=149$mm;孔板实测孔径 $d=77.75315$mm;测量管线膨胀系数 $L_D=1.116E-5$mm/(mm·℃);尖锐度系数 $b_k=1$;粗糙度 $K=0.03$mm;孔板线膨胀系数 $L_d=0.0000166$mm/(mm·℃);温度计量程 $T_k=0\sim50$℃;差压计量程 $H_k=20000$Pa;压力计量程 $p_k=4$MPa;气体相对密度 $G=0.5632$;气体含 N_2 量(摩尔分数)$M_n=0.0143$;气体含 CO_2 量(摩尔分数)$M_c=0.0025$;当地大气压 $p_a=0.0981$MPa;最大流量 $Q_m=4$m³/s,最小流量 $Q_i=1.35$m³/s。

所得中间参数如下:

流出系数 $C=0.6037163$;粗糙度系数 $\Upsilon_{re}=1$;相对密度系数 $F_G=1.332505$;可膨胀性系数 $\varepsilon=0.999141$;超压缩系数 $F_z=1.028114$;流动温度系数 $F_t=1$;渐近速度系数 $E=1.039275$;等熵指数 $\kappa=1.39363$;动力粘度 $\mu=1.144792E-2$;常用压损 $Y_2=6040.331$Pa;最大差压 $H_m=18959.81$Pa;最小差压 $H_i=2159.641$Pa;雷诺数 $Re=135386.7$。

计算单位:　　　　　　计算人:　　　　　　审核人:

⑤$4\sim10$m³/s 为第 5 段,选择计量管道配管管材规格 $\phi219\times7$,设计计算书与上述例题计算完全相同(详见例题计算书)。不同者,最小流量为 3.5m³/s。

这种分段组合测量方式能使每一支计量管路的一次装置都能处在最佳的工作状态,即 β 比处在 0.5 左右而获得最好的测量准确度,利用流量计算机或远程站控终端装置编程自动组合,切换,灵活变化,适应性强,如果 5 路全开可计量的最大流量达 14m³/s,因此适应超限计量的能力也强。故目前在计量站设计中常采用此种测量方式。

(2)采用一台孔板流量计并联不同量程差压计的测量方式。

这种测量方式,只采用一台孔板节流装置,根据需要并联安装两台或两台以上的差压计来进行切换测量。这种测量方式由于只用一套一次装置,投资较省,但由于小流量时的低雷诺数和大流量时的压力损失大等问题的存在,一般在使用中受到限制。

20世纪80年代后期,世界上有关仪器仪表公司如美国的霍尼韦尔和日本的横河电机,推出了新型高准确度的智能化差压变送器ST-3000,其准确度可达±0.1%,量程最大可达400:1。以往需要用2台或3台差压变送器的,现在只需安装1台变送器即可完成量程变化大的准确测量目的。

这种测量方式只能在允许高压损和允许的管道低雷诺数范围内的场合下使用,否则测量的准确度达不到要求。当用人工切换时,流量变化应具有季节性、阶段性和规律性的变化,否则应采用智能化编程自动切换差压计,才能达到安全,平稳和准确的测量。

(3)更换孔板改变β比值的测量方式。

对于较长时间的季节性流量较大幅度改变的情况,可以通过更换不同开孔直径的孔板,改变β比值的方法来实现流量变化大的测量。但是这种改变β比而改变流量量程比的测量方式,很显然的一个缺点是,无法使一次装置处在$\beta=0.5$左右的最佳工作状态下工作。由图3-26知:当β比处于边界β比值,如0.2或0.75时,孔板直角入口边缘尖锐度或测量管内壁粗糙度,速度分布、偏心率等对其准确测量就有较大影响,并且更换孔板又是一件十分费时、费力,浪费能源的事。虽然近年来国产新型的阀式孔板夹持器,可方便地实现不停气检查和更换孔板,使这一方法的实施得到有效的改善,提高了操作管理水平,但由于它不适应于日供气流量变化频繁的场合,设计上很少采用。在现场实际使用中,由于供气量的突然增加,或突然减少,致使差压计超出规定使用范围,因此这种更换孔板改变β比值的测量方式仍用得较多,因为对现场实际操作很方便实用。

2)加大计量管道直径和并联多路的测量计算积算方式

目前我国各大油气田直接向化工厂和城市门站供气的外输天然气计量站的计量属于贸易计量,也属于大流量测量,计量管道管径一般都在DN100mm～400mm,流量大,准确度要求高。

按SY/T 6143—1996标准规定,计量管管道直径可达

DN1000mm,由于设计、加工制造、安装使用等技术问题和需求关系,目前只有 DN400 的孔板节流装置产品。DN400 的孔板节流装置的流量测量范围已足以满足现实输气流量计量值的需要了。下面就大流量测量情况作一简要叙述。

(1)大流量测量的现况。

准确地进行大流量的测量是各国输气公司关注的问题,随着现代科学技术的发展,从 20 世纪 70 年代后期起,有着许多新型的天然气流量仪表问世。国外目前用于天然气大流量测量的仪表类型较多,但主要测量手段仍是孔板流量计,约占 60% 左右,此外,还有涡街流量计、涡轮流量计及超声波流量计。孔板流量计主要用于干线站场流量变化不太大的场合,对于直接向用户供气的计量站则较多采用涡轮流量计和涡街流量计及少量的超声波流量计。

我国大流量测量的流量仪表,目前主要应用孔板流量计,由于标准、气质条件、标定及流量仪表维护等方面原因,其他流量计应用较少。

(2)大流量测量方式。

尽管用于天然气流量测量的仪表有许多类型,但处理大流量测量的方法基本相同。一般都是采用一种流量计来完成测量工作,实现测量设备投资最少,维护工作量最省。在流量量程变化较大的场合,往往采用不同流量测量范围分段用同类型流量计多路并联测量方式。对于输气干线的大型接收气测量,为了适应建设周期进气量有较大变化,测量系统长期可靠运行以及为仪表定期维护提供方便,一般多采用多路并联的运行方式。

(3)大流量测量仪表选型。

大流量测量仪表选型应综合考虑计量准确度要求,量程变化适应性,标准及检定条件、气质条件、运行可靠性、节能、成本及维护等。

(4)大口径孔板流量计应用问题。

准确进行天然气大流量测量是一个十分重要的问题。为改善并提高准确的测量能力,美国雪夫龙油田研究公司从 1981 年开始,历时 7 年,对天然气流量的现场测量进行大量系统研究,对最常用的孔板流量计用音速喷嘴进行在线连续测试,同时采用涡轮流量计、涡街流量计与孔板流量计串联比对测试。音速系统由美国科罗拉多州工程试验站(CEESI)提供,在置信度为 95% 时,其流量系统不确定度为 ±0.329%(流出系数的不确定度为 ±0.25%)。该公司对管径 DN50mm、DN100mm、DN150mm 及 DN400mm 的孔板流量计进行测试研究,测试系统经过精心设计,仪表系统采用高准确度测量仪表,仪表环境条件严格控制,用计算机系统进行数据处理。通过实流在线标定及与涡轮流量计、涡街流量计进行比对,取得大量的试验结果。试验的结果认为:孔板流量计的流量测量系统的不确定度是与计量管径大小、β 值、雷诺数 Re_D 有关。当计量管径小于或等于 100mm 时,与音速喷嘴标定系统的标定流量相当吻合。

2. 测量系统流量测量不确定度估算

将孔板流量计测量系统设计出来后,应对测量系统所用的仪表和设备准确度、测量组合方式等进行分析,估算一下测量系统的流量测量不确定度是多少,是否满足用户要求的合理准确度。否则还得重新调整测量用二次仪表和组合方式。

假设上述例题的二次仪表和组合方式是按图 3-28 所示框图组合的。

差压变送器准确度为 ±0.25%,压力变送器准确度为 ±0.2%,温度变送器准确度为 ±0.5%,配电器准确度为 ±0.2%,模数转换用的 A/D 板为 10 机,准确度为 ±0.1%。一次装置安装后经检验完全符合 SY/T 6143—1996 标准不算术相加的附加不确定度那一级的要求,并且流量计算机编程计算完全按该标准技术规定存表查值计算。不带任何简化的附加误差。在这样的标准条件下上述例题测量系统的流量测量不确定度估算如下:

因为 SY/T 6143—1996 标准第 9 章给出相应的估算公式和取值标准。按标准规定的流量测量总不确定度 $\delta Q_n / Q_n$ 估算公式为

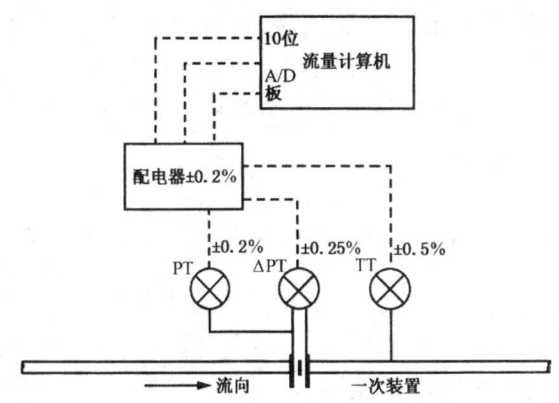

图 3-28 测量系统流量测量计算积算流程示意图

第七章公式(7-2),即

$$\frac{\delta Q_\mathrm{n}}{Q_\mathrm{n}} = \left[\left(\frac{\delta C}{C}\right)^2 + \left(\frac{\delta \varepsilon}{\varepsilon}\right)^2 + \left(\frac{2}{1-\beta^4}\right)^2 \left(\frac{\delta d}{d}\right)^2 + \left(\frac{2\beta^4}{1-\beta^4}\right)^2 \left(\frac{\delta D}{D}\right)^2 \right.$$

$$\left. + \frac{1}{4}\left(\frac{\delta \Delta p}{\Delta p}\right)^2 + \frac{1}{4}\left(\frac{\delta \rho_1}{\rho_1}\right)^2 \right]^{0.5} \qquad (3-90)$$

式中 $\dfrac{\delta C}{C}$ ——流出系数不确定度;

$\dfrac{\delta \varepsilon}{\varepsilon}$ ——可膨胀性系数不确定度;

$\dfrac{\delta D}{D}$ ——测量管管径测量的不确定度;

$\dfrac{\delta d}{d}$ ——孔板孔径测量的不确定度;

$\dfrac{\delta \Delta p}{\Delta p}$ ——差压测量的不确定度;

$\dfrac{\delta \rho_{tp}}{\rho_{tp}}$ ——天然气密度测量的不确定度。

1)一次装置部分的不确定度

式(3-90)右边第一项 $\dfrac{\delta C}{C}$ 和第三项 $\left(\dfrac{2}{1-\beta^4}\right)^2 \left(\dfrac{\delta d}{d}\right)^2$ 及第四项

$\left(\frac{2\beta^4}{1-\beta^4}\right)^2 \left(\frac{\delta D}{D}\right)^2$ 归结为一次装置部分的不确定度,因为:$\beta = 103.76\text{mm}/205\text{mm} = 0.5061 < 0.6$,故流出系数的不确定度 $\frac{\delta C}{C} = \pm 0.6\%$,流出系数与孔板开孔直径 d 的相关项 $\left(\frac{2}{1-\beta^4}\right)\left(\frac{\delta d}{d}\right)$,又因为孔板开孔直径的不确定度 $\frac{\delta d}{d} = \pm 0.07\%$,所以 $\left(\frac{2}{1-0.5061^4}\right) \times 0.07 = \pm 0.15\%$,而测量管内径的不确定度 $\frac{\delta D}{D} = \pm 0.4\%$,所以流出系数与测量管内径 D 的相关项 $\left(\frac{2\beta^4}{1-\beta^4}\right)\left(\frac{\delta D}{D}\right) = \left(\frac{2 \times 0.5061^4}{1-0.5061^4}\right) \times 0.4 = \pm 0.056\%$。

2)天然气物性部分的不确定度

(1)可膨胀性系数的不确定度按下式计算:

$$\frac{\delta \varepsilon}{\varepsilon} = \pm 4 \frac{\Delta p}{p_1} \qquad (3-91)$$

因为天然气流量在最大流量 $Q_{n\max}$ 和最小流量 $Q_{n\min}$ 时所对应的 $\Delta p_{\max}$ 和 $\Delta p_{\min}$ 是不一样的,静压波动 $\pm 0.5\%$ 影响不大,取常用静压 3MPa 加大气压,则最大流量 $Q_{n\max}$ 时 $\frac{\delta \varepsilon}{\varepsilon} = \pm 4 \times \frac{37852}{3.1 \times 10^6} = \pm 0.049\%$,最小流量 $Q_{n\min}$ 时,$\frac{\delta \varepsilon}{\varepsilon} = \pm 4 \times \frac{4637}{3.1 \times 10^6} = \pm 0.006\%$。

(2)天然气密度测量的不确定度

天然气密度测量不确定度 $\frac{\delta \rho}{\rho}$ 的估算式为

$$\frac{\delta \rho_1}{\rho_1} = \left[\left(\frac{\delta G_{nr}}{G_{nr}}\right)^2 + \left(\frac{\delta Z_1}{Z_1}\right)^2 + \left(\frac{\delta T}{T}\right)^2 + \left(\frac{\delta p_1}{p_1}\right)^2\right]^{1/2}$$

$$(3-92)$$

式中 $\frac{\delta G_{nr}}{G_{nr}}$ ——真实相对密度的不确定度,取值为 $\pm 0.5\%$;

$\dfrac{\delta Z_1}{Z_1}$——天然气压缩因子的不确定度,取值为±0.5%;

$\dfrac{\delta T}{T}$——气流热力学温度测量的不确定度,按式(3-93)计算;

$\dfrac{\delta p_1}{p_1}$——气流绝对压力测量的不确定度,按式(3-94)计算。

从图3-28可知,气流热力学温度是用热电阻配温度变送器,在孔板节流装置的规定位置实测气流温度,将其转换为相应的标准电信号,准确度为±0.5%,经由准确度为±0.2%的配电器,再进入准确度为±0.1%的模数转换A/D板而转换成相应的数值信号送入计算机参加流量计算和积算,因此气流温度测量的组合准确度按均方根合成 $\zeta_T = \sqrt{0.5^2 + 0.2^2 + 0.1^2} = \pm 0.55\%$,气流热力学温度测量的不确定度按下式估算而得:

$$\dfrac{\delta T}{T} = \pm \dfrac{2}{3} \xi_T \dfrac{T_K}{T_{\text{com}}} \qquad (3-93)$$

式(3-93)中的 ξ_T 是热电阻组合系统测量气流温度的合成准确度,通常用摄氏温标。它的准确度百分数是针对选用热电阻温度计量程而言的。如像例题中选用的0~50℃的热电阻,温度测量的合成准确度为±0.55%时,其绝对误差为±0.3℃(±0.3K),符合表3-15中的A级和B级要求。而 $T_{\max} = 273.15 + 50 = 323.15$K。在不考虑气流温度±10℃波动而引起的附加不确定度时,则 $T_{\text{com}} = 273.5 + 20 = 293.15$K。由此得

$$\dfrac{\delta T}{T} = \pm \dfrac{2}{3} \times 0.55 \times \dfrac{323.15}{293.15} = \pm 0.4\%$$

同样道理气流压力测量的组合准确度按均方根合成得 $\zeta_p = \sqrt{0.2^2 + 0.2^2 + 0.1^2} = \pm 0.3\%$,符合表3-15中B级要求,气流

绝对压力测量的不确定度 $\dfrac{\delta p_1}{p_1}$ 按下式估算而得:

$$\frac{\delta p_1}{p_1} = \pm \frac{2}{3} \xi_p \frac{p_k}{p_{com}} \quad (3-94)$$

式(3-94)中 $p_k = 4 + 0.0981$ MPa, p_{com} 在不考虑因气流静压 $\pm 5\%$ 的波动而引起的微小的附加不确定度时,则 $p_{com} = 3 + 0.0981$ MPa,由此得

$$\frac{\delta p_1}{p} = \pm \frac{2}{3} \times 0.3 \times \frac{4.0981}{3.0981} = \pm 0.26\%$$

按式(3-92)就可以估算出天然气密度测量的不确定度为

$$\frac{\delta \rho_1}{\rho_1} = (0.5^2 + 0.5^2 + 0.4^2 + 0.26^2)^{1/2} = \pm 0.85\%$$

符合表3-15中B级的要求。

由此可知天然气物性部分的不确定度为 $\pm 0.86\%$。

3)计量条件下天然气流量测量不确定度估算

只要估算出差压测量的不确定度,便可估算出计量条件下天然气流量测量的不确定度,实际上就是估算流量测量主参数的不确定度与估算压力测量不确定度的方法有很多相当类似之处,估算差压测量的不确定度,其计算公式如下:

$$\frac{\delta \Delta p}{\Delta p} = \pm \frac{2}{3} \xi_{\Delta p} \frac{\Delta p}{\Delta p_{com}} \quad (3-95)$$

差压测量信号同样经过了变送器(准确度为 $\pm 0.25\%$)配电器,A/D转换板再进入计算机参加流量计算和积算的,其组合准确度按均方根合成就可得到。由于它在最大流量 Q_{nmax} 时, $\Delta p_{max} = 37852$ Pa,在最小流量 Q_{nmin} 时, $\Delta p_{min} = 4637$ Pa,在常用流量 Q_{ncom} 时, $\Delta p_{com} = 18544$ Pa,因此差压计处于不同测量位置,其测量的不确定度就不一样。

差压组合的合成准确度: $\xi_{\Delta p} = \sqrt{0.25^2 + 0.2^2 + 0.1^2} =$

±0.34%

最大流量时的差压测量不确定度为：$\dfrac{\delta \Delta p}{\Delta p} = \pm \dfrac{2}{3} \times 0.34 \times \dfrac{40000}{37852} = \pm 0.24\%$

最小流量时的差压测量不确定度为：$\dfrac{\delta \Delta p}{\Delta p} = \pm \dfrac{2}{3} \times 0.34 \times \dfrac{40000}{4637} = \pm 1.96\%$

常用流量时的差压测量不确定度为：$\dfrac{\delta \Delta p}{\Delta p} = \pm \dfrac{2}{3} \times 0.34 \times \dfrac{40000}{18544} = \pm 0.49\%$

由此可以计算计量条件下流量测量的不确定度，即不考虑密度补偿部分。

最大流量时：$\dfrac{\delta q_v}{q_v} = (0.6^2 + 0.05^2 + 0.15^2 + 0.056^2 + \dfrac{1}{4} \times 0.24^2)^{1/2} = \pm 0.63\%$

最小流量时：$\dfrac{\delta q_v}{q_v} = (0.6^2 + 0.05^2 + 0.15^2 + 0.056^2 + \dfrac{1}{4} \times 1.96^2)^{1/2} = \pm 1.16\%$

常用流量时：$\dfrac{\delta q_v}{q_v} = (0.6^2 + 0.05^2 + 0.15^2 + 0.056^2 + \dfrac{1}{4} \times 0.49^2)^{1/2} = \pm 0.67\%$

由此分析计量条件下流量测量的不确定度在 ±0.63% ~ ±1.16% 之间，常用流量时在 ±0.67% 左右，处于表 3-15 中 A 级和 B 级之间。常用流量处在 A 级要求之中。

4）天然气标准体积流量测量不确定度估算

按式(3-90)代入上面估算出的已知值即可估算出例题用这套孔板流量计测量系统天然气标准体积流量测量的不确定度。

最大流量时：$\dfrac{\delta Q_n}{Q_n} = (0.6^2 + 0.05^2 + 0.15^2 + 0.056^2 + \dfrac{1}{4} \times$

$0.24^2 + \frac{1}{4} \times 0.85^2) = \pm 0.76\%$

最小流量时：$\frac{\delta Q_n}{Q_n} = (0.6^2 + 0.05^2 + 0.15^2 + 0.056^2 + \frac{1}{4} \times$

$0.24^2 + \frac{1}{4} \times 0.85^2)^{\frac{1}{2}} = \pm 1.24\%$

常用流量时：$\frac{\delta Q_n}{Q_n} = (0.6^2 + 0.05^2 + 0.15^2 + 0.056^2 + \frac{1}{4} \times$

$0.49^2 + \frac{1}{4} \times 0.85^2)^{1/2} = \pm 0.79\%$

由以上分析可知用于例题这套孔板流量计测量系统，如果用户要求A级准确度±1.0%，在低流量时就达不到要求，在常用流量左右或以上可以达到要求。如果要求B级准确度±2.0%，在设计的量程比范围内，都是可以满足要求的。

同时也看出，要提高孔板流量计测量系统的准确度，既要提高一次装置的设计、加工制造、安装检验，严格达到SY/T 6143—1996标准的技术要求，还要提高二次配套仪表的准确度，简化被测参量组合环节，全面考虑各个环节按标准规定执行，建立有效的质量保证体系，才能确保各个量的测量不确定度估算值，否则会偏离估算值很远。

五、孔板流量计选型、安装要与工艺设计相结合

孔板流量计的选型和安装设计应与计量站和计量管路的工艺设计紧密结合。因为天然气从气井中开采出来后，要经过各种工艺技术处理才输给用户。在每一个工艺环节都需要计量。根据天然气气质状况、计量性质、计量站所处位置和功能来设计计量站和计量管路。因此，计量站分6种类型，计量管路分为内部交按计量和贸易计量两种类型。

1.6种计量站的作用和一般工艺流程

在天然气采输过程中的各类计量站场工艺设计，应根据计量站所处流程段和对天然气处理技术、功能进行。无论何种性质的计量站，为了保证准确计量、平稳输气和安全操作，工艺技术要求是共同的。每种计量站都必须设置分离（或过滤）除尘器、安全放空阀、过压报警装置、调压装置、计量装置和防雷击装置等。

1）多井集气计量站

多井集气计量站主要任务是对单井产气量的计量。天然气从井中采出，经调压、分离过滤和计量后，再集中起来。如果天然气经初步处理，符合 SY 7514—88 标准Ⅰ·Ⅱ类气质指标时，可直接进入输气干线或供给用户；属于Ⅲ·Ⅳ类气质指标的天然气应输给净化厂，对天然气进行净化处理，除非用户设有天然气净化装置才能输给用户。

多井集气计量站设计的一般工艺流程如图 3-29 所示。

2）输气干线首端计量站

输气干线首端计量站的主要任务，是对干线首端气田天然气经集气计量站计量后或首端气田天然气经净化厂净化计量后的核对计量，并兼有进气分离除尘，调压和清管器发送装置等。

输气干线首端计量站设计的一般工艺流程如图 3-30 所示。

3）输气干线中间进气计量站

输气干线中间进气计量站的主要任务，是对干线所经过的气田天然气经集气计量站计量后或净化厂净化计量后的核对计量，并兼有中间进气分离除尘，调压和干线气再分离除尘以及清管器接收、发送装置等。

输气干线中间进气计量站设计的一般工艺流程如图 3-31 所示。

4）输气干线中间分输计量站

输气干线中间分输计量站的主要任务，是对干线经过的用户的供气计量，并兼有供气调压、干线气再分离除尘和清管器接收、发送装置等。

输气干线中间分输计量站设计的一般工艺流程如图 3-32 所示。

5）输气干线末端计量站

输气干线末端计量站的主要任务，是对干线末端大用户或城市门站的供气计量。先对干线气进行再分离除尘并计量后，再调

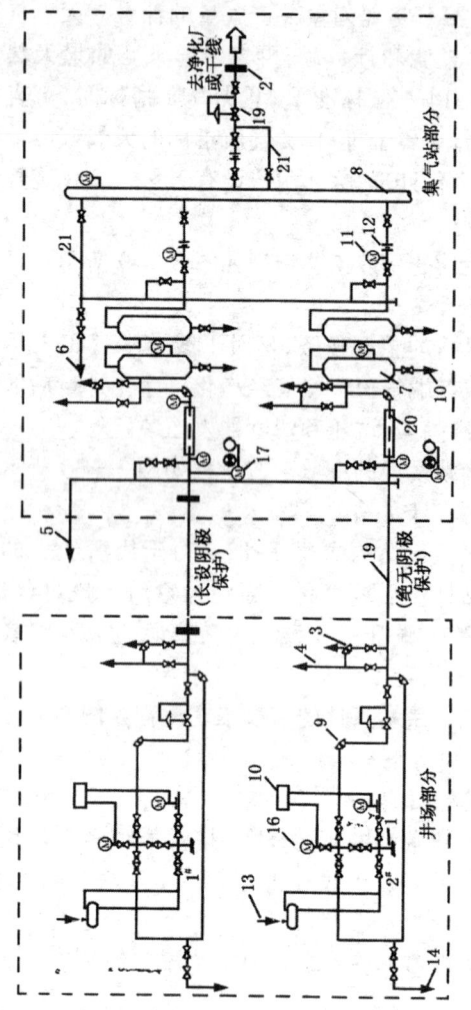

图 3-29 多井集气计量站设计的一般工艺流程

1—井口;2—绝缘法兰;3—安全阀;4—放空阀;5—进站放空管;6—出站放空管;7—重力分离滤器;8—汇气管;9—笼式节流阀;10—分离器排污管;11—温度计;12—孔板流量计;13—调压阀;14—井口放空管;15—缓蚀剂加注器;16—压力表;17—电接点压力表(带声光讯号);18—油套压记录仪;19—集气支线;20—加热器;21—旁通管

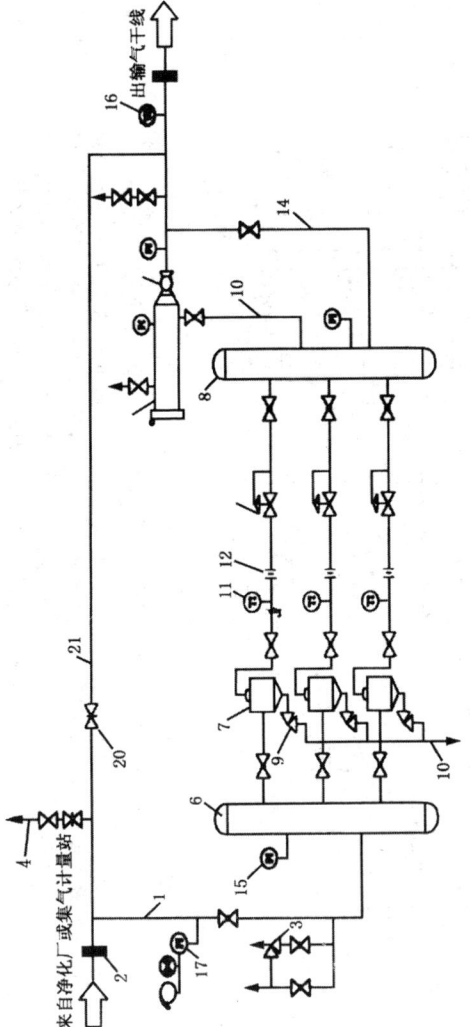

图 3-30 输气干线首端计量站设计的一般工艺流程

1—进气管；2—绝缘法兰；3—安全阀；4—放空管；5—球阀；6,8—汇气管；7—多管分离除尘器；9—笼式节流阀；10—除尘器排污管；11—温度计；12—孔板流量计；13—调压阀；14—正常外输气管线；15—清管器通过指示器；16—压力表；17—电接点高压力表（带声光讯号）；18—清管器发送装置；19—清管用旁通管线；20—旁通高密封阀；21—越站旁通管

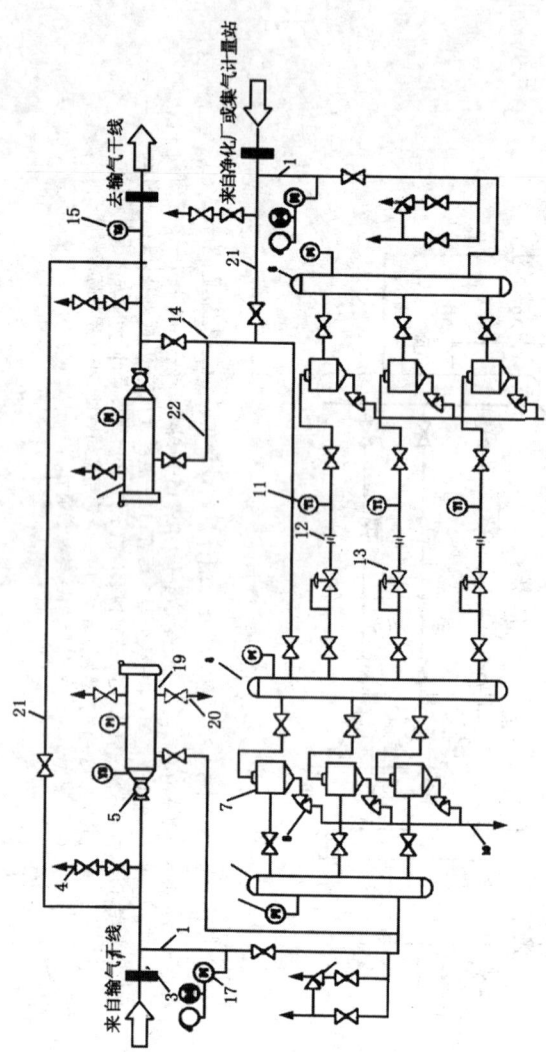

图 3-31 输气干线中间进气计量站设计的一般工艺流程

1—进气管;2—绝缘法兰;3—安全阀;4—放空管;5—球阀;6,8—汇气管;7—多管分离除尘器;9—笼式节流阀;10—除尘器排污管;11—温度计;12—孔板流量计;13—调压阀;14—正常外输气管线;15—清管器通过指示器;16—压力表;17—电接点压力表(带声光讯号);18—清管器发送装置;19—清管器接收装置;20—排污管;21—越站旁通管;22—清管器用旁通管线

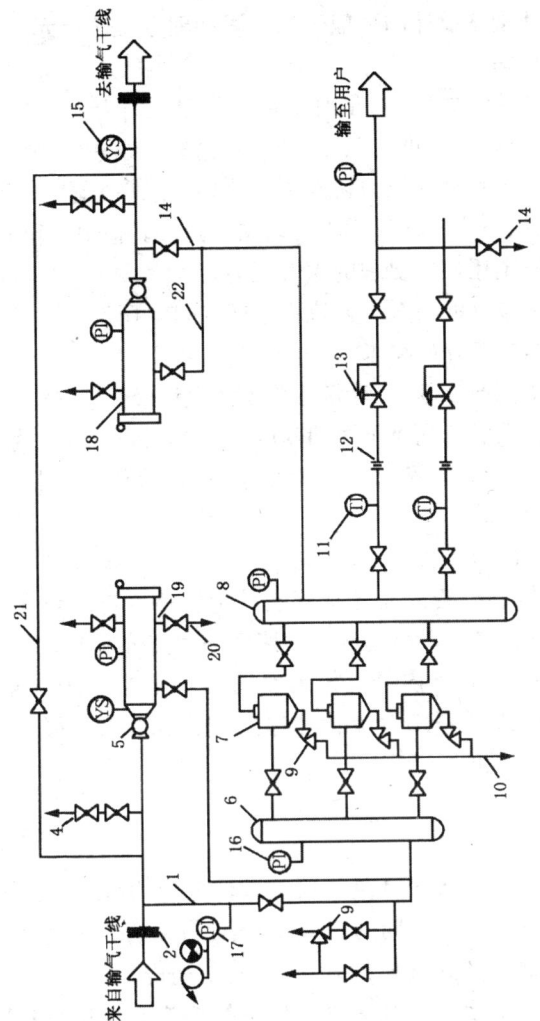

图 3-32 输气干线中间分输计量站设计的一般工艺流程

1—进气管;2—绝缘法兰;3—安全阀;4—放空管;5—球阀;6,8—汇气管;7—多管分离除尘器;9—笼式节流阀;10—除尘器排污管;11—温度计;12—孔板流量计;13—调压阀;14—正常外输气管线;15—清管气管线;16—压力表;17—电接点压力表(带声光讯号);18—清管器发送装置;19—清管器接收装置;20—排污管;21—越站旁通管;22—清管用旁通管线压至大用户或城市门站所要求的压力,平稳地将天然气输给用户。附加功能需设置清管器接收装置。

输气干线末端计量站设计的一般工艺流程如图 3-33 所示。

6)用户配气计量站

用户配气计量站的主要任务,是对多用户的供气计量。由于各个用户所需气量,所要求的供气压力不同,故先对干线来气进行再除尘,核对计量后,再将输气压力调到用户中要求最高的输气压力值进入汇气管,该用户供气计量后不再设调压阀。其他中、低压用户应用调压阀调压至用户所要求的供气压力。

用户配气计量站设计的一般工艺流程如图 3-34 所示。

2. 对计量管路工艺设计的要求

为了保证计量系统的准确度,计量管路工艺设计极其重要,重点应确保流量计入口天然气气质干净和速度剖面的充分发展。为此,应注重计量管路管子选型和天然气流路中设备、管件、阀门及管道等的合理设计和安装。

1)计量管路管子选型

计量管路的工艺设计,首先是选择安装计量管路管道的管子规格,然后进行合理的安装,以求达到入口速度剖面充分发展。管子应承受最大工作压力,管子内径应按天然气最大流速为 20m/s 计算。计算出管子内径 D 后结合流量计选型,相互协调,选择出合适的,与流量计同内径的管子。

2)计量管路设计

(1)说明。

由于计量站类型不同,各个计量管路的天然气压力、温度、流量和气质不同,加之用户各种不同的要求,因此计量站的天然气在所流经的管程中,要通过各式各样的处理设备,不同内径的管道,不同形式的管件等,以满足要求。无论计量站的工艺流程和设备类型如何变化,须保证计量管路的流量计入口天然气流动速度剖面的充分发展,应避免上游直管段前 $30D$ 管程内安装调节阀、$100D$ 管程内安装旋风分离器,避免各种强扰流现象对准确度产

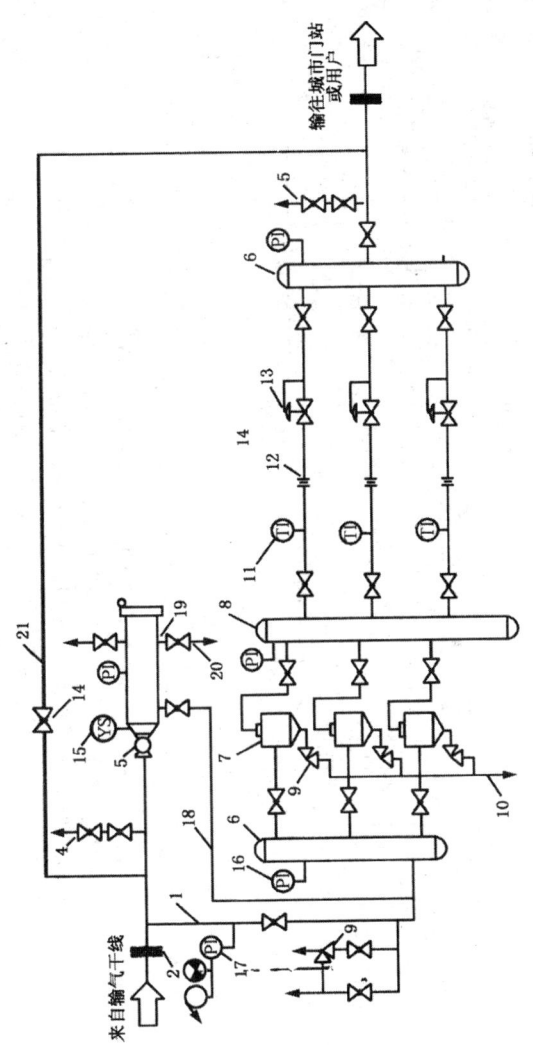

图 3-33 输气干线末端计量站设计的一般工艺流程

1—进气管;2—绝缘法兰;3—安全阀;4—放空管;5—球阀;6,8—汇气管;7—多管分离除尘器;9—笼式节流阀;10—除尘器排污管;11—温度计;12—孔板流量计;13—调压阀;14—旁通阀;15—清管器通过指示器;16—压力表;17—电接点压力表(带声光讯号);18—清管器用旁通管线;19—清管器接收装置;20—排污管;21—越站旁通管

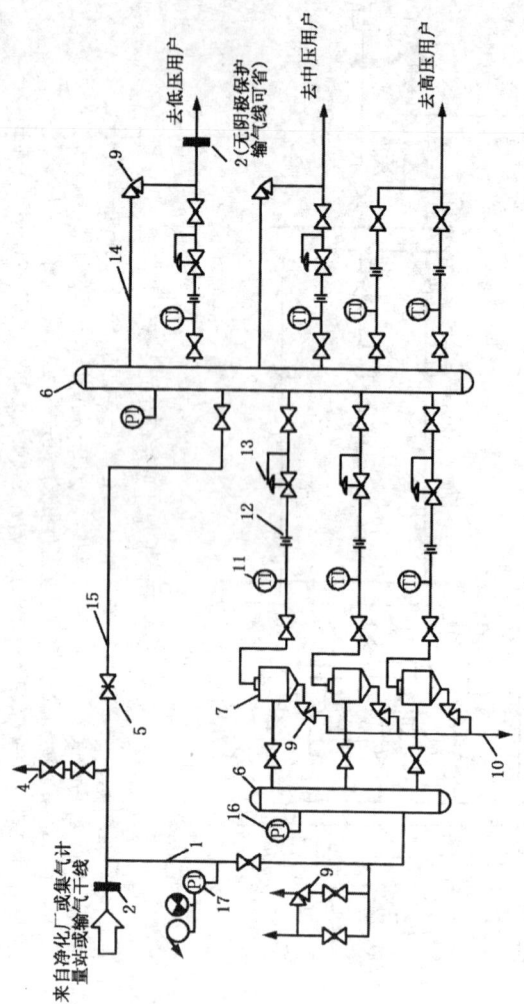

图 3-34 用户配气站设计的一般工艺流程

1—进气管；2—绝缘法兰；3—安全阀；4—放空管；5—旁通高密封阀；6,8—汇气管；7—多管分离除尘器；9—笼式节流阀；10—除尘器排污管；11—温度计；12—孔板流量计；13—调压阀；14—旁通管；15—越站旁通管；16—压力表；17—电接点压力表（带声光讯号）

生不能接受的影响。无论是内部交接或贸易计量都应力求保证计量的准确度,避免产生计量纠纷。因为计量管路的工艺设计是至关重要的一环,绝不能等闲视之。

应根据流量计在计量站工艺流程中所处的位置,其上游安装的工艺设备、管线走向、管件配置和天然气流经的管程长度等和计量站的具体施工图来进行计量管路管道的安装图设计。

(2)不同管路特征的计量管路、孔板上下游直管段的确定。

①孔板前阻力件为闸阀、三通、大小头、弯头和重力分离过滤器者,此种流路形式符合 ST/T 6143—1996 标准第 5 章规定之安装要求,相应的孔板上下游直管段长度,根据 β 值及其前第一阻力件和第二阻力件形式由本书表 3-3 和标准中相应条文确定 l_0、l_1 和 l_2。

②孔板前阻力件为多个弯头直接接旋风分离器者,因旋风分离器对天然气管流产生强烈干扰,如果天然气流从旋风分离器出口至孔板上游直管段入口段的流经管程小于 $100D$ 者,建议按 SY/T 6143—1996 标准第 5.4.2 条规定安装流动调整器,或旋风分离器出口管道上安装流动稳定过滤器。流动调整器具有 5 种形式,以 C 型管束式最为简单。图 3-35~图 3-39 示出这 5 种形式的基本结构。流动稳定过滤器可利用除尘过滤器进行除尘或专门设计。

③孔板前阻力件为闸阀、管汇、闸阀、弯头接旋风分离器者,此种流路形式仍应按图 3-36 执行。

④孔板前阻力件为闸阀、管汇、闸阀接调压阀或空间弯头者,因调压阀的调压要产生脉动和涡流,空间弯头要产生较强涡流,对天然气管流产生较强的干扰。如果天然气流从调压阀或空间弯头出口至孔板上游直管段入口的流经管程小于 $30D$ 者,仍建议按 SY/T 6143—1996 标准第 5.4.2 条安装流动调整器,或在调压阀出口管道上安装流动稳定过滤器。

⑤孔板前阻力件为闸阀、管汇时,若其前有调节阀或(和)旋风分离器者,其一应分别按图 3-36 和图 3-38 执行,其二从管汇出口至孔板上游端面之间的直管段长度按 SY/T 6143—1996 标准

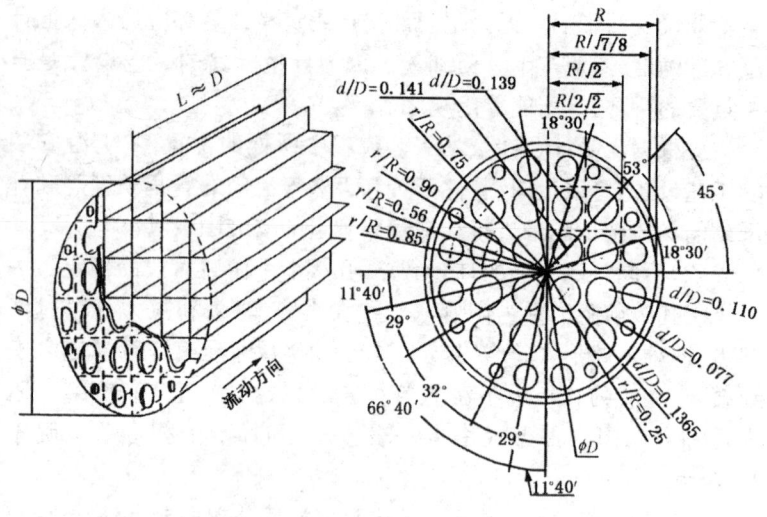

图 3-35

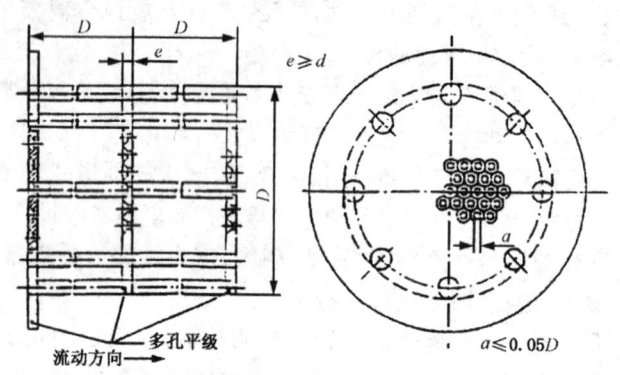

图 3-36

第 5.3.5 条执行。

如果管汇与孔板之间有其他阻力件时,按其相应的第一阻力件形式至孔板之间的直管段长度 l_1 的要求按本书表 3-3 中查取,第二阻力件为管汇,管汇出口端面至第一阻力件之间的直管段长度 l_0 应等于 $15D$。任何情况下其总长 $l_1 + l_0$ 不得小于 $30D$。管汇与孔板之间的阻力件(如闸门,大小头等)可以集中安装(即

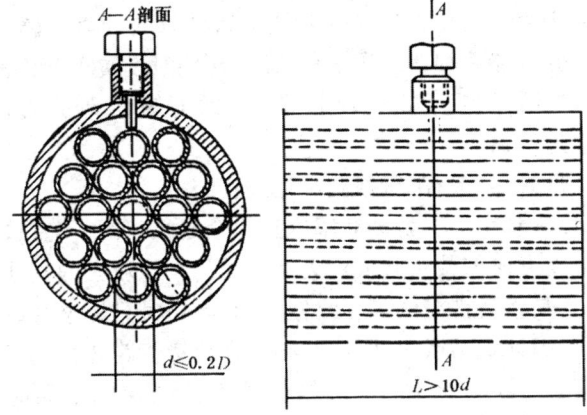

图 3-37

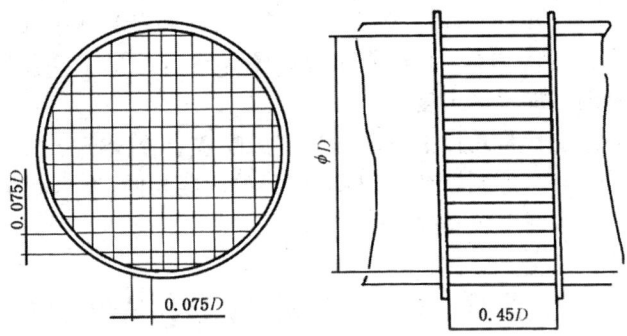

图 3-38

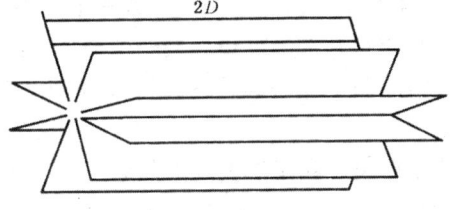

图 3-39

$l_0=0, l_1 \geqslant 30D$）。

⑥对于天然气需经过滤后才能进行计量的计量回路，过滤器宜设置于分离器后和调压阀之前，无调压阀时设置于管汇前；无管汇的，其过滤器安装于距孔板上游入口端面 $30D$ 处为宜，推荐采用对称性过滤器。

3）计量管路上下游截断阀选型和安装

（1）计量管路上下游截断阀宜选择全通径球阀，不宜选择改变天然气流动方向的截止阀或对天然气流动干扰较大的其他类型阀门，并且宜是带自检漏的高密封性阀门，操作时只许全开或全关。

（2）若因计量站或空间限制，必须在计量管路孔板上下游非特制的配接直管段上安装上下游截断阀时，上下游截断阀应采用同内径直通式带导流孔的平板闸阀或同内径直通式全球孔阀，安装时应保证阀门内径与管道内径接口处内壁错位台阶小于或等于管子产品允许的圆度或内径公差值（$\pm 1\%$），此种安装操作时阀门全开，可不视为阻力件，但安装和检查应特别小心，并要算术相加 $\pm 0.2\%$ 的附加不确定度。

（3）计量管路孔板上下游非特制的配接直管段部分的管子应精选管子的内径与特制管段（测量管）的内径相同，型号规格符合设计，直度和圆度较高的管子。

第五节 用好孔板流量计确保流量计量的准确度

从经过历年来应用孔板流量计测量天然气流量的经验看，其测量的准确度一般都不太高。供用气双方总是抱怨天然气流量计量准确度太差，希望将其准确度提高到一个最理想的水平，然而总是事与愿违。为什么？本节就以孔板流量计的准确度为中心作些粗浅的介绍。

一、影响孔板流量计测量准确度的因素

1. 客观因素

客观上是因为流量的综合性、动态性，它测量的不确定度是由多个参数测量不确定度引起的,要降低其总测量不确定度就必须降低各个参数测量的不确度,因为参变量多了,降低总测量的不确定度就十分困难。首先是检测装置的受控和正确使用;其次是天然气介质理化参数的实时测量或理化性质的受控;再次工作参数测量,配套仪表正确选用、使用、维护和调校,再加上由于多参数测量结果进行流量计算和积算方法的复杂等种种困难,在现场往往无法严格按标准规定执行而不得不进行某种简化造成附加不确定度,等等。这些客观因素致使流量测量的准确度难以达到较高的水平。

1)实际流动状态难以达到标准要求

SY/T 6143—1996 标准明文规定孔板流量计适用于亚音速的、稳定的或随时间缓慢变化的单相牛顿流体。几乎是定常流状态,并且规定了一个最小的管道雷诺数限值,特别指出不适用于脉动流的流量测量。但是在现场使用中,实际流动状态根本达不到这种理想的实验室的参比条件要求,由于气井产水,压缩机的增压,用户不均匀用气,输气管道中未设置集液器,凝液在管道低处聚集的不均匀流动,调压阀性能不稳,阀心弹动,分离器放液阀的开关等许多因素产生的压力波动干扰,致使计量管道中的流量不但随用户有负荷快上快下,而且脉动也不可避免,从流量记录卡片上看,主要是差压值的波动,波动的情况非常复杂,总括起来可分为两类:一类是均匀波动;另一类是非均匀波动。均匀波动是天然气流量基本稳定,围绕一条基本固定的曲线划出一条宽带子的墨迹,它一般在单井产水的气井和单井增压气井的单井计量上发生;非均匀波动情况比均匀波动的情况更为复杂,它伴随有用户负荷的非均匀性的急上急下,差压记录线的形状是各式各样的墨迹带。波动的频率一般每分钟几次到几百次,波动的幅度在记录卡片上反映出来几格到几十格,严重时到 100 格以上,整张卡片涂满墨迹。

管道中气体流动的脉动起因于流动气体的流速和压力发生突然变化,由于它在天然气计量现场实际运用中经常存在,又严重地影响天然气流量计量准确度,国内外对脉动流的机理和测量方法的研究,付出了巨大的努力,其研究文献也经常可以看到,但到目前为止还未找到一种较准确测量脉动流流量的可靠方法。一般还是采用孔板流量计(或其他差压式流量计)或涡轮流量计测量脉动流的流量,但不够准确,要增大流量测量的误差,一般要大20%~30%。严重时达100%以上,主要有以下3个因素引起。

(1)差压平均值计算的错误是最主要、最常遇到的测量误差,这是由于不合理地计算脉动差压平均值而引起的。当以脉动波动的平均差压的方根值代替各瞬时差压方根的平均值时就会产生这样的误差,均方根误差总是使视在流量(指示或记录计算流量)大于实际的真实流量值。孔板流量计是一种瞬时流量计,对于温度、静压和差压有波动和脉动的情况下,计算瞬时流量值所取时间间隔越短越接近真实流量值。用机械式热工仪表,人工求积计算不可能办到,甚至电动单元组合仪表温压补偿,由于是模拟量计算,准确度和计算积算速度也跟不上,而利用高频响应电动变送器加配电器和在线气分析仪表,A/D模数转换板配工业控制计算机就可以完全跟踪在线实时检测计算和积计流量值,即本书上面介绍的第5种最先进的测量计算积算方法,它能实现实时全补偿计算流量值,用以克服这种计算上的错误。

(2)惯性作用是造成测量误差的第二个来源。惯性一方面影响流态的瞬间变化引起的流出系数 C 的改变和其他有关参数的改变,另一方面在瞬时差压平方根值平均时产生一个附加的推导误差。

(3)由于波动和脉动造成气流流态的不稳定流动流出系数 C 值和相关参数的改变,将会产生一个正或负的附加误差,这个附加误差的值可能大于方根平均值的误差。

2)孔板节流装置偏离标准的影响

孔板流量计的流出系数 C 是在上游直管段充分长的实验室的参比条件下,一次装置(孔板节流装置)在满足规定的技术指标下进行校准标定的,应做到几何尺寸相似和流体力学相似,才具有其计量的特性曲线(如图2-11所示那样)。也就是说气流流动在孔板前 $1D$ 处必须达到轴对称、平行、无旋转和斜向流的充分发展的紊流速度剖面,如图3-40虚线所示那样。当速度剖面较充分发展的速度剖面尖时,流出系数 C 要变大(比标准计算值大),孔板产生的差压就小,流量示值就偏低,如图 3-35(a)前沿实线所示那样;当速度剖面较充分发展的速度剖面平时,流出系数 C 就要变小(比标准计算值小),孔板产生的差压值就大,流量示值就偏大,如图 3-35(b)前沿实线所示那样。

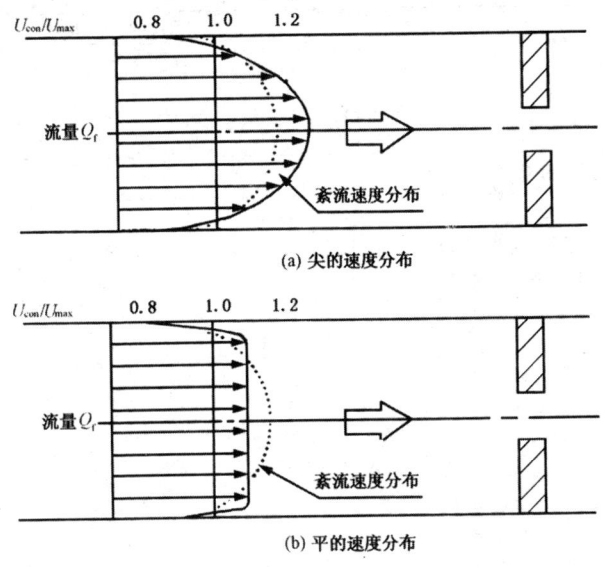

图 3-40 紊流速度分布剖面的速度分析

当孔板前后的直管段长度根据孔板前阻力件形式和 β 比值所配的直管段长度未达到标准要求时,当孔板和孔板夹持器偏离标准规定的技术条件时,特别是孔板尖锐度和测量管内壁粗糙度达不到标准要求时,都会引起气流流态的畸变而使流出系数 C 值改变。各种因素引起流出系数 C 值的变化是无方向性的,这诸多的影响因素往往与管道雷诺数 Re_D 的大小有关,所以它是一个很复杂的问题,它需要大量的实验研究工作。最好的解决办法是设计、加工、安装和使用符合标准。

国内外流量测量工作者们对偏离标准要求的孔板流量计进行

了大量的研究,所发现的变化趋向情况如表 3-18 所示。虽然在许多资料上可以查到修正系数的解决办法,但是要增加一个较大的流量测量附加误差。孔板流量计测量流量的准确度本来就有限,采用偏离标准规定的修正而加大测量误差的办法并不可取。

表 3-18　一次装置常见偏离标准的情况及其影响

不符合"标准"的情况	$\dfrac{\text{指示流量值} - \text{标准值}}{\text{标准值}} \times 100\%$
1. 孔板入口边缘不尖锐	<0
2. 孔板太厚	>0
3. 孔板开孔圆筒形部分长度太大	<0
4. 角接取压位置不当:	
(1) 上游取压孔离孔板前端面太远	<0
(2) 下游取压孔离孔板后端太远	>0
5. 孔板端面和开孔圆筒受污染	<0
6. 孔板弯曲	不确定
7. 孔板上游,在不同局部阻力件情况下,直管段长度不够:	
(1) 同平面内 90 弯头 $l_1 > 3D$	>0
(2) 小变大异径管 $l < (1 \sim 2)D$	<0
(3) 小变大异径管 $l_1 > (1 \sim 2)D$	>0
(4) 小变大异径管 $l_1 < 5D$	>0
(5) 小变大异径管 $l_1 > 5D$	<0
(6) 空间弯头 β 较小时	<0
(7) 空间弯头 β 较大时	>0
(8) 孔板上游侧直管段直径突变	不确定
(9) 环室或夹紧环内径不符规定	不确定
(10) 孔板安装偏心率不符规定	不确定

英国和德国对不符合标准要求作过大量的试验,并都编制了各自的不符合标准要求的修正方法和附加误差的参考文献。例如英英国家标准 BS 1042 第三部分对圆管流测量在不符合标准要求时按:结构不符合标准;靠近取压装置的配管几何尺寸不符合标准;直管段不符合标准;操作使用不符合标准;管子粗糙度不符合

标准进行了分类总结,只供使用者参考。不符合标准所产生的附加误差如表3-19所示,它是根据国内外一些实验资料整理而得的,这些资料较旧,只作了解情况用。

表3-19 一次装置不符合标准时所产生的附加误差

一次装置的影响因素	节流件(及)取压方式	β	附加误差的数量级 $\dfrac{指示值-标准值}{标准值}\times 100\%$
上游侧入口边缘的圆弧半径	锐孔板		$-450\times\dfrac{直角入口圆弧半径}{孔板锐孔直径}\%$
孔板开孔圆筒形部分长度太大	适用于锐孔的角接、径距和缩流取压	0.2	当圆筒部分长度大一倍时其值为-1%
孔板厚度太厚	角接取压 锐孔板	<0.7	当孔板厚度大一倍时,其误差小于+1%
取压位置	角接取压 锐孔板	<0.67	如果取压位置离角接处距离为0.05D 其误差为-0.1%;如果取压位置离角接处距离为0.5D 其误差为-1.2%
取压位置	径距取压 锐孔板	<0.7	如果下游取压位置偏大为0.1D,则其误差为-1%;如果下游取压位置偏小为0.1D,则其误差为+1%
取压孔径过大	法兰取压 锐孔板		其误差为正
取压孔有毛刺	所有取压装置		误差从-30%~30%
夹紧环、环室直径尺寸太小	角接取压 锐孔板	0.7	以偏差为10%时,其误差为-2%~5%
环室和法兰之间的垫片太小或偏心	锐孔板		-60%~+60%
孔板安装偏心	锐孔板	0.8	如果偏心率超0.015D,最大值小于5%,其误差为-1%~+1%
孔板上游侧端面粗糙度	锐孔板	0.5	粗糙度增加,出现负误差对于水介质中使用的Re_D=20000和$\dfrac{d}{平面度}$=80,误差为-3%;对于水介质中使用的,Re_D=200,000和$\dfrac{d}{平面度}$=620,误差为-2%。

续表

一次装置的影响因素		节流件(及)取压方式	β	附加误差的数量级 $\dfrac{\text{指示值}-\text{标准值}}{\text{标准值}}\times 100\%$
孔板弯曲		锐孔板		误差无法估计
上游侧直管段太短影响	a. 单个弯头	对于所有节流件的所有取压方式		误差随直管段长度和取压平面而变化
	b. 在同一平面上有两个弯头	角接取压 锐孔板	0.55	如果直管段长度小于 $4D$，其误差小于 $+0.5\%$
			0.75	如果直管段长度小于 $4D$，其误差小于 $+3\%$
	c. 互为直角的三个空间弯头		<0.75	如果直管段长度大于 $4D$，其误差小于 -5%
	d. 全开球型截止阀	角接取压 锐孔板	0.55	如果直管段长度大于 $4D$，其误差小于 $+1.5\%$
			0.75	如果直管段长度大于 $8D$，其误差小于 $+5\%$
		法兰取压和径距取压锐孔板	0.75	如果直管段长度大于 $6D$，其误差小于 $+2\%$
	e. 异径管(小→大) $0.5\sim D$ 长度 $1.8D$	角接取压 锐孔板	0.40	如果根本没有直管段，其误差为 -10%
			0.70	如果其直管段为零，其误差为 -50%
	f. 异径管(大→小) $1.25D\to D$ 长度为 D	角接取压 锐孔板	0.40	如果其直管段为零，其误差为 $-0.5\%\sim +0.5\%$
			0.70	如果其直管段为零，其误差为 $+2\%$
	g. 温度计插孔	锐孔板		如果温度计套管直径大于 $0.04D$ 且直管段长小于 $15D$，其误差小于 -2%
	h. 测量管的内径变径(两种不同壁厚的管段对焊连接)	锐孔板		如果管径变化小于 20%，且直管段长大于 $7D$，则其误差可以忽略不计
下游侧直管段太短的影响	a. 单个弯头	角接取压 锐孔板		其误差随取压的平面而变化
	b. 同一平面上有两个弯头	角接取压 锐孔板	0.55	如果直管段长大于 $1D$，其误差为小于 -2%
			0.75	如果直管段长大于 $1D$，其误差小于 -3%

续表

一次装置的影响因素		节流件(及)取压方式	β	附加误差的数量级 $\dfrac{指示值-标准值}{标准值}\times 100\%$
下游侧直管段太短的影响	c. 互成直角的三个空间弯头	角接取压锐孔板	0.55	如果直管段长大于1D,其误差小于-2%
			0.75	如果直管段长大于1D,其误差小于-2.5%
	d. 全开型球形截止阀	角接取压锐孔板	0.55	如果直管段长大于1D,其误差小于-0.5%
			0.75	如果直管段长大于1D,其误差小于-1%
取压装置和下游的缩径管间直管段为零($D\to 0.5D$)长度1D		角接取压锐孔板	<0.4	其误差为+1%
			0.7	其误差为-1%
非标准粗糙度管径D的测量误差(其后面的数据是粗糙度为6mm)		锐孔板	0.74	如果管径D为1.05D,其误差大于-4%
		任何取压方式的锐孔板	<0.3	其误差忽略不计
		角接取压锐孔板(对于其他的取压方式而言,其误差的数值几乎很小)	0.5	如果管径为75mm,则误差为-9%
			0.7	如果管径为75mm,则误差为-40%
			0.5	如果管径为50mm,则误差为-2%
			0.70	如果管径为300mm,上游侧5D管长,管内表面经清管处理,其误差为-1%;如果上游侧7D管长,管内表面经清管处理,其误差为-0.5%;如果上游侧15D管长,管内表面经清管处理,其误差可以忽略不计
				如果管径为75mm,上游侧5D管长,管内表面经清管处理,其误差为-20%;如果上游侧15D管长,管内表面经清管处理,其误差为-1%;如果上游侧30D管长,管内表面经清管处理,其误差可忽略不计

续表

一次装置的影响因素		节流件(及)取压方式	β	附加误差的数量级 $\dfrac{\text{指示值}-\text{标准值}}{\text{标准值}}\times 100\%$
操作运行的影响	外来杂质堆积在取压孔里	所有节流装置		正误差,对于高β比,其误差数值要变大
	外来杂质沉积在孔板上游侧端面上	任何取压方式的锐孔板		负误差,对于高β比,其误差数值要变大
	脉动流	任何节流装置		一般是出现正误差,而且其误差值是相当可观的
测量管雷诺数太低		法兰或缩流取压锐孔板	0.3	在Re_D为1000时,其误差为-7.5%;在Re_D为250时,其误差达-17%
			0.6	在Re_D为1000时,其误差为-19%;在Re_D为250时,其误差达-26%
		角接和径距取压锐孔板	0.3	在Re_D为1000时,其误差为-2.5%;在Re_D为100时,其误差达-14%
			0.6	在Re_D为1000时,其误差为-20%;在Re_D为100时,其误差达-25%

从表3-19所介绍的这些不符合标准要求的影响实验资料看出,孔板节流装置按标准要求设计、制造、安装、检验和使用的重要性,并且不满足标准要求产生的附加误差也是粗略的估算值。所涉及的每一个变量影响因素只按它出现一次考虑,而确认它出现一次以上者,则存在着相关性问题,这将会导致附加误差的增大或减小。对于这一情况,一般不能预计,应当注意正附加误差出现会使流量示值比标准流量实际值高,当出现负附加误差时会导致流量示值比标准流量实际值低。也就是说正附加误差是因实际流出系数C值降低而产生流量示值偏大;负附加误差是因实际流出系

数 C 值上升而产生流量示值偏小。

这些实验资料并非完整无缺。各个实验由于所控制的实验条件略有不同,其实验所得资料也无法相互进行比较,有时候相差还比较大。例如在没有获得充分发展的速度剖面上,在不同径向方位上所测得的静压和差压就不同,因为不符合标准要求的情况是非常复杂的。

2．主观因素

主观因素有两个方面:第一方面是产生于计量管理的维护、操作和使用上的诸多问题;第二个方面是出现于计量的倾向性问题。

1)计量管理方面存在的主要问题

经大量的计量现场调查和历年来的经验表明,生产中出现的计量问题,主要是不按计量管理规程办事,管理不当所造成的。

(1)没有严格地按 SY/T 6143—1996 标准进行设计、制造和安装,主要表现在:

①选择计量管径过大,长期处于低雷诺数下运行;

②上下游直管段未按标准要求加工配套,管内径未实测,管内壁粗糙度高,而又不加修正;

③取压装置中的孔板密封垫片伸入管内,环室或夹紧孔板的法兰内径超出允许限度;

④孔板加工及安装不合符规定。

上述不符规定破坏了流动状态的正常充分发展,它们可能给计量结果造成 1%～±7%,甚至更高的附加误差。

(2)没有严格执行管理规程中所要求的维修和定期检验:

①节流装置没有定期地进行检查清洗,孔板夹持器严重污染。孔板上游端面污物堆积,使计量结果偏低,附加误差无法估计;

②孔板反装,可导致产生 15% 以上的负偏差;

③计量旁路管道阀门内漏,使计量值偏低;

④二次测量仪表使用和维护不当,造成测量参数的附加误差。

(3)系数计算、取值和积算方法不统一:

①计量中的修正系数如 F_Z 自行拟合,不按标准统一规定,导

致系数计算结果不尽一致。

②温度取点、流量卡片取值和积算,没有统一的规定和要求。

2)计量的倾向性问题

因为目前正处于由计划经济逐渐向市场经济发展,各企事业单位进行独立核算自负盈亏。所计量的天然气流体往往是原料、级源或产品,在某种意义上讲,其流量计量的多少直接影响到本单位和个人的经济利益。因此在流量各参数的测量和计算过程中有意或无意地渗进了人为因素,造成不同程度的倾向性计量;在校准、取值、计算向已方有利方面倾斜,这也无形中扩大了流量测量的不确定度。影响因素愈多,测量参数愈多,介质理化性质变化愈大,流量测量不确定度扩大的范围也就愈大。尤其是采用CWD-430双波纹管差压静压记录仪在差压低限范围(30~50格)内使用时,这种倾向性计量产生的附加误差是很大的。因此供用气双方的计量值之差往往超过按标准规定所估算的流量测量不确定度值而产生计量纠纷。

客观地讲,在采用孔板流量计测量天然气流量时,如果对孔板流量计的一次装置,孔板节流装置和二次仪表,差压、静压、温度、天然气物性参数计算器具等配套仪表选择、设计、安装合理,使用认真,严格按有关标准执行,在受控状态下使用时,其流量测量的准确度可控制在±2%～±5%范围内,稍差一点就会超过这一范围跳到±2%～±5%;再差一点超过±10%以上也是常有的事。

二、现场用孔板流量计的试验研究

上面所谈的是影响孔板流量计测量流量的诸多影响因素,从事计量工作的人们经常强调孔板流量计只要设计、加工、安装和使用符合标准,即做到几何尺寸和流体力学相似,便可按标准规定计算流量值,其流量测量的不确定度便可按标准规定的方法进行估算,其流量测量的不确定度不会超过这个估算的不确定度,不需要进行单独标定。正因为这一点是孔板流量计得到广泛应用的原因之一。然而现场中所用孔板流量计有几许完全符合标准规定的技术指标呢?谁也无法说清楚,只是一个想像的假设条件。就历年来的使用经验和调查研究表明现场用孔板流量计很少完全符合标准规定的设计、加工、安装、检验和使用的技术指标。

1. 孔板尖锐度实测研究

对于孔板节流装置，特别是孔板的各项技术要求，看起来简单，技术指标并不算高，但实际执行起来并不那么容易。为了了解我国孔板加工和使用水平，对孔板直角入口形貌进行了实测的调查研究。

孔板直角入口形貌是否符合标准规定，将直接影响到天然气流量测量的准确度。1988～1991年间作者用模铸法(有的用线切割法验证)实测了在 DN100 管道上用的由各专业生产孔板节流装置厂加工的 22 块新孔板，随机选择在现场使用中的 66 块在用孔板。国际标准 ISO 5167—1，国家标准 GB/T 2624—93，石油天然气行业标准 SY/T 6134—1996 以及美国标准 AGA NO3 报告对标准孔板直角入口均作了严格的技术规定：即无卷口、无毛边、无目测可见的异常现象，并且是尖锐的直角，若边缘形成圆弧，其圆弧半径 $r_k \leq 0.0004d$，孔板开孔内圆柱面应与孔板上游端面垂直，误差小于 $\pm 1°$，其粗糙度高度参数 $R_a \leq 10^{-4}d$，且不影响尖锐度测试。

根据实测资料数据与标准规定对比分析得知：无论是新加工孔板或是使用中的孔板，其直角入口形貌距标准规定的要求甚远，85% 以上的孔板满足不了孔板要求的技术指标。孔板直角入口形貌变化范围很宽，由畸形怪状的尖角到 $r_k = 0.073$mm 的圆弧(新加工孔板)和 $r_k = 0.198$mm(使用中的孔板)。最严重的一个侧点 $r_k = 0.3807$mm。由此将引起流量计量值偏低达 4.4%。尖角的形貌各式各样，卷口、毛边和撞擦伤肉眼可见，粗糙度亦有未达到不影响边缘尖锐度测试的要求。所制铸模片在放大 100 倍晶相显微镜下观察，照像测试，发现有凸凹不平的加工痕迹。

图 3-41 所示是上述情况的典型显微照片。(a)为新加工孔板直角入口边缘尖角形貌和孔板开孔圆筒形部分及上游表面有凸凹不平加工痕纹的情况。(b)为新加工孔板直角入口边缘圆弧半

径 $r_k=0.061$mm 的情况;(c)为使用 1 年半后模铸法实测的直角入口边缘圆弧半径 $r_k=0.131$mm 的情况;(d)为使用两年后直角入口边缘带有碰伤痕迹,且 r_k 大约为 0.381mm 的情况。

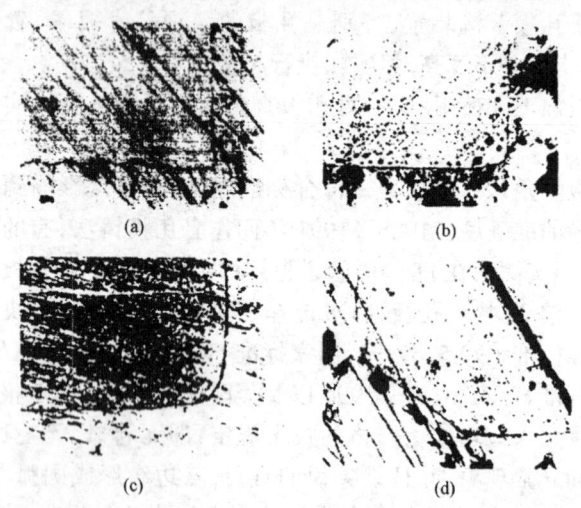

图 3-41 孔板直角入口尖锐度实测典型显微镜照片

对于孔板直角入口边缘的尖锐度 r_k 和测量管内壁绝对粗糙度 K 这两项技术指标在使用过程中最难得到保证,既使加工制造上保证了它们的技术要求,但是在使用过程中,由于天然气中含有微量硫化氢、水汽和粉尘等,且流速又高,对其磨蚀、粘污和撞擦伤等种种因素的存在,用不了多久就会偏离标准而产生流量指示值的偏低,尽管利用修正的方法可以进行修正,但这种示值的偏低不可能得到完全的修正,并且还会增大流量测量的不确定度。当要求高准确度测量时,必须完全符合标准要求的技术指标。

2. 旋风分离器、汇气管等特殊阻力件对孔板流量计流量计量的影响试验

由于现场多处反映旋风分离器引起天然气流量计量值偏低,最严重处偏低达 14%。然而按相应标准检查孔板节流装置在旋风分离器后的安装方式,其阻力件、孔径比 β 和直管段长度又是

符合标准要求的。为了摸清这种情况,1992—1996 年,四川石油管理局勘察设计研究院与川东开发公司合作,在大竹站建设了一套旋风分离器、汇气管等特殊阻力件对天然气流量测量影响的现场试验装置,对孔板流量计在现场使用中发现的一些问题进行了试验研究,诸如温度计安装于孔板上游和下游规定位置上所测温度差。从不同目的出发对现场用 5 套节流装置进行了试验,取得 20 组,188 个有效数据点,将这 5 套流量计测量值与比对用标准流量计实际标定的真值比较,90% 以上数据点流量值偏低 1%～8.3%。

当然也有不到 10% 的数据点与标定的真值吻合或略高于真值。

3. 孔板节流装置实际标定结果分析

国内外现场进行流量测量试验或动态实流标定的通行方法,是用标准流量计(或称次级标准)在标准计量装置(或称一级标准)上实标后串联于现场用工作计量装置的管道上。在大竹站的试验出采用了这种方法。

将一套 DN100 的由专业生产厂制造的孔板节流装置(带孔板前加工的 $10D$,孔板后加工的 $8D$ 直管段),组装后送原机械工业部重庆工业自动化仪表研究所进行标定,标定后整体运至现场安装。标定数据如表 3-20 所示。

C_1 为实际标定的流出系数,C_0 为用 GB/T 2624—93 所列 Stolz 公式计算出的流出系数标准值(SY/T 6143—1996 与此同)。两者比较,标准中所列 Stolz 公式计算出的标准值偏低,且低雷诺数下偏低更甚,在所标定的雷诺数范围内偏低 1.6%～3.73%。

由这些标定的数据可以看出,采用孔板流量计测量天然气流量时,应力求使用在高管道雷诺数 $Re_D = 1.6 \times 10^5$ 以上最好。

4. 孔板流量计国外研究情况

虽然孔板流量计在国内外都已标准化,但也都知道在设计、制造、安装和使用中很难达到标准的各项技术要求,造成测量结果与孔板流量计流量测量估算的不确定度有较大的差别。因此,从事

表 3-20 大竹站计量试验标准节流装置检定数据

装置名称:环室取压节流装置　装置型号:HKJ100-100　装置编号:081
检定条件:$D=92.16$mm　$d=47.981$mm　$p_a=98.64$kPa　室温:28.4℃
检定时间:1995 年 7 月 4 日
检定单位:原机械工业部重庆工业自动化仪表研究所

N	Q,m³/h	t,℃	u,m/s	Δp,Pa	Re_D	α	β	C_1	C_0	ΔC,%
1	57.20585	24.3	2.3821	94441.5	187836	0.63935	0.52065	0.61545	0.60485	+1.75
2	57.22465	24.3	2.3829	94608.7	187898	0.63895	0.52065	0.61505	0.60485	+1.69
3	57.19765	24.3	2.3817	94587.3	187810	0.63875	0.52065	0.61485	0.60485	+1.65
4	50.2165	24.3	2.0908	72873.8	164870	0.63885	0.52065	0.61495	0.60505	+1.64
5	50.21045	24.3	2.0908	72833.5	164867	0.63895	0.52065	0.61505	0.60505	+1.65
6	50.19565	24.3	2.0902	72864.3	164816	0.63865	0.52065	0.61475	0.60505	+1.60
7	41.49225	24.3	1.7277	49721.6	136240	0.63905	0.52065	0.61515	0.60535	+1.62
8	41.46855	24.3	1.7267	49633.4	136162	0.63925	0.52065	0.61535	0.60535	+1.65
9	41.47385	24.3	1.7270	49667.2	136180	0.63915	0.52065	0.61525	0.60535	+1.64
10	35.49675	24.3	1.4781	36225.1	116554	0.64055	0.52065	0.61655	0.60565	+1.80
11	35.50235	24.3	1.4783	36227.3	116572	0.64065	0.52065	0.61665	0.60565	+1.82
12	35.50045	24.3	1.4782	36200.3	116566	0.64085	0.52065	0.61685	0.60565	+1.85

续表

N	Q, m³/h	t, ℃	u, m/s	Δp, Pa	Re_D	α	β	C_1	C_0	ΔC, %
13	28.96265	24.3	1.2060	23958.6	95099.3	0.64265	0.52065	0.61855	0.60615	+2.05
14	28.96625	24.3	1.2061	23955.1	95111.1	0.64275	0.52065	0.61865	0.60615	+2.06
15	28.96065	24.3	1.2059	23978.7	95092.8	0.64235	0.52065	0.61825	0.60615	+2.00
16	25.01045	24.3	1.0414	17806.3	82122.3	0.64375	0.52065	0.61965	0.60655	+2.16
17	25.08345	24.3	1.0445	17723.4	82362.1	0.64705	0.52065	0.62285	0.60655	+2.69
18	25.00425	24.3	1.0412	17789.2	82102.1	0.64385	0.52065	0.61975	0.60655	+2.18
19	19.43175	24.3	0.80915	10550.0	63804.6	0.64975	0.52065	0.62545	0.60725	+3.00
20	19.43055	24.3	0.80915	10629.4	63800.7	0.64725	0.52065	0.62305	0.60725	+2.60
21	19.44205	24.3	0.80955	10595.7	63838.2	0.64865	0.52065	0.62435	0.60725	+2.82
22	13.08285	24.3	0.54475	4721.52	42957.7	0.65395	0.52065	0.62935	0.60885	+3.37
23	13.08115	24.3	0.54475	4687.51	42952.3	0.65615	0.52065	0.63155	0.60885	+3.73
24	13.07925	24.3	0.54465	4723.15	42945.9	0.65365	0.52065	0.62915	0.60885	+3.33

注：$\Delta C = (C_1 - C_0)/C_0 \times 100\%$

于孔板流量计运用和研究的人们进行了许多的试验。表 3-19 所示是欧洲一些流量实验室所作的试验数据。对于小孔径孔板,孔板直角入口边缘 r_k 只要稍微偏离标准规定,流出系数 C 值将高出标准计算值 $1\%\sim1.5\%$。

前苏联对孔板制造和使用也进行了大量的研究,并绘制了随使用时间而变化的曲线,拟合了一个公式。这是因为孔板直角入口形貌技术要求比较严格,这给制造者加大了难度,又给使用者带来了许多麻烦。然而孔板入口形貌是否符合标准要求,对流量测量值偏低的影响又最敏感。加上孔板直角入口处正是天然气流体收缩最厉害、流速最高、首当其冲受磨蚀、受损伤处,既使加工后符合标准要求的入口形貌,使用一段时间后也会偏离标准。据其资料介绍,对于小孔径孔板,入口边缘只要有轻微的磨圆也会引起流量测量值 5% 的负偏差,严重磨蚀和中等沾污的孔板会引起 12% 的负偏差。

英国煤气学会出版物 927 介绍,孔板前的流体流动务必避免涡流和脉动流,并指出流体流动中出现涡流会产生大的测量误差,强涡流会使流量示值偏低 30%。从实际试验中证实,在孔板上游 $40D$ 的直管段处产生涡流,会使流量示值偏低 9%,并且,涡流本身是很稳固的,即使在长达 $100D$ 的下游处还存在有需消除的涡流。

美国雪夫龙公司天然气流量计量现场标定试验,经多年研究,证实当孔板节流装置偏离标准规定时,90% 以上因素是使流量测量值偏低,偏低的大小视偏离标准规定的程度而定。

三、确保孔板流量计流量测量准确度的措施

上面介绍了影响孔板流量计测量准确度的各种主观、客观因素而致使孔板流量计测量天然气流量达不到人们所要求的较高的准确度水平。表 3-15 所示的最高(A 级)准确度(即计量结果)为 $\pm1.0\%$,表 3-16 所示是为了达到 A 级计量准确度而要配套齐所有参数测量的仪表及其准确度要求。这是国际法制计量组织(OIML)制定的一个标准建议书所规定的。这些情况与现场用孔

板流量计的试验研究结果基本吻合。无论是国外或国内的现场使用调查和试验研究以及使用经验所反映的情况,都是基本相同的结论。要确保孔板流量计测量天然气流量的准确度,首先应做到孔板流量计设计、加工、制造、安装和使用等各个工序环节经过严格认真的检验,认定达到标准要求,并且要配套合理、齐备的仪器仪表和加强计量管理,提倡职业道德,公正无私地进行仪器仪表的检验,流量值的计算和取值等方面的工作。

1. 孔板节流装置必须符合标准

利用孔板流量计测量天然气流量要想获得可靠的、较高的准确度,必须按照 SY/T 6143—1996 标准规定的各项技术指标严格把好孔板节流装置的设计、加工制造、安装和检验以及使用中的质量关,特别是孔板直角入口边缘尖锐度和测量管内壁粗糙度的加工和检测;另外,孔板前后直管段长度的保证,直管段圆度、台阶以及孔板(和环室或夹紧环,如果为角接取压的话)与测量管同轴度的保证。只有孔板节流装置各项技术指标符合标准要求后,使用它测量天然气流量才是可靠的、科学的,其流量测量的不确定度才不致于超过标准规定的估算范围。为了保证孔板节流装置符合标准,必须首先做到加工制造符合标准的,由此应做好以下工作:

(1)孔板节流装置是作为计量器具在企业内部和企事业之间计量天然气流量使用的,按计量法规定应纳入强制检定。因此在企业的标准规程规范中明确规定,无论是在企业内部结算或销售计量中,孔板节流装置必须具有以下条件:

①孔板节流装置的生产厂应是具有政府计量部门授予生产孔板节流装置证书的专业生产厂或企业内部的定点生产厂。其产品应是生产证书有效期以内生产的。

②孔板节流装置应有标准规定的铭牌和随机文件。孔板应由生产单位专门指定技术熟练的孔板加工者加工孔板。

③指定专门的精密车床,且必须按照严格的操作程序和加工方法对孔板进行精加工。

(2)生产出的孔板节流装置(或单块孔板)在交付用户使用前

必须进行严格的出厂检验。

①按照SY/T 6143—1996标准相应条款技术规定的一般几何尺寸的检验。

②特殊几何尺寸的检验:孔板直角入口边缘尖锐度和测量管内壁粗糙度以及同轴度的检验,以保证交付用户使用的孔板节流装置(或孔板)是完全符合标准规定的产品。

孔板节流装置(或孔板)的具体检验方法详见中华人民共和国国家计量检定规程JJG 640—94《差压式流量计》。

(3)在孔板节流装置使用前的安装中应按安装设计,根据孔板前阻力件形式配接足够长度要求的配接直管段,配接直管段的内径应与测量管内径一致,严格控制其台阶值,台阶值应满足SY/T 6143—1996标准相应条款的技术要求。使用中应定期清洗装置,检查孔板和测量管,如发现它们偏离标准规定的技术指标,应予以更换新孔板或新测量管,确保流量测量的准确度。

(4)为了保证孔板节流装置满足标准规定的技术要求,应不断提高孔板节流装置生产厂的人员素质和加工设备的精度,提高质量意识,抓好加工制造过程中的各个环节的质量保证措施,使生产出的产品达到最佳质量受控状态。

2. 气流中存在脉动流的流量测量改善措施

天然气从地层中采出来,经过节流、分离、净化等工艺措施,一般地讲,能达到均匀单相的牛顿流体。亚音速、雷诺数范围、流束平行、对称、充分发展和无旋转流的技术要求,一般也可以通过与工艺设计密切配合进行孔板流量计选型和安装设计得到保障,用户负荷的急升急降也可以与用户协商建立储气库进行调峰,确保较稳定的流动而获得准确测量。然而在实际的天然气计量站由于许多原因促使气流脉动,对于这种脉动的流量准确测量问题,目前国内外都尚未解决。用孔板流量计测量有脉动流存在的天然气流量会带来难以估计的附加误差,是众所周知的,而目前也只能采取以下一些改善措施。

(1)利用缓冲装置衰减脉动

缓冲装置是使脉动产生阻尼作用,据文献报导,美国天然气管道公司使用美国西南科学研究院研制的诺谟图设计了三种减振器,如图3-42,图3-43,图3-44所示那样。图3-43的这种对称的减振器系统由两个缓冲罐和一根阻尼管连接而成。三者完全相同。设计这种系统是为了滤掉截止频率以上的频率。截止频率应低于允许存在于气流中的最小频率。图3-42和图3-44的长度和直径是由试验与使用诺谟图的误差确定。将脉动引进容器中来,对消除力不平衡是有利的,把阻尼管或出口置于容器1/4长度上,可以消除气流中产生的部分谐波。设计减振器不但要进行计算,更重要的是应对系统进行研究。

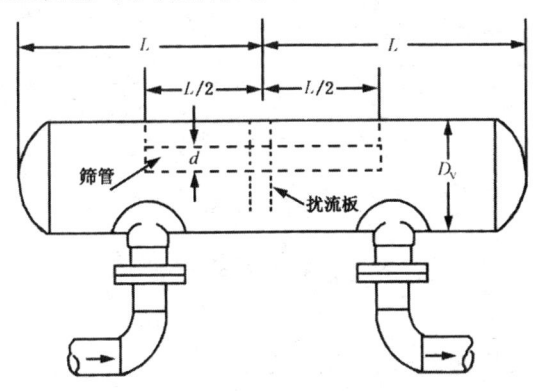

图3-42 筛管扰流板减振器

这3种形式的减振器经过试验,证明对消除脉动引起的严重测量误差很有效果。减振器基本上是由筛管和缓冲罐组成,而不是由单一的限流件组成。因此在气流系统中产生的附加压力降很小,可以忽略不计。

(2)利用限流器衰减脉动

经试验把节流阀或限流器装在脉动源和计量装置之间是减小脉动的有效方法,但是这种方法产生的压力降过大因而不经济,除非条件许可,否则不宜采用。

(3)选用计量管道内径缩小的缩管测量方法使 β 比值和差压

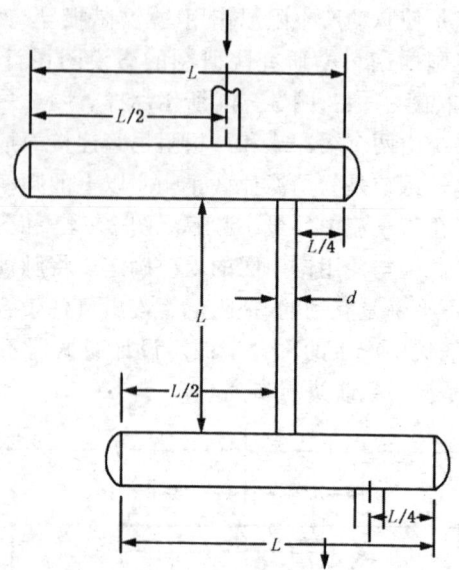

图 3-43 阻尼管减振器

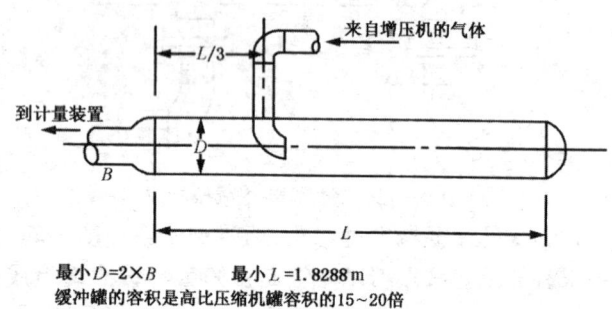

最小 $D=2\times B$ 最小 $L=1.8288\text{m}$
缓冲罐的容积是高比压缩机罐容积的15~20倍

图 3-44 缓冲罐式减振器

Δp 值都在比较高的高管道雷诺数范围内进行测量。

(4)考虑采用短引压管线,尽量减少引压管线系统中的阻力条件,并使上、下游管线长度相等,以便减少系统中产生的谐振和压力脉动振幅的增加,避免差压假象。

为了控制引压管中脉动增加,可把减震器放在引压管线之中,但为了防止错误的差压测量,在选择使用它们时应该特别小心,这种解决办法看来是有效的,但不能消除孔板节流装置由于脉动产生的误差。

(5)使用电子计算机和能检测脉动频率的(6～100周/s)高速固定电路的差压、静压变送器进行测量计算,就可以将脉动的流量直接输进电子计算机以消除更多的一般的方根平均误差,但是,安装一台能将高频模拟信号转换为数字信号的电子计算机系统在线实时计算流量值费用较高,要求不停电源,操作人员素质也要求较高,且又缺乏使用经验,阻碍了它的推广和运用。随着电子技术的发展,成本的降低,这种方法是一种有很大发展前途的方法,将是孔板流量计主要的测量计算和积算方法。

(6)从管线中除去游离液体。由管线中的积液引起的脉动可以采用自动清管系统或在低处安装分液器来处理,跳动的调节阀应该适当地更换或调整指挥阀的开度。为了确定在一个准确时间内的差压,如果用CW—430双波纹管差压静压记录仪,可安装快速旋转钟表作为一种辅助手段,这样可能对积分具有脉动类型的卡片是有利的。一般地说,如果存在不稳定的脉动流,钟表愈快,测量计算积算愈准确。

(7)尽量将孔板节流装置安装于远离脉动源的有利位置,如有增压机,尽量在吸入管道上安装,减小或避开脉动的影响。

四川石油管理局川南气矿对气流脉动机理进行了认真研究,并在现场参照上述办法进行了试验。经试验研究认为,控制孔板节流装置下游阀适当节流是衰减差压脉动的最佳方法。控制下游阀开度达到最佳点,衰减差压脉动可达94.7%。下游阀开度可用阀位指示器示出,不但衰减差压脉动的效果好,而且方便灵活。

3.加强计量管理、建立健全各项规章制度

加强计量管理,建立健全各项规章制度,提倡大公无私的职业道德,无条件履行中华人民共和国计量法,是确保孔板流量计测量天然气流量准确度的关键。因此,应采取以下几项基本措施:

(1)严格贯彻执行SY/T 6143—1996标准,按该标准的技术规定进行设计、加工、制造、检验和安装,确保一次装置完全符合标准规定的技术要求。因此必须尽快制订"天然气流量测量用孔板节流装置加工制造和安装"标准,统一一次装置加工制造和安装要求。

(2)尽快制订"天然气测量系统技术要求"标准,统一孔板流量计测量计算积算系统按照不同规模规定的测量系统配置仪表、计算积算方法,从设计开始,经施工、验收、投产、操作和维护都按统一的技术要求执行。使贸易计量的天然气流量测量、计算积算方法、数学模型 流量计算程序软件都在严格的技术要求控制中。抓好全面质量管理才能确保流量测量的不确定度达到系统估算的不确定度水平。

(3)严格按照 SY/T 6143—1996 标准编制"流量计算值的检验标准程序",对各种不同的计算积算方法计算积算出的流量值进行严格的检验。按照"天然气测量系统技术要求"所配置的仪器仪表系统,进行流量测量不确定度评估,其测量系统总的流量测量不确定度应不超过最大的允许误差。

(4)完善计量管理制度,尽快制订一个切合实际需要的孔板流量计操作使用和管理规程与 SY/T 6143—1996 标准配套,其内容包括:

①建立健全各级计量管理责任制度;
②建立健全标准计量器具周期送检和维护制度;
③建立健全工作仪表检验、调校和维修制度;
④建立健全计量设备和计量仪表的资料档案管理制度。

在认真贯彻执行 SY/T 6143—1996 标准及其有关的计量标准的同时,应有各项计量管理规程和管理制度与之配套。只有严格地贯彻执行标准和配套的科学管理,才能保证孔板流量计测量系统的仪器仪表可靠地运行,在周检时间间隔里不丧失其准确度,也只有孔板流量计测量系统中所用的单体仪表保持其应有的准确度,才能获得满意的流量测量的准确度。

4. 量值溯源是确保天然气流量计量准确度的可靠措施

孔板流量计作为测量天然气流量的计量装置,要确保其准确度必须进行量值溯源,其溯源方式可以是单参数量值溯源(例如长度、压力、温度、时间、质量和气分析等),也可以是单参数量值和天然气流量量值的双重溯源。无论采用哪种溯源方式,都是使工作量器与国家基准量器之间建立起有效的系统的溯源链,定期向国家基准溯源,以保证天然气流量量值的准确和统一。溯源和量传都是为了校准工作计量器具,自下而上称为溯源,自上而下称为量传。

1)孔板流量计单参数溯源的基础

当孔板流量计的一次装置设计、制造、安装、检验和使用完全符合 SY/T 6143—1996 标准 1~7 章的全部技术要求,才能达到几何相似和流体力学相似,也才称得上标准孔板节流装置,这时才可以不单独标定而直接用该标准第 8 章提供的天然气流量计算方法计算流量值,其流量测量不确定度也才能不超过该标准第 9 章提供的不确定度估算值。在此基础上,节流装置部分可以用长度标准量器进行几何尺寸干检;差压、静压可以用压力标准量器进行检验;温度、时间、质量或气分析等也可以用各自的标准量器或标准样气进行检验。分别将工作量器与国家基准建立起溯源链。只要节流装置和流体流动中有一项不符合该标准技术要求,即为非标准节流装置,对于非标准节流装置要确定流出系数,进而计算流量值,就需要用标准流量计进行动态实流标定,建立起天然气流量用工作量器与国家天然气流量标准(或基准)装置的量值溯源链。

2)确保孔板流量计准确度的途径

孔板流量计虽说是按标准规定设计、制造、安装、检验和使用,只要做到一次装置几何相似和流体流动的力学相似便可以不单独标定。但是,国内外流量工作者们对制造出和使用中许多孔板节流装置进行过调查研究,真正完全符合标准要求的甚少。其几何相似中的孔板直角入口边缘形貌就难达到标准要求,既使制造出的孔板达到了标准所述指标,使用中就保证不了,使用较短时间(3~5 个月)便可能偏离标准;流体流动的力学相似中,明确规定孔板流量计不适用于脉动流,而现场使用中绝对多数计量管路有脉动流存在;再加上孔板流量计的量程比很窄,一般只有1:3,最大不超过1:4。由于这诸多的技术因素和实际情况,致使孔板流量计测量的准确度不高。

随着电子工业的迅猛发展,电子计算机的出现,智能变送器研制成功和应用,天然气流量一级标准(基准)装置的建立,孔板流量计得到了新的发展生机。

(1)用智能变送器,可换孔板座(或称孔板阀),解决了流量量程比窄的问题。

(2)用智能变送器配电子计算机在线检测和计算流量值,可大大降低流态脉动(或波动)引起的流量测量附加误差。

(3)建立天然气流量测量系统量值与国家天然气流量一级标准(基准)装置量值的溯源链、定期溯源,以保证流量测量系统流量值的准确和统一。

3)天然气流量测量系统的量值溯源

在天然气计量站设计时,就应该根据不同规模测量系统的准确度要求,考虑如何向国家一级标准(基准)装置的溯源问题。对于天然气流量测量系统的准确度要求高于或等于±1%者,只采用单参数量值溯源链是不够的,必须采用标准流量计(或装置),作为溯源(或量传)媒介(或称次级标准),建立起与国家天然气流量一级标准(基准)装置流量值的溯源链。定期通过次级标准向国家一级标准(基准)进行天然气流量测量系统流量值的溯源。

值得说明的是,天然气流量测量系统流量值的溯源绝不能替代测量系统单参数的溯源,它只弥补或克服测量系统在设计、制造、安装、检验和使用中,装置和流态难于达到标准要求的影响,确保流量测量的准确度,单参数的溯源是必不可少的。孔板节流装置和配套仪表,必须是持有有效生产证书的专业生产厂生产,经过检验合格,带有 CMC 标志和齐全的随机文件。测量系统设计安装好后,要进行详细的检查验收,节流装置部分要进行几何尺寸检验,配套仪表应进行单独检验。单参数检验校准合格后,要进行测量系统的统调、标定校准,资料核对,试运行,计量认证。这一切程序通过后方能正式投入运行。

对于一个用孔板流量计测量天然气流量的测量系统,当准确度要求为 A 级时,不但要建立健全单参数的量值溯源链,而且还应建立健全天然气流量值的量值溯源链。只有这样才能确保孔板流量计测量系统具有可靠的、A 级的天然气流量测量的准确度。

第四章 天然气用其他流量计

第一节 气体涡轮流量计

气体涡轮流量计具有灵敏度高,重复性好,量程比宽,可达到高的准确度,从而在欧、美国家的天然气流量计量中被广泛采用,并有相应标准可循。在欧洲,目前天然气流量测量中使用气体涡轮流量计的比例已达到流量仪表的 40%～60%;在美国,仅阿卡拉公司从 20 世纪 80 年代末至 90 年代初,就有超过 3500 台气体涡轮流量计经过在线实流检定的应用报导;美国哥伦比亚气体公司已有 670 台气体涡轮流量计使用在大型计量站。

由于气体涡轮流量计需定期进行实验室检定或现场校准,且由于天然气流量检定装置直到近两年才建成等因素影响,长期来天然气涡轮流量计未能在我国得到普遍使用。

气体涡轮流量计较差压式流量计更适合流量变化幅度较大的场合,其较宽的量程比,在某种程度上又可降低测量管直径,降低投资。随着天然气计量技术的发展和对天然气贸易、交接计量要求的提高,气体涡轮流量计将会逐步使用于天然气流量计量中。

一、涡轮流量计测量原理

在天然气流动管路中,安装一个可以自由转动叶片,与流体流动方向成一定角度的,轴心与管道中心相同的叶轮,如图4-1所示。当气流通过叶轮时,其动能使叶轮 1 旋转,流体的流速越高,动能越大,叶轮转速也越高。测出叶轮的转数或转速就可确定流过管道的天然气流量。

为测量叶轮的转速,叶轮的叶片由铁磁材料制成;在壳体上固定安装一个磁电感应线圈 2。当叶轮旋转时,其叶片扫过线圈时,

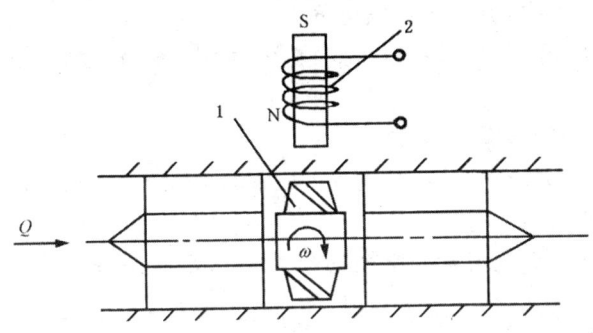

图 4-1 涡轮流量计工作原理图

线圈中磁钢构成的磁路磁阻将发生变化,在线圈两线端将感应近似正弦波的脉冲信号,该信号与叶轮转速一一对应。若在一定流量范围内,该信号将与天然气流量成正比。

根据动量矩原理和升力理论,叶轮的动态方程为

$$J\frac{d\omega}{dt} = M_0 - \sum_{i=1}^{n} M_i \qquad (4-1)$$

式中 J——叶轮转动惯性矩;

$\frac{d\omega}{dt}$——叶轮旋转角加速度;

M_0——叶轮转动力矩;

M_i——叶轮所受到的阻力矩。

假设叶轮处于匀速旋转的平衡状态,并假定叶轮上所有的阻力矩都很小时,叶轮的静态方程式可简化为

$$\omega = c\frac{tg\alpha}{r_0 s_n}Q \qquad (4-2)$$

式中 ω——叶轮旋转角速度;rad/s;

Q——流过涡轮流量计的体积流量,m³/s;

c——与流速不均匀系数及叶轮参数有关的常数;

r_0——叶轮平均半径,m;

s_n——法轮流通截面积,m²;

α——叶片中径处螺旋角。

可见,在一定条件下叶轮的旋转角速度将与流过叶轮的流量成正比。

二、涡轮流量计的结构

气体涡轮流量计从其结构上可分为单转子及双转子涡轮流量计。

单转子涡轮流量计结构如图4-2所示。双转子涡轮流量计结构如图4-3所示。

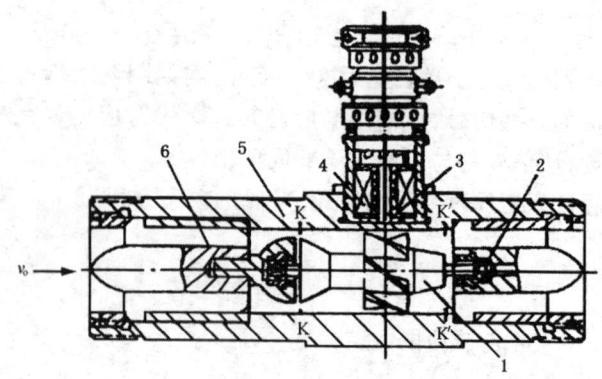

图4-2 单转子气体涡轮流量计结构图

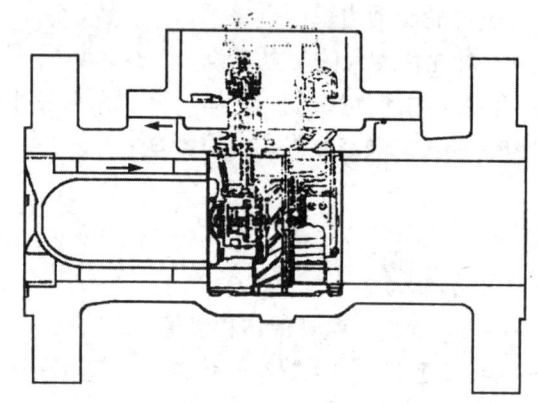

图4-3 气体双转子涡轮流量计结构图

这里以单转子涡轮流量计为例来说明它的基本结构。

图4-2中1为叶轮,2为轴承,3为磁钢,4为感应线圈,5为壳体,6为导向件。叶轮一般用导磁不锈钢或硬铝制成,它把流体动能转换为机械能。叶轮叶片的参数很大程度上决定着涡轮流量计特性。轴及轴承是支撑叶轮的部件,由于叶轮的高速运转,要求轴与轴承间具有尽可能小的摩擦系数,并有足够的耐磨性和抗腐蚀性。为使涡轮流量计长期稳定可靠,重复性能好,一定程度上由轴与轴承间的磨损及配合是否良好决定。磁钢和感应线圈是将转数变换为电脉冲信号送给前置放大器进行信号放大(图中未示出)。壳体既是气体流经通道,又是涡轮部件安装固定体,除能承受气体工作压力和温度,保护涡轮内部部件外,还需要不屏蔽磁钢建立的磁场。因此,壳体一般都用不导磁的不锈钢或硬质铝合金制成。对大口径的涡轮流量计可采用碳钢上镶嵌不锈钢构成。图中导向件主要起整流和稳流作用,并能支撑叶轮,保证叶轮转动中心和壳体中心轴线相重合。实际的涡轮流量计中为提高气体涡轮流量计的灵敏度和低流速时的准确性,气体进入流量计时,经过一变窄的导流空间被压缩,使流速增加。

目前大部分的涡轮流量计是需要将感应脉冲信号在就地进行放大后传送,所以有时也称作涡轮变送器。测量方框图如图4-4所示。

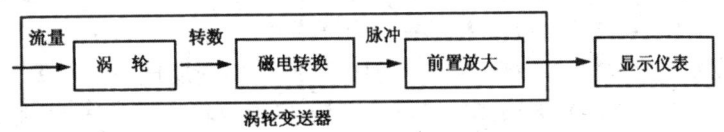

图4-4 气体涡轮流量计测量方框图

对于就地显示的机械式气体涡轮流量计,采用机械齿轮传动链测量出叶轮转速,齿轮传动链最终显示、输出体积流量。

双转子气体涡轮流量计是在单转子气体涡轮流量计基础上发展起来的,具有自调整功能。它是在主转子的下游装有一个传感涡轮。该传感涡轮能检测出流出主涡轮的气体出口角变量。出口角变量表征了气体涡轮流量计的机械摩擦与平衡。轴承磨损与流量计初始标定时的偏离,也表明了介质污染,管路实际安装条件与初始标定条件的偏离状况。因此,可通过该传感叶片对气体涡轮流量计进行自诊断,并自行校正,确保气体涡轮流量计在使用过程中达到所给出的初始准确度。用户可实时掌握气体涡轮流量计是否处于受控准确度范围内工作,为可靠运行与维护提供判据。

三、涡轮流量计的特性

从式(4-1)可知,当天然气从零开始增大流量时,叶轮必须先克服轴与轴承间产生的静摩擦力矩后才开始旋转,通过大量的测试表明:气体涡轮流量计在克服死区(不灵敏区)的影响后,为近似线性的速度式流量计,其流量特性曲线如图4-5所示。

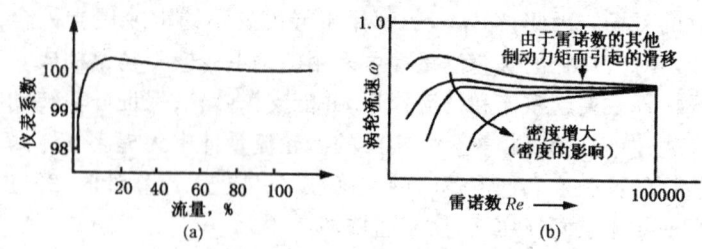

图4-5 涡轮流量计典型特性曲线图

(a)一般特性;(b)在雷诺数较低时,气体涡轮流量计的特性

从曲线可以看出,极小量的气体通过气体涡轮流量计时,涡轮并不转动,只有当流量大于某一最小值时,克服了起动摩擦力矩,涡轮才开始转动。这一最小流量值与气体的密度成平方根关系,所以它对密度较大的流体灵敏度较好,在流量较小时,流量特性变化很大,主要受粘滞性摩擦力矩影响。当流量大于某一数值后,流量与转数才近似为线性关系,这就是气体涡轮流量计的工作区域。

当然,由于轴承寿命,叶轮的强度和压损等条件的限制,涡轮也不能转得太快,所以气体涡轮流量计和其他流量计一样,也有测量上、下限的限制。

作为速度式的气体涡轮流量计,其被测天然气的静压增加,所测流量范围相应增加。

大多数的气体涡轮流量计在大气压下的测量范围是 1∶10 至 1∶30,在这个范围内准确度可达 ±0.5%～±1.0%。

被测天然气的密度还会引起不同的压损。密度及粘度的变化可能改变流量计的特性曲线。

气体涡轮流量计的上游流态影响转子的旋转,特别是对旋涡流很敏感。

四、涡轮流量计的流量计算

天然气流经的通道确定后,气体涡轮流量计的转速与气流速度成正比,其显示或输出是工作状态条件下的体积流量。通常情况下,应将其转换成标准状态条件下的体积流量。

在实验室中测定的仪表系数有两种表示方法:一种是 k 系数,它的单位是脉冲/m³,流量公式为

$$Q_f = \frac{N}{k} \quad (4-3)$$

式中　Q_f——工作状态下天然气的体积流量,m³/s;
　　　N——流量计每秒的脉冲数;
　　　k——仪表系数,脉冲/m³。

另一种是流量计系数,单位是 m³/脉冲。

当采用温度压力补偿获取标准状态条件下的体积流量时,可用公式(4-4)。

$$Q_n = Q_f \frac{p_f}{p_n} \times \frac{T_n}{T_f} \times \frac{Z_n}{Z_f} \quad (4-4)$$

式中　Q_n——天然气在标准状态下的体积流量,m³/s;
　　　Q_f——天然气在工作状态下的体积流量,m³/s;
　　　p_f——天然气流动的工作状态绝对静压,MPa;
　　　p_n——标准状态压力,p_n=0.101325MPa;
　　　T_n——标准状态热力学温度,293.15K;
　　　T_f——天然气流动的工作状态热力学温度,K;

Z_n——天然气在标准状态条件下的压缩因子,可采用 GB 11062 给出的公式计算;

Z_f——天然气在流动的工作状态条件下的压缩因子,计算方法详见本书第二章第二节。目前国际上已形成标准,即 ISO 12213 标准。

五、涡轮流量计的安装与使用

具有转动部件的速度式涡轮流量计的安装与使用,总体上讲,应满足其计量特性,性能不受影响;在规定的流量范围内维持其准确性,不缩短其使用寿命。

1. 安装要求

(1)一般要求水平安装,避免垂直安装。

(2)气体涡轮流量计推荐上游至少 10D,当有整流器时,整流器出口到涡轮流量计入口端面至少为 5D,下游至少 5D 的直管段(分别从流量计的上、下游端面算起)。如图 4-6 所示,其内径与流量计公称内径 DN 之差,一般应不超过 DN 的 ±1%,并不超过 5mm。

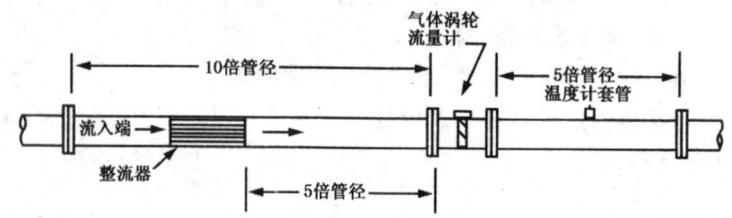

图 4-6 气体涡轮流量计的安装要求

(3)取压孔的位置。用于静压补偿的取压孔应位于气体涡轮流量计叶片相对应的位置处。如有多个静压取压孔,在气体密度为 1.2kg/m^3 的最大流速下,其不同取压孔的静压差应小于 100Pa。静压取压孔一般在流量计本体上,由制造厂商确定,其直径一般在 3~12mm。

(4)测温元件的位置。测温元件应安装在流量计下游,在叶轮下游的 5D 内,尽可能靠近流量计。

(5)过滤器的安装。当气体涡轮流量计安装于可能存在各种机械杂质的天然气管道中,必须安装过滤器,过滤器的尺寸可参考表4-1。

表4-1 过滤器典型的筛网尺寸

流量计口径,mm	筛网号	筛网孔的尺寸,mm
12,20	100	0.15
25,50,75	80	0.18
100,150	60	0.25
200,250,300	40	0.42

(6)限流元件。为避免气体涡轮流量计受到超高速天然气气流的冲击,可在其下游安装限流喷嘴或孔板。通常气体涡轮流量计超速上限为额定上限值的150%,对于高压天然气,宜为120%。

(7)放空管的位置。放空管应放在气体涡轮流量计的下游,且放空阀的口径应小于流量计口径的1/6。

(8)旁通的设置。对于重要的大口径计量管路,应设置旁通管,旁通阀应是零泄漏且可检漏,以便流量计的维修。

(9)对于没有安装限流元件或旁通管的大口径测量管路(如DN≥300),应在其上、下游截断阀处安装小型截止旁通阀,以便对测量管路缓慢升压或降压,防止压力突然变化,避免高流速冲坏流量计。

(10)其他安装要求:除按产品使用说明书外,可参见 AGA NO7 报告。

2.使用注意事项

气体涡轮流量计除按规定进行强度、严密性、防腐性能、防爆性能检查并合格外,还应注意以下事项:

(1)新安装或修理后的管路必须进行吹扫。吹扫计量管路时,必须拆下流量计,用相应短节代替流量计进行吹扫。

(2)流量计管路投产时,应缓慢升压,逐步增加流速。停产时,应缓慢降压。

(3)现场检查：

①外观检查

气体涡轮流量计在安装使用前或维护过程中，可对其叶片是否断缺，腐蚀情况或其他影响转子平衡因素，叶片外形是否变形等进行检查。

②运行中的检查

常常可通过气体涡轮流量计运转中的声音或壳体振动来判断涡轮叶片及轴承是否工作正常。低流速下应关注其声音变化情况，高流速下应观察其壳体振动的变化。

③自旋时间测试

自旋时间测试可以判定本次测试的气体涡轮流量计的机械摩擦特性，并可与前次测试相比较。

自旋时间一定程度上反映了流量计的计量准确性。各种气体涡轮流量计的自旋时间由制造厂提供。

气体涡轮流量计的自旋转时间的测试可采用下述方法：

a.在通常的运行位置，采用测量机械装置，避免气流或其他部件影响计时过程中的涡轮旋转。

b.选取涡轮旋转的合理起始速度，开始计时，直到涡轮旋转停止，这段时间即为气体涡轮流量计的自旋转时间。涡轮旋转的起始速度大约为最大流量相对应的转速的1/20。

c.自旋转时间测试至少进行3次，并取3次测试的平均值。

气体涡轮流量计自旋转时间缩短表明其叶轮偏心，摩擦加剧。当然也可能是轴承润滑不好，或低温影响，或相连附件影响等所致。

其他的自旋时间测试方法也可行，重要的是与给出典型自旋时间或上次测试自旋时间的方法相一致，便于比较、判断。

(4)气体涡轮流量计不宜用于经常中断、强力柱塞流和压力脉冲的场合。对脉动流，气体涡轮流量计的测量结果通常偏高，其偏高幅度受振幅、气体密度和涡轮的惯性影响。

(5)用于天然气流量测量的气体涡轮流量计，特别是交接计量

场合,除按国家检定规程 JJG 198—94 速度式流量计进行检定外,还应通过检定满足以下要求(检定参见第七章):

在接近常压下,安装条件对气体涡轮流量计流量测量准确度的影响,用空气对气体涡轮流量计进行检定。

在高水平及低水平干扰状态下,检定曲线所指示 k 系数的漂移应分别小于流量计准确度的三分之一。否则,应将上游 $10D$ 的直管段改为至少 18 倍 DN。

低水平干扰指用出口带变径接头(公称直径相差一级)空间弯头组成的阻力件来表征弯头、三通和汇管前所形成的干扰。

高水平干扰指用一个半圆型板位于两个弯管之间,紧靠第一个弯头外侧的空间弯头来表征调压器等阻力件的干扰。

3.介质及工作条件改变对流量测量准确度的影响

由于一般气体涡轮流量计生产厂商只能提供常压下,空气所检定的仪表系数 k 值(曲线)。当这类流量计用于天然气场合时,还应在接近实际工况下,用天然气进行实流检定。

实流检定得到的气体涡轮流量计 k 系数曲线与常压下,空气介质标定得到的 k 系数曲线的相应差值应小于 $±0.5\%$。

4.特制的气体涡轮流量计可作为天然气流量计量的传递标准

气体涡轮流量计除按规定用于天然气的贸易、交接计量外,特制的涡轮流量计尚可作为传递标准在实验室或现场对工作流量计进行检定。并应采用天然气流量的一级标准装置对这种特殊用途的气体涡轮流量计进行实流检定。

第二节 气体超声波流量计

气体超声波流量计是近年来一种迅速发展的、正逐步应用于天然气工业的新型流量计。美国为此制定相应标准 AGA NO9 报告,ISO 亦正在制定相应草案。气体超声波流量计具有较为突出的优点:

(1)无压损,对管路流体特性基本无干扰,属节能型仪表。

(2)量程范围较宽,一般为1∶30(流速比)或者更宽。

(3)双向测量有相同准确度。所以它特别适用于天然气正、反输的场合。

(4)可以测脉动流。

气体超声波流量计与其他速度式流量计一样,对上游入口流速分布有要求,应安装相应的上、下游直管段。

随着气体超声流量计产品的工业应用日趋成熟、可靠,以及流量计校准技术的应用,气体超声流量计将得到广泛应用。

一、超声波流量计测量原理

由于声学技术及电子技术的发展,不同原理的超声流量计分别问世,如声环法(亦称频差式)、相位差式、模拟时差测量法,以及以微处理器为核心的数字式绝对时差法。前3种方法均是以硬件组合手段实现测量,使其性能、准确性、可靠性均受到当时的器件水平限制,这些气体超声波流量计不可能得到广泛应用。而微电子技术与声学技术的共同发展,使数字式绝对时差法用于气体超声流量计获得成功,并迅速发展,推广应用。这里以时差法为例说明它的测量原理。

在流量计壳体上斜装有一对超声波换能器如图4-7。当被测气体流速为 u,声速为 c 时,在声程 L 方向上叠加了分量 $u \cdot \cos\phi$,这样 L 方向的声波速度是由声速 c 和 $u \cdot \cos\phi$ 的矢量和。

当无气流通过时,声波从换能器 B 到 A 的传播时间与从 A 到 B 的时间相等,即

$$T_{ab} = T_{ba} = L/c \qquad (4-5)$$

式中　T_{ab}——声波顺流传播时间;

T_{ba}——声波逆流传播时间;

L——声程长度;

c——声波在管内气体中传播速度($300 \sim 450 \mathrm{m/s}$),当准确测得天然气组分及其压力、温度时,可根据 AGA NO9 报告准确计算出 c 值(不确定度为 $\pm 0.1\%$)。

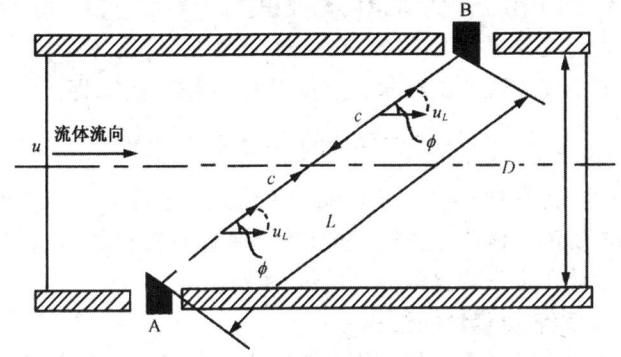

图 4-7 超声流量计测量原理

然而,当气流流动时超声波的顺、逆流时间不同,分别为

$$T_{ab} = \frac{L}{c + u_L \cos\phi} \tag{4-6}$$

$$T_{ba} = \frac{L}{c - u_L \cos\phi} \tag{4-7}$$

式(4-6)和式(4-7)中的 u_L 为声程 L 上的线平均流速。

由于顺、逆流时间测量的间隔很短,其声速是相等的,从而可以消去,由此有

$$u_L = \frac{L}{2\cos\phi}\left(\frac{1}{T_{ab}} - \frac{1}{T_{ba}}\right) \tag{4-8}$$

声程 L 上的线平均速度 u_L。通过系数 k 值可以转换成流体管道内的平均流速 u,即

$$u = \frac{u_L}{k}$$

气体在流动工作状态条件下的体积流量 Q_f 为:

$$Q_f = A\frac{u_L}{k} \tag{4-9}$$

式(4-9)中的 A 为管道内截面积。

当管内流体属于对称分布,无旋涡存在时,流体动力系数 k 值与管道中气体流动工作状态条件下的雷诺数有关,即

$$k = 1 + 0.01(6.25 + 431Re^{-0.237})^{1/2} \quad (4-10)$$

式(4-10)中的 Re 为气体流动工作状态条件下的雷诺数。

根据所测流体流速,按上述公式计算即可获得单声道气体超声波流量计在工作状况条件下的体积流量。

二、超声波流量计的结构

气体超声波流量计的结构主要取决于以下几个方面:

(1)声波探头的设置方式。外置式或内置接触式,气体超声波流量计一般采用将接收和发射探头插入管内至内壁边缘。

(2)声波的接收方式。直接接收发射探头的声波或接受经管壁反射以后的声波。

(3)声道的设置。单声道或多声道(3声道,5声道)。

不论是单声道,还是多声道气体超声波流量计,其声波的发射与接收原理是一样的。不同的是在不同声程上所测的线速度对管道截面的流速的呈现不同。

流量计由检测器、转换器及微机部分组成。读者可参考相关资料,这里不再赘述。下面将常见的多声道超声波流量计简述于下:

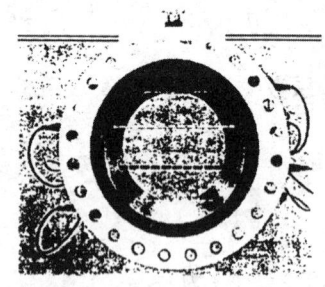

图4-8 平行四声道气体超声流量计示意图

多声道气体超声波流量计系指两声道及以上声道组成的超声流量计,主要类型有平行声道布置,反射式交叉声道布置,分别如图4-8,图4-9,其主要目的是通过测得更多的声程上的流体线速度,并以一定方式组合、计算,以期更准确测量管内流体的平均速度,提高测量准确性。多声道的单一声道测量原理及方法与

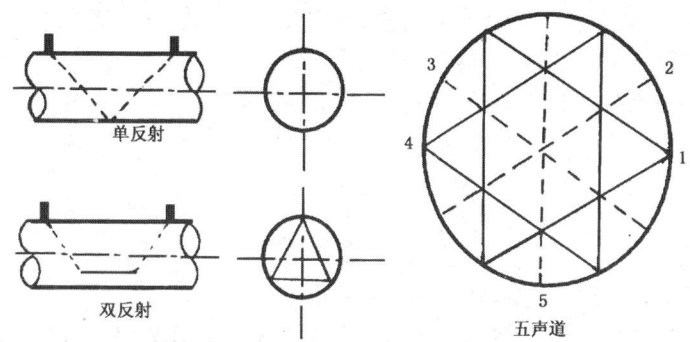

图4-9 反射式多声道(5声道)气体超声流量计示意图

单声道式一致。

1. 平行多声道式超声流量计

平行多声道式超声流量计管内平均流速与各声程流体线速度,有如下关系式:

$$u = \sum_{i=1}^{n} W_i \times u_{Li} \quad (4-11)$$

式中 W_i——第 i 路声程的加权因子;

u_{Li}——第 i 路声程上的流体轴向线速度;

n——声程通道数。

加权因子一般通过实验确定。典型的四声道的加权因子分别为0.1382,0.3618,0.3618,0.1382,合计为1.0000。

2. 反射式多声道气体超声流量计

反射式多声道气体超声流量计的接收换能器不是直接接收发射换能器发出的声波,而是接受经管壁一次反射或再次反射回的声波。典型的有三声道单反射式流量计(如图4-9虚线部分),以及在此基础上外加两个双反射通道(如图4-9实线部分)的五声道式流量计。由于声道的增加,各声程线流速更能真实反映流体管内平均流速,使其测量准确度有所提高。

三、超声波流量计的流量计算

气体超声波流量计在测量出工作状态条件下的天然气体积流

量后,应将其转换成标准状态条件下的体积流量,其换算方法与气体涡轮流量计相同。详见公式(4-4)。

利用气体超声波流量计所测得的顺、逆流时间,还可计算超声波在该介质中传播的声速

$$c = \frac{L}{2}\left(\frac{1}{T_{ab}} + \frac{1}{T_{ba}}\right) \qquad (4-12)$$

四、超声波流量计的安装与使用

尽管多声道气体超声流量计受流态不对称及旋涡的影响可能较其他流量计小,但作为速度式流量计仍然必须安装前后直管段,同时还应该避免介质粘污、腐蚀及噪音引起的准确度下降。

1. 上、下游直管段长度要求

(1)一般情况下,上游直管段长度为$10D$,上游$5D$处安装整流器,下游为$5D$。

(2)如果存在旋转流,未安装整流器时,上游直管段为$200D$。

(3)如存在不对称流体,无整流器时,上游直管段要$50D$。

2. 探头更换考虑

在重要的、无旁路的计量管路上,气体超声流量计探头应采用可带压拆卸式探头。更换探头引起的误差一般应控制在流量计允许的范围内。

3. 双向测量的安装要求

在测量双向流的场合,超声流量计的前后直管段长度均应满足上游直管段长度的要求。

4. 使用前的检验

超声流量计在使用前必须检定合格。

使用过程中,应按规定进行静态检验(亦称干标)。

(1)几何尺寸检验包括平均内径、声程长度检验。

平均内径测量方法与孔板节流装置孔板内径测量方法相同。

(2)零流速测试。

这是检验流量计性能的重要方法,系在稳定的压力、温度下,

保持流量计内天然气流速为零,最少在 30s 内,连续测试声速,并与已知声速比较,要求不超过规定值。

(3)超声流量计干标。

国际上有关标定权威部门正在拟定超声流量计干标方案,并取得了实质性验证成果。此方案可望被工业认可并采用,这将大大简化超声流量计的标定程序,为超声流量计大规模工业应用铺平道路。

第三节 气体涡街流量计

涡街流量计是在 20 世纪 70 年代以后推出的,它基于新型测量原理基础上推出的流量计。近十余年来,人们逐渐认识并接受涡街流量计。目前已有十余种典型的涡街流量计产品问世。由于它无可动部件,耐磨损,结构牢固,维修简单,测量范围宽,准确度高,压力损失小,介质适应能力强,可靠性高等众多优点,使生产、使用人员产生浓厚兴趣和期望。部分产品温度适应范围宽。由于计量成本低,检测元件可不接触流体,更换敏感元件可不用校正,所以在气体、液体、蒸汽等单相流动介质中均可应用。但受介质粘污、振动、温度变化等因素影响较大。

一、涡街流量计测量原理

虽然涡街流量计产品规格品种多,但都基于卡门旋涡原理。其主要差别是产生旋涡和检测旋涡的方法不同。这也是不同的涡街流量计具有不同特点的技术关键和技术难点所在。

卡门试验发现,在流体中垂直插入一个非流线型的柱状物体如圆柱物体,当流速增大到一定值时,流线不再沿柱状物体表面附着流动,而是逐渐从柱状物体面上分离出去,从而引起速度局部增长,压力局部降低,使流线返回旋转而形成旋涡。同时试验发现该旋涡在柱状物体两侧是交替的、周期的,在流量恒定时,向下流动的旋涡是等距离的。这就是涡列形成的原理,如图 4-10 所示。

通过测试发现:单位时间内产生旋涡数量与该时间内流过的

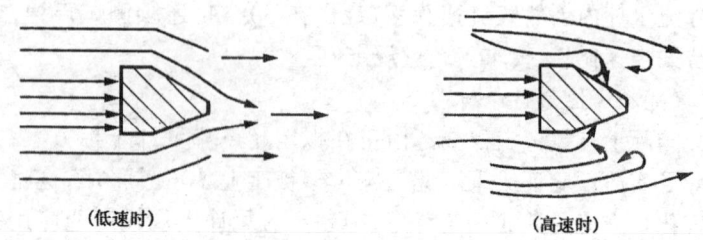

(低速时) (高速时)

图 4-10 卡门旋涡原理

流量成正比,其相关系数则与物体柱几何形状、尺寸和管道直径有关,见式(4-13)。

当交替旋涡出现时,该旋涡区是一个低压区;而柱状物体另一侧因强压脉冲抑制出现旋涡产生较高的压力。若采用敏感元件来检测该压差便可反映旋涡的数量。如某种旋涡发生柱采用压电敏感元件制成的流量计,其检测频率与流速的关系式为

$$f = s_t \frac{u}{\left(1 - \frac{4d}{\pi D_1}\right)d} \tag{4-13}$$

式中 f——旋涡频率,Hz;
s_t——斯特罗哈常数;
u——管道内流体平均流速,m/s;
d——检测柱迎流面宽度,m;
D_1——探头所在管道内径,m。

实际应用中,流量计生产厂家通过对该频率放大、整形、转换,其信号以电流、电压或频率等信号进行传送。

目前旋涡发生柱主要有三角柱、圆形柱、矩形柱、T型柱和组合柱。其柱体形状和尺寸直接决定流量计测量的准确度和测量范围。旋涡发生柱形状不同,流速(或流量)与交替旋涡的频率表达式也将有所变化。读者可参阅有关文献说明。

旋涡频率检测方法大体分为两类:一类为检测流体振动的变

化频率,如热丝、热敏电阻检测其阻值变化,利用超声波束或光束穿过管道,受到旋涡的调制(振幅和相位)和偏转;还有一类检测检测体上作用力的变化频率,如压电晶体、力敏电阻、电阻应变片、光导纤维、电容传感器及应力产生的微小位移等。不同的检测方式将限定流量计的使用范围。如应力式敏感元件中压电晶体的灵敏度将受温度影响较大,长期在高温下工作,由于元件老化灵敏度下降而影响使用的可靠性;同时这种力敏元件容易受管道振动产生的惯性力影响,使流量计抗振性差,特别在小流量时影响尤为明显。这类仪表常用于 240℃ 及 0.2g 以下振动场合。

近年来研制了抗震型涡街流量计,它利用检测差动电容原理,根本消除了温度对稳定性的影响,消除或削弱了振动的影响,使之能在 400℃ 及 1g 以下振动环境中工作。详细原理这里从略。

二、涡街流量计的安装与使用

涡街流量计可以用来测天然气流量,但在选用时需注意以下几项。

1. 流量的测量范围

天然气流量变化范围必须在流量计测量范围内。流量上限一般可选用不同口径尺寸来满足。目前据资料介绍涡街流量计允许的最大雷诺数一般达 7×10^5,最大流速达 60m/s,而雷诺数表达式为

$$Re = \frac{\rho \cdot D_1}{\mu} \cdot u \qquad (4-14)$$

式中　Re——雷诺数;

　　　ρ——介质密度,kg/m³;

　　　D_1——管道内径,m;

　　　μ——介质动力粘度,mPa·s;

　　　u——介质平均流速,m/s。

在选定口径后需对最大雷诺数按式(4-14)进行校核,所以对于最小流量的计量也必须进行核算,必须要保证大于或等于选定

产品的最小流速和最小雷诺数。否则,检测柱不能产生稳定涡列,致使流量计不能正常工作。通常对天然气需进行流速及雷诺数的核算。由于产品类型很多,其流速和雷诺数范围与检测柱形状、结构尺寸有关。使用时应针对某一产品要求及推荐的算式进行核算。

2. 安装直管段

由于旋涡流量计是利用流体自然振荡原理而制成的旋涡分离型流量计,所以进入流量计前流体流态十分重要。为保证测量准确,在流量计前后必须安装足够长直管段。必要时需安装整流器以获得充分发展的流场。一般来说,上游最短直管段要求 $15D$,下游要保证 $5D$ 以上。具体应用时需遵照该产品具体要求。

3. 流量的核算

按式(4-13)可测量介质工作状态条件下流体平均流速,在一定的公称通径下可换算得到工作状态条件下的流量。对于按标准状态条件下的体积流量为结算依据时,可按本章第一节式(4-4)进行换算。

4. 流量计的标定

一般来说,所有仪表都需要标定。但对旋涡流量计,出厂时都是经过标定的。对于用户来说,只要按规定安装与维护,由于涡街流量计的计量性能基本稳定,一般不需要定期标定。这是由于它与孔板计量装置相似,其机械尺寸是按标准加工,而流量计产生的旋涡的脉冲数仅取决于检测元件几何尺寸和仪表腔体尺寸,而厂家提供的仪表系数又与密度、粘度、温度、压力等无关。倘若需要"干"标定,采用像千分表类仪器便可测试、比较与验证。鉴于我国尚没正式颁布旋涡流量计制造安装使用规程作为国家标准,当用户需要进行"湿"标定时,可在已取证的标定装置上或与流量计制造厂家商定后进行。

目前,涡街流量计在国内有许多厂家生产。除检测敏感元件有多种型式外,在机械结构上带来的管道连接方式也不完全相同。常用的有圆环式、管法兰式和插入式三种。每一品种因敏感元件不同,最高工作温度、最大工作压力、最大测量管径、最大压力损失都不完全一样。但有几点是相同的,即压力损失小(可与皮托管或阿牛巴流量计相比),量程比较大(最大1:30),基本误差大多小于或等于1.0级。用于天然气计量一般来说均可满足,但具体应用时应遵循生产厂家的技术要求以保证正确合理的计量。

第四节 气体旋进旋涡流量计

一、旋进旋涡流量计测量原理

旋进旋涡流量计也是一种旋涡流量计,但与卡门旋涡流量计利用自然振荡原理不同。旋进旋涡流量计是采用流体的强迫振荡原理而制成。在一定结构参数和规定的雷诺数范围内,输出信号与工作状态条件下的体积流量成正比,而与流体的温度、压力、成分、粘度、密度等无关。

下面介绍旋进旋涡流量计工作原理。

图4-11为典型的旋进旋涡流量计结构图,其中旋涡发生器的结构如图4-12所示。它是一个螺旋叶片。当流体通过固定在壳体1入口处旋涡发生器时产生剧烈旋转而形成旋涡流。经缩径段使涡流加速,到达扩散段时迅速减速,压力回升产生回流,迫使旋涡中心流束偏离原前进方向并贴近扩散段壁作类似陀螺形进动。检测元件5安装在扩散口处将感测得流体进动频率。通过大量试验测试验证,该频率将与工作状

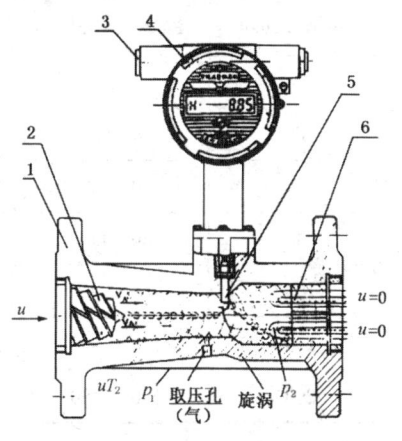

图4-11 旋进旋涡流量计结构原理图
1—壳体;2—旋涡发生器;3—选择按钮开关
4—智能流量积算仪;5—压电传感器;
6—出口导流体

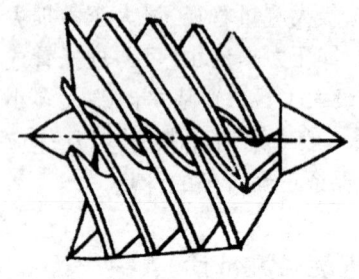

图4-12 旋涡发生器

态下流体流速或流量成正比。

当前,我国有部分厂家生产旋进旋涡流量计,其检测元件采用压电晶体或压敏电阻经信号放大、整形、分频,采用就地显示或远传。采用就地显示时,常用微处理器技术,电池供电可连续工作两年左右。显示采用液晶可在低达 -30℃环境条件下工作;常显示瞬时流量、累积流量、仪表系数等。当采用外供电时,可在远地接收显示,或通过通讯接口上网远传。目前最高介质温度可达+100℃,最大工作压力为10MPa,流量量程比最高可达1:20,准确度最好为1.0级。典型旋进旋涡流量计性能见表4-2。

表4-2 典型旋进旋涡流量计性能表

公称通径,mm	流量范围,m³/h	量程比		准确度
25	2~30	15:1		1
32	4~60	15:1	20:1	1,1.5
50	10~150	15:1	20:1	1,1.5
80	30~450	15:1	20:1	1,1.5
100	60~900	15:1	20:1	1,1.5
150	130~1950	15:1	20:1	1,1.5
200	240~3600	15:1	20:1	1,1.5

二、旋进旋涡流量计的安装与使用

旋进旋涡流量计全部采用法兰连接,可水平、垂直或以任何倾斜角度安装;对上、下游直管段长度的要求短,不受工艺管道设备影响,取上游3倍,下游1倍于流量计公称直径即可。对被测介质,除含有较大颗粒或较长纤维性杂物外,一般不需要过滤器。但由于测量原理和结构的特点,不应安装在有强外磁场干扰和强烈机械振动环境中,也不宜安装在烈日曝晒和雨水浸入的地方。流体介质的流向必须与流量计要求一致,对测天然气等易燃、易爆介质,除需选用符合爆炸和火灾危险场所分级的产品外,安装使用维护也必须符合相应规定。

和大多数流量计一样,流体通过流量计会产生一定压损。这点与卡门旋涡流量计不同,它的压损由下式表达出：

$$\Delta p \leqslant 37 \frac{\rho q_m^2}{D^4} \qquad (4-15)$$

式中　　Δp——压力损失,Pa;
　　　　ρ——介质密度,kg/m³;
　　　　q_m——介质流量,kg/s;
　　　　D——公称通径,m。

此外,目前流量结算是按标准状态条件下的标准体积进行,上述测得的流量需按式(4-4)进行换算。

为了用户使用方便,部分厂家已将压力、温度传感器集装在流量计上,其信号直接进入流量计的以微处理器为基础的运算环节中。通过固化的计算程序用户可从显示表中读取未修正、已修正的体积流量及其他参数。

作为贸易结算,为降低系统的不确定度,宜采用实流标定后应用。特别是由于产生旋转进动流的螺旋叶片形状特殊,不便用常规量具进行检定,所以使用中应定期进行标定。

通过上述可知,该类型流量计无可动部件,无机械磨损,不会有卡、堵故障,测量流量比大,更换检测元件勿需要标定。由于它的结构紧凑、操作简单、使用方便,在石油、化工、电力、冶金等行业内部计量,特别是居民生活用气的低压系统总计量中得以应用。随着微电子技术的开发与应用,可以预料它在天然气计量中将是一个很有发展前途的流量计。

第五节 气体腰轮流量计

一、腰轮流量计测量原理

腰轮流量计又名罗茨(ROOTS)流量计,是一种计量流经管道的气体流量的容积式仪表。它利用安装在壳体内部的运动部件,在仪表进、出口流体差压或者动能作用下不断运动,把充满在计量室的流体由进口排向出口。运动件通过机械传动机构、磁性联轴器与积算器结合,可就地指示,或通过发信器将信号传至显示仪表。该流量计流量测量范围较宽,对仪表前后直管段要求不高,安装比较方便。所以除可测量各种粘度的液体外,还可应用于天然气、人工煤气、惰性气体和空气计量中。下面介绍该仪表的工作原理。

图 4-13 为腰轮流量计工作原理图。被测流体由进口流入,经过一对共轭转子形成的计量室后由出口流出。共轭转子在进、出口差压或动能作用下,当处于图 4-13 中(a)位置时,作用在转子 A 上合力矩平衡,故转子 A 不转动。作用在转子 B 上的合力则不平衡,转子 B 按顺时针方向转动,同时把计量室内的流体排向出口。与转子 B 同轴的驱动齿轮带动与转子 A 同轴的驱动齿轮,使转子 A 按逆时针方向转动。当处于图中(b)位置时,作用在转子 B 上力矩逐渐增大,直到到达图中(c)位置。接下来,共轭转子 A 和 B 上所受的力矩及转动过程与上述相似,使转子 A 和 B 分别以逆时针和顺时针主、从交替不断转动,从而把流体逐个容积地进行计量。每当共轭转子旋转一周时,就有四个阴影部分容积的流体被排出。这样被测流体的流量经转换成转子的转数,再通过一定减速齿轮和积算机构就地显示流体总量,也可通过发信器进行传送。

二、腰轮流量计的安装与使用

目前,我国生产的腰轮流量计典型产品及性能见表 4-3。

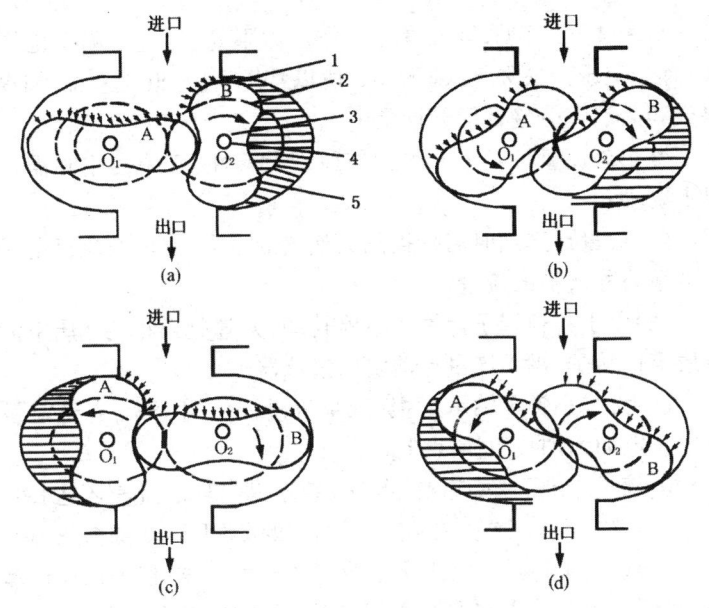

图 4-13 腰轮流量计工作原理
1—计量室；2—驱动齿轮；3—腰轮转子；4—转子轴；5—被测流体

表 4-3 典型气体腰轮流量计技术规格表

技术参数 公称直径,mm	最大流量 m³/h	最高工作压力 MPa	流量范围 m³/h	灵敏度 m³/h	压力损失 kPa	精度 %	介质温度 ℃
25	20	1.6	4~20	0.5	0.25	±1.5	-10~+80
50	60	1.6	6~60	2	0.25		
80	130	1.6	13~130	2.5	0.3		
100	220	1.6	22~220	3.5	0.3		
150	300	1.6	30~300	4	0.3		
200	700	2.5	70~700	10	0.4	±2.5	
250	1000	1.6	100~1000	15	0.4		
400	3000	0.5	300~3000	30	0.5		
600	10000	0.1	1000~10000	100	0.5		

从表4-3可见,该流量计工作压力不高,但流量测量范围较大;有一定压力损失,但都不大。所以常用于中、低压系统,如城市煤气和天然气分输及配气计量中。

鉴于该流量计基于上述工作原理及特性,安装使用时需注意以下要求:

(1)流量计选用时需按被测天然气的压力、温度及流量范围选用合适公称通径的流量计。

(2)由于共轭转子计量时不停转动,为避免天然气介质中固体杂质卡住转子,需在流量计前安装过滤器。

(3)为减小转子轴承磨损,延长流量计使用寿命,运行前及运行中应定期添加或更换润滑油。

(4)流量计转子轴线应保持水平安装,但进、出口是垂直还是水平,除用户可按要求进行订购外,必须按厂商提供的实物具体要求进行安装。

(5)该流量计虽然无上下游直管段长度要求,但为保证计量准确,在压力波动范围较大场合应在流量计前安装调压器;投入运行时,阀门应缓慢开闭,防止突然冲转。当按标准体积和质量计量时,需按相应标准进行压力、温度或密度(或相对密度)进行补偿。

(6)为保证连续供气和维护修理方便,宜在流量计前后设置阀门和旁通管路。典型安装工艺管道流程图如图4-14所示。

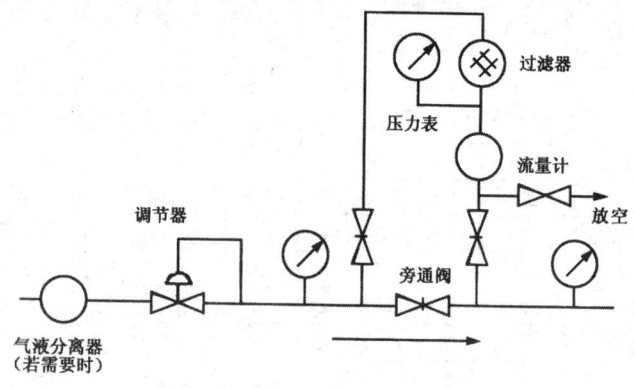

图4-14 腰轮流量计的安装

(7)运行过程中如发现过滤器差压过大,应清洗或更换过滤器;如发现流量计压降增大,灵敏度下降时,可应用干净煤油或汽油冲洗。为防止锈蚀,力求不要用水冲洗或水压强度试验,否则必须将冲洗物清洗干净。

(8)流量转子或联轴减速装置拆装检修后,必须重新进行标定。

第六节 临界流流量计

一、概述

临界流流量计是一种渐缩渐扩式喷管,其结构形式有多种。按照国际标准化组织(ISO)设置的专门机构(ISO/TC 30/SC 2)负责制定的国际标准《用临界流文丘里喷嘴测量气体流量》,即 ISO 9300 规定,临界流文丘里喷嘴有两种形式:一种为圆环形(或喇叭形)喉部文丘里喷嘴;另一种为圆柱形(或筒形)文丘里喷嘴。结构尺寸分别见图 4-15 和图 4-16。按 ISO 9300 要求在两图中标注 "1"处范围内,其算术平均粗糙度不得超过 $15\times10^{-6}d$;其轮廓线偏离喇叭环状线(图 4-15),喇叭环状线和圆柱线(图 4-16)不得超过 $\pm0.001d$。

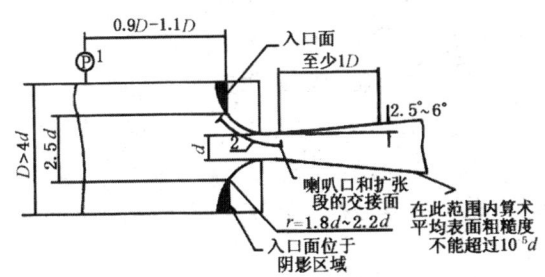

图 4-15 喇叭形喉部文丘里喷嘴

当一定压力的流体流经有弧形轮廓的节流件时,若使下游一侧压力不断降低,流体流速将逐渐增大。当下游压力降到某一值时,节流通道口流体将达到音速。试验表明:下游压力再继续降低而该流体在节流通道口(下称喉部)仍保持音速。这种流态称作临

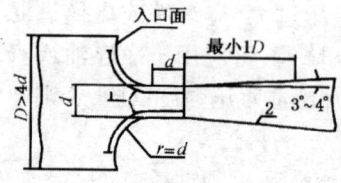

图 4-16 圆筒形喉部文丘里管

界流,又称壅塞流。

按临界流原理设计并使喉部流速工作在音速状态的流量计称作临界流流量计,俗称音速文丘里流量计或音速喷嘴。

按 ISO 9300,在实际工作状态下流量的基本方程为

$$q_m = \frac{A_* CC_* p_1}{[(R/M)T_1]^{1/2}} \quad (4-16)$$

$$q_m = A_* CC_R (p_1 \cdot \rho_1)^{1/2} \quad (4-17)$$

式中 q_m——质量流量,kg/s;
C——流出系数;
C_*——临界流函数;
p_1——喷嘴入口处气体的绝对滞止压力,Pa;
R——通用气体常数,J/(kmol·K);
M——摩尔质量,kg/kmol;
T_1——喷嘴入口热力学温度,K;
A_*——喷嘴喉部截面积,m²;
C_R——真实气体临界流系数;
ρ——喷嘴入口滞止条件下的气体密度,kg/m³。

上述各系数相关的表达式见 ISO 9300。从式(4-16),式(4-17)可见,在一定工况条件和特定喷嘴时,流过的流量仅与喷嘴入口参数相关。

二、临界流流量计流量计算实用公式

按照流量测量工程手册[4],临界流状态下质量流量和体积流量实用计算可按下列各式之一进行计算。

质量流量计算式:

$$q_m = 0.0894113 C d^2 \sqrt{Z_1} Y_{CR} \sqrt{\rho_1} \sqrt{F_{TP}} \sqrt{p_1} \quad (4-18)$$

或

$$q_m = 0.1668762 Cd^2 Y_{CR} \sqrt{\frac{G_{nr}}{T_1}} F_{TP} p_1 \quad (4-19)$$

工作状态下体积流量计算式：

$$q_v = 0.0894113 Cd^2 \sqrt{Z_1} Y_{CR} \sqrt{\frac{F_{TP}}{\rho_1}} \sqrt{p_1} \quad (4-20)$$

或

$$q_v = 0.04790604 Cd^2 Z_1 Y_{CR} \sqrt{\frac{T_1}{G_{nr}}} F_T p_1 \quad (4-21)$$

标准状态下体积流量计算式：

$$Q_n = 0.0894113 Cd^2 \sqrt{Z_1} Y_{CR} \frac{\sqrt{\rho_1}}{\rho_n} \sqrt{F_{TP}} \sqrt{p_1} \quad (4-22)$$

或

$$Q_n = 0.04790604 Cd^2 \frac{Z_n \cdot T_n}{p_n} Y_{CR} \sqrt{\frac{1}{T_1 \cdot G_{nr}}} F_{TP} p_1$$

$$(4-23)$$

式中 q_m——质量流量，kg/h；

q_v——工作状态条件下体积流量，m³/h；

Q_n——标准状态条件下体积流量，m³/h；

C——流出系数；

d——文丘里喷嘴喉部直径，mm；

Z_1——流体在工作状态条件下的压缩因子；

Y_{CR}——临界流函数;
ρ_1——气体在工作状态条件下密度,kg/m³;
ρ_n——气体在标准状态条件下密度,kg/m³;
G_{nr}——气体相对密度;
F_{TP}——静压力校正系数;
p_1——喷嘴入口测点绝对压力,kPa;
T_1——喷嘴入口测点热力学温度,K;
Z_n——气体在标准状态条件下的压缩因子;
p_n——气体标准绝对压力,kPa;
T_n——气体标准热力学温度,K。

1. 流出系数 C

流出系数按式(4-24)表示的经验公式计算:

$$C = a - b \cdot Re_d^{-n} \qquad (4-24)$$

式中 a,b,n——常数,按表4-4查取;

Re_d——流体在喷嘴喉部的雷诺数,由下列各式之一进行计算:

$$Re_d = 353.68 \frac{q_m}{\mu_1 \cdot d} \qquad (4-25)$$

或

$$Re_d = 353.68 \frac{q_v \cdot \rho_1}{\mu_1 \cdot d} \qquad (4-26)$$

或

$$Re_d = 353.68 \frac{Q_n \cdot G_{nr} \cdot \rho_n}{\mu_1 \cdot d} \qquad (4-27)$$

表4-4 临界流流出系数公式的常量值表

圆环形文丘里喷嘴		圆柱形文丘里喷嘴	
$10^5 < Re_d < 10^7$	$a = 0.9935$ $b = 1.5250$ $c = 0.5$	$3.5 \times 10^5 < Re_d < 2.6 \times 10^6$	$a = 0.9887$ $b = 0$ $n = 0$
		$2.6 \times 10^6 < Re_d < 2 \times 10^7$	$a = 1$ $b = 0.2165$ $n = 0.2$

式中 μ_1——流动状态下流体的动力粘度,mPa·s。

其余见式(4-20)~式(4-23)说明。

2. 压缩因子 Z_1, Z_n

天然气的压缩因子与压力、温度及组分有关,可按有关《天然气压缩因子的计算》标准或资料分别用摩尔组成分析结果或物性测定结果进行计算。由于计算复杂,要依赖程序计算。当计算压缩因子不确定度大于±0.5%时,在常用范围内可按SY/T 6143—1996《天然气流量的标准孔板计算方法》进行。在《流量测量工程手册》[4]中推荐采用查表计算法。下面进行概要介绍。

压缩因子表达式为

$$Z = (a_z \cdot f + b_z)^2 \qquad (4-28)$$

式中 a_z, b_z——按流动状态和标准状态的总压力,温度按甲烷或天然气的 $a_z \cdot b_z$ 查取[文献4表13.11],并由此计算 Z_1, Z_n;

f——与天然气组分有关的系数。

$$f = X_{C_2H_6} + X_{CO_2} - \frac{1}{2}X_{N_2} + 2X_{C_3H_8} + 3X_{C_4H_{10}} \qquad (4-29)$$

这里 X_i 表示 i 组分的摩尔分数,该摩尔分数必须在表4-5所列的范围内,并要求 $f < 0.2$。

表 4-5　甲烷与天然气混合组分允许范围

物质名称	摩尔分数
甲　烷	0.84～1.000
乙　烷	0～0.11
丙　烷	0～0.020
二甲基丙烷	0～0.004
丁　烷	0～0.004
氮　气	0～0.023
二氧化碳	0.017

3. 临界流函数 Y_{CR}

临界流函数 Y_{CR} 按下式进行计算：

$$Y_{CR} = \sqrt{\frac{\kappa}{Z_1}\left(\frac{2}{\kappa+1}\right)^{\frac{\kappa+1}{\kappa-1}}} \qquad (4-30)$$

或

$$Y_{CR} = \frac{a_c f + b_c}{\sqrt{Z_1}} \qquad (4-31)$$

式中　κ——天然气混合物的等熵指数；

a_c, b_c——为总压力和温度的函数，可查表取得。

将式(4-28)代入式(4-31)可得：

$$Y_{CR} = \frac{a_c f + b_c}{a_z f + b_z} \qquad (4-32)$$

式(4-30)至式(4-32)为经验公式，工程中，若有条件最好按式(4-30)将混合物的等熵指数代入进行计算。

4. 静压力校正系数 F_{TP}

流量计量原始方程中静压力是表示在喷嘴喉部之值，常称总压力或滞止压力。为了避免在喉部测量静压力对流态产生干扰，实际应用中则在喷嘴上游一定距离进行静压力的测量，由此引入

静压力校正系数 F_{TP}：

$$F_{TP} = 1 + \frac{\kappa}{2(\kappa+1)} \left(\frac{2}{\kappa+1}\right)^{\frac{\kappa+1}{\kappa-1}} \cdot \beta^4 \qquad (4-33)$$

式中 β——孔径比, $\beta = d/D$ (见图 4-15, 图 4-16)

三、临界流流量计的安装

按照 ISO 9300 规定要求,临界流流量计上游可以是圆形截面的管段,也可以是一个大的空间。无论是哪种情况均要保证上游流体无旋转流。

对上游圆形截面管段情况,为保证无旋转流应在上游大于 $5D$ 处安装整流器(图 4-17)。其管段与文丘里喷嘴中心线的同轴度不大于 $\pm 0.02D$；距文丘里喷嘴上游 $3D$ 处管道内圆度偏差不大于 $\pm 0.01D$；内壁粗糙度的算术平均值不得超过 $10^{-4}D$。此外,管道内径应大于 $4d$。

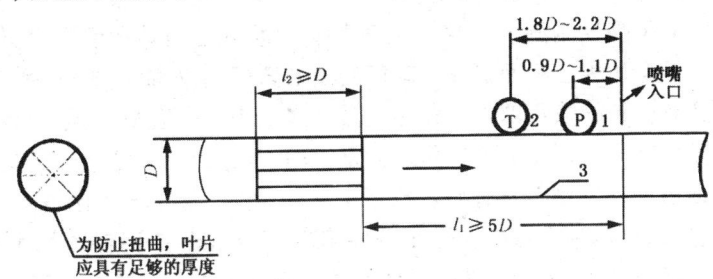

图 4-17 上游工作管段安装要求

1—压力测量；2—温度测量；3—在此范围内表面粗糙度不得超过 $10^{-4}D$

对于上游为一大空间情况,要求距喷嘴轴线或距喷嘴入口平面大于 $5d$ 处不得有封闭。

关于下游,没有特殊要求,但不能影响文丘里喷嘴喉部的临界流状态。

1. 压力的测量

当文丘里喷嘴上游为圆形截面管段时,静压力测量在喷嘴入口面 $1D \pm 0.1D$ 处；当上游为一大空间时,压力测点设置在喷嘴入口面相垂直的管壁上,且距入口面$10d\pm1d$范围内。为保证临界流状态,下游压力必需测量,并设置在喷嘴扩张管出口平面$0.5D$处。对于取压口、排放口位置、几何尺寸、加工精度均有要求。读者可参考ISO 9300有关章节。

2. 温度的测量

文丘里喷嘴上游可设一个以上的温度传感器。当上游为圆形截面管段时,温度测点在文丘里喷嘴上游入口面$2D\pm0.2D$处,同时要求温度计套管直径小于$0.04D$,其套管与取压孔在气流方向上应不在一条直线上。当然,温度传感器也可设置在更远的地方,但必须保证能反映喷嘴入口的滞止温度。

按照流量计算式(4-18)~式(4-23),为准确进行计量,需对天然气密度或相对密度进行测量。它的测点可设置在温度测点的上游,对于密度计应尽量靠近压力及温度的测点以免进行修正,但不得影响压力、温度的测量。

由于临界流流量计常称音速喷嘴,其应用已有悠久的历史,但最早不是作为计量而是作为动能转换装置使用,如蒸汽轮机、燃气轮机等设备的喷嘴部件。作为流量计量仪表却是近20余年的事。尽管气体流经音速喷嘴曾作过大量试验,其作用机理已十分清楚,但应用于计量仪表尚有许多问题需进行探讨。如参比工作条件下确定的流出系数,当实际工作条件偏离时会出现多大偏差?对于临界流函数,由于是压缩因子和等熵指数的函数,见式(4-30),在实际应用中如何准确确定也是急待解决的问题。

目前音速喷嘴主要有两方面的用途:

(1)作气体流量的传递标准。由于流经音速喷嘴的质量流量与入口滞止压力成线性关系式(4-16),因此,与差压式流量仪表相比,测量准确度高。尽管计量表达式是一个半经验公式,但在气体流量原始标准上校准后的流出系数可准确推广到不同工作条件。所以常用来作气体流量传递标准。如中国石油天然气流量检定测试站引进美国CS公司的撬装音速喷嘴标定系统,中国原油大计量站引进的车载移动式音速喷嘴标定系统均可校准孔板计量

装置及其他类型的流量计。由 mt(质量—时间)装置校准后作量值传递标准,其不确定度为±0.25%;

(2)作限流节流装置。从流量实用计算公式(4-18)~式(4-23),在特定条件下流体只要达到了临界流,其流量主要与音速喷嘴入口压力相关,即对特定音速喷嘴和流体只有改变入口压力方可改变流量,为此可作限流装置。根据实验,若音速文丘里去掉出口扩张段,其压力恢复较小,永久性压损则较大。因此还可作降压之用。这种用途在这里已超越本书范围,不再赘述。

四、临界流流量计的特点

综合上述,临界流流量计正常工作情况下只有改变入口压力才能使流量增大或减小,而压力测量准确度可很高,常用作高压大流量的校准装置。其结构简单,体积较小,没有转动部件,因而坚固耐用,便于制造与检验,价格便宜,可以说是一个半永久性的计量设备。

但作为工业用计量仪表,一般来说上游压力受一定限制,而流量则受下游用户的需求随时变化。这种"定量式"供应仪表一般不能满足用户要求。为了扩大流量测量范围而应用于工业中,可将临界流流量计增设差压测量而扩展到亚音速范围。若配以专门软件的流量计算机是适合的,如 BYWZJ 系列亚音速—音速文丘里智能流量计作全范围的计量可用于压缩天然气售气机就是例证。

另外,临界流流量计工作在临界流状态,因其临界流压力比(下游压力与上游压力之比)而存在一个较大永久性压力损失,一般为 5%~20%。在高压大流量输气管道的流量测量中会受到一定限制。

第五章 天然气质量流量测量与能量流量计量

第一节 概　　述

前面几章介绍了可用于天然气测量的多种流量计,无论是哪一种流量计均按当前惯例进行温度、压力补偿换算到标准状态条件下的体积流量。在输配系统的天然气计量中,温度　压力相对来说虽然变化缓慢,但却时刻变化。为了准确的计量可采用流量计算机,由驻留在机内的专用计算软件实时计算,从而取代难于迅速完成的繁琐计算工作。目前,国内天然气计量中,体积流量计量仍占主导地位;国外已经历了体积流量计量、质量流量计量和能量流量计量三个阶段。随着天然气价格和产量的提高,以及其作为洁净能源的广泛使用,人们对商品天然气计量技术的研究和发展越来越重视。传统的天然气计量以体积为单位,只能确定体积计量数量的多少,不能科学地反映天然气的品质和真正价值。同时,由于天然气的体积计量要受压缩因子、温度、压力等多因素的影响,更希望用质量流量计来测量流量。体积测量是确定天然气在一定压力和温度条件下的体积,是一种在标准状态条件下的计量,质量计量也是一种数量的计量,但它是天然气所处状态条件无关的一种数量计量。由体积计量转换为质量计量是一种进步,质量流量计量不用考虑天然气的压力和温度状态,同时天然气的能量与天然气质量流量的关系比体积流量的关系更密切。因此,作为重要热能资源的天然气,其一定体积量(或质量)产生能量的多少,更能反映天然气的价值。目前,以能量单位计量天然气的应用越来越广泛,能量计量体现了天然气测量的质量和数量,更科学、更先进,更能反映天然气的内在价值。

按天然气介质质量作为流量计量单位可由多种方法来实现。如直接称重法,温度、压力补偿计算法等。直接称重法系静态质量测量,它将天然气灌入容器中,称重后又取出来再进行容器的称重,两次之差即为该容器内天然气的质量流量。由于它不能进行连续地动态测量,加之称重系统设备骄贵,在供气工程中不便应用。但是,由于计量准确度高,常用于流量校准的最高标准。对于压力、温度补偿计算法的质量流量测量,其测量原理是基于质量流量与密度相关,而密度又可由PVT状态方程推算得出,即 $\rho = \rho_n \cdot \frac{p}{p_n} \cdot \frac{T_n}{T} \cdot \frac{Z_n}{Z}$。所以,天然气的质量流量在组分固定不变情况下,可由前面几章介绍的体积流量仪表配合密度的计算之积获得。

在实际的天然气流量测量工程中,一般来说,温度、压力变化范围都不大,但由于天然气是多种气体的混合物,其可压缩性使密度与压力、温度间呈非线性,特别是高压情况下大大地偏高理想气体定律。这时宜采用体积流量计与密度计相结合的间接式质量流量测量,或直接测量与质量流量成比例的直接式质量流量计测量。

能量计量是指天然气作为一种能源,在使用时,它所能给出的发热能量。英制能量单位是英制热量单位Btu。一个Btu定义在标准压力状态下将1bbl纯水从58.5°F加热到59.5°F所需要的热量。由于能量单位Btu值很小,因此在商业交换中,通常使用therm(100000Btu)和dekatherm(1000000Btu)。国际上能量单位是焦耳(J),常用kJ、MJ作为能量计量单位(1Btu等于1055.06J)。天然气的能量计量是在体积测量或质量测量的基础上,再增加天然的发热量测量,进而将这两种测量合成,计算出天然气的能量流量来。目前,国际上使用的发热量测量基于两种不同的测量技术,它大致可分为直接测量和间接测量两种。直接测量是使用一种可记录式的气体热量计。间接测量是采用气体分析仪分析天然气组分而计算天然气的发热量。目前,天然气的发热量以间接测量方式为主。直接测量的热量计主要有水流式热量计、在线发热量自动测试仪(如日本横河公司的GM6G型燃气热量计、FLO-GAL

高速卡值计);间接测量主要采用气相色谱仪(在线、离线),国外有专门的在线气体分析仪,它除了可给出组分等相关参数外,还可给出发热量。

第二节 间接式质量流量计

间接式质量流量计主要是采用各种型式的体积流量计与密度计或两种流量计相结合,运用模拟或数字式运算器间接获得天然气流体的质量流量。按不同型式的体积流量计与密度计或流量计相互组合,可分为下列三种方式:

(1)测量 ρQ^2 的流量计与密度计的组合;
(2)测量 Q 的流量计与密度计的组合;
(3)测量 ρQ^2 的流量计与检测 Q 的流量计的组合。

测量 ρQ^2 的流量计与密度计的组合见图 5-1 所示。图中为节流式流量计与密度计的组合,如标准孔板流量计与密度计结合,由运算器完成的信号相乘后开方便获得质量流量,其流量可进行指示、记录或累积。

测量 Q 的流量计与密度计的组合见图 5-2。测量 Q 的流量计可以是容积式流量计,也可以是涡轮流量计、超声流量计、旋涡或旋进旋涡流量计等。该图中为涡轮流量计测量的体积流量与密度计结合,由运算器完成乘积运算得到质量流量。

运用不同型式流量计组合也可获得质量流量。图 5-3 为节流式流量计与涡轮流量计相结合的例子。不难看出,采用不同的运算器完成 $\sqrt{XY}$、XY 或 X/Y 能获得质量流量。

以上介绍的间接式质量流量计均是组合式,其可靠性、适用性依赖于被组合仪表的适应范围和成熟程度,其系统的不确定度也与被组合仪表性能、仪表安装是否合理有关。当然,运用组合方式,与体积流量相比因测量系统内仪表增多,必然会增加初装费,维护工作量会增大,同时可靠性方面也会有所降低。

据报道,国外有多种原理构成间接式质量流量计,它们在一台

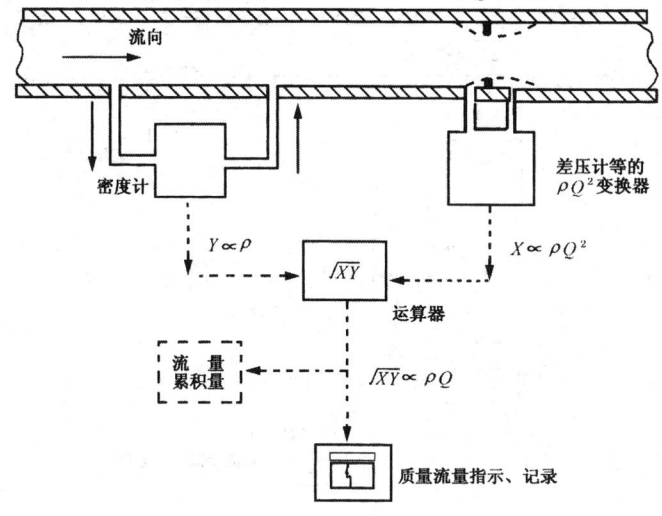

图 5-1　ρQ^2 测量器和密度计组合的质量流量计结构图

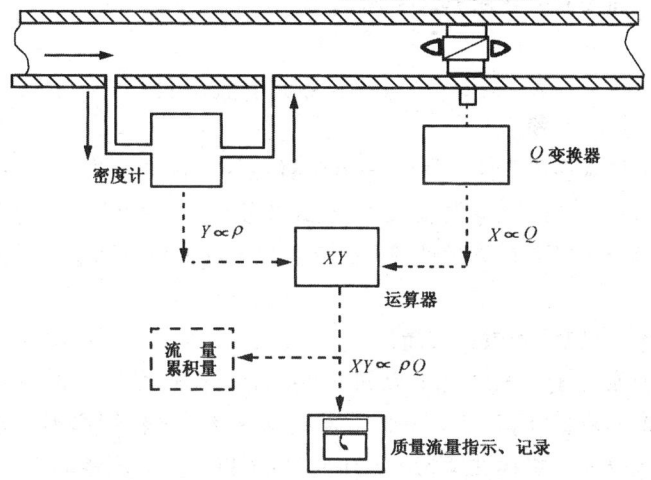

图 5-2　Q 测量器和密度计组合的质量流量计结构图

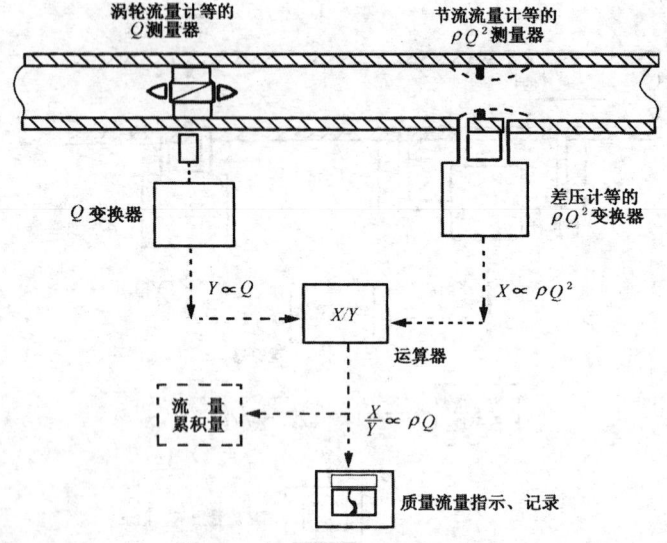

图 5-3 ρQ^2 测量器与 Q 测量器组合的质量流量计结构图

质量流量计内用两种不同型式的仪表组合,但迄今应用于天然气计量方面尚有一定距离。

第三节 直接式质量流量计

直接式质量流量计除第一节中概述的直接称量式外,还有科里奥利式、陀螺式、双涡轮式、差压式和量热式流量计。目前在气体计量中可作质量流量计的产品有科里奥利流量计和量热式流量计等。

一、科里奥利质量流量计

该流量计是利用科里奥利(Coriolis)力的作用制造的测量流体质量的流量计,它是一种角动量式流量计。其作用原理是当流体流过以某一角速度旋转的管子时,流体以一定速度运动,流体质点会产生使管子变位的科里奥利力。该力的大小由下式进行量度:

$$\bar{F}_C = -2 \cdot m \cdot (\bar{\omega} \times \bar{u}) \qquad (5-1)$$

科里奥利力与质点运动的速度矢量值 $\bar{u}$ 和角速度矢量值 $\bar{\omega}$ 的积与质点质量 m 乘积成比例。也即是说由科里奥利力产生的位移量将与流体质量成正比。

图 5-4 为该流量计测量器外形与结构图。计量系统由振动管、振动驱动器、位移测量器、信号处理器和流量显示等部分组成。图中两个振动管呈 Ω 形(也可为 C 形、S 形、T 形,也可为单管 Ω、S、C 形或直形),被可控的电磁振动线圈激励,使振动频率与振动管的自振频率一致。当流体在振动管内流动时将因科里奥利力使管的前半部分的入口段减缓而后半部分的出口段振动增强。用磁性位置测量器(或光测量器)测出的相位差值将正比于流动介质的质量。

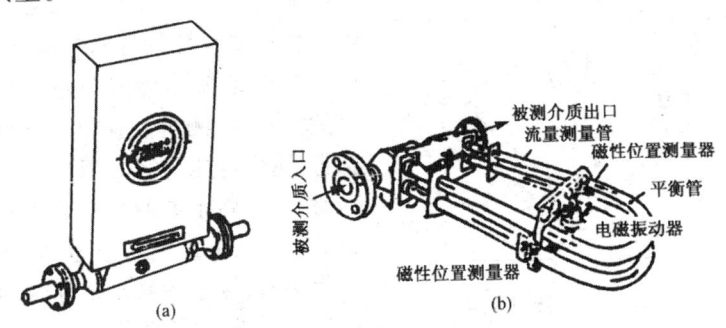

图 5-4 流量测量器的结构与外形
(a)流量测量器的外形;(b)流量测量器的结构

目前大多数科里奥利质量流量计主要用于测量液体,这是因为气体密度小,同样体积的气体产生的科氏力比液体小,振动管位移小给信号测量带来困难。近来年,美国推出的 Micro Motion D 型质量流量、密度变送器可以测量气体。它的最大流量可到 11340kg/min,最大公称口径达 200mm,最小内径为 1.5mm,最高工作压力为 39.3MPa,可工作在 -240～+204℃ 范围,测量准确度为 ±0.2%。

据介绍,该流量计不受压力、温度、粘度、密度及流体种类影响而直接测得质量流量,准确度高,量程比大,安装简便,不需要专用连接管段。但是相对来说压损较大,信号控制与处理难度大,二次仪表线路复杂;另外,由于振动管运行在低频振动中而易于疲劳,加之体积较大,价格较高。然而由于计量准确、方便应用,科里奥利流量计将会是很受欢迎的质量流量计。

二、热式质量流量计

热式质量流量计是利用流体流速与热源对流体传热量关系来测量质量的仪表。到目前为止可用于气体计量的热式质量流量计主要有两种。

1.量热式质量流量计

量热式质量流量计,其原理基于气体的对流传导特性。它的两组作为加热与测温的线圈绕组对称地绕在测量管的外壁上,通过管壁给流体传递热量。当流量为零时,测量电桥处于平衡状态,输出电压为零。当气体流动时,气体将上游的部分热量带到下游,上、下游产生温差,电桥失去平衡,输出信号经推算将与质量流量成正比(图5-5)。

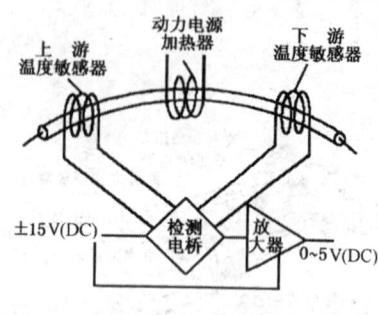

图5-5 测量原理

量热式这种流量计主要用于小流量的测量。如果需要测较大的流量可作成分流型结构(图5-6),即测量传感器装在旁路管上,主管上装节流件。主管与旁路管为固定比值,从而可推算总的质量流量。

该流量计用于天然气计量仍感到流量太小。据美国Brooks'公司最新产品说明书最大流量只能达到(标准状态下)100L/min,而且要求气质干燥、纯净,最好是单一组分气体或固定比例的混合气体。这些性能使之应用于天然气输配系统中难以满足要求。

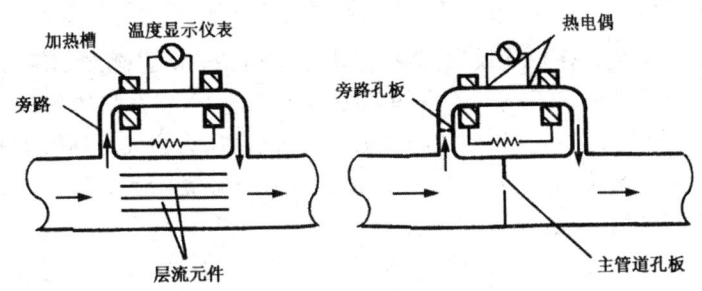

图 5-6 质量流量计结构示意图

2. 金式律热式质量流量计

金式律热式质量流量计与量热式质量流量计相似,也是利用气体掠过热体表面时会带走热量,此热量正比于气体的质量流量及其热吸收性能。而流量传感器则用二根温度测量器(铂电阻)构成。其中一根测量工作状态下气体温度,另外一根装有一只或几只可加热的温度传感元件。前者作参比温度,后者加热至高于被测气体温度的某一恒定值。当气体流经加热温度传感器时,将加热的热量带走,使温度下降。由控制器增加加热功率,温度又恢复到原来之值。当气流速率增加时,传感器传递给气体的热量增多,因此需供给更多的电流以继续维持传感元件的温度,气体的质量流量可通过该电流进行量度。

该质量流量计与量热式质量流量计一样可直接测量气体质量流量,它没有可动部件,可靠性高。目前国内生产的该型流量计口径较小,但美国EPI公司生产8000,9000系列热式气体质量流量计,可以是直接安装的单点式质量流量计、多点式质量流量计,还有插入式安装的质量流量计。单点式最大口径为100mm,最小为3mm;最大流量在标准状态条件下以空气计达38220L/min,流量比可达100∶1,最高工作压力为3.4MPa(国产小口径可达10MPa)。多点式质量流量计主要是由于管路面积大,流体有可能存在不规则的流动断面,需两个以上探测点以便得到真实的平均流动信号。据介绍,该流量计可安装在50mm至2.7m的管道上。插入式采用插入式探头,也能安装在50mm至2.7m的管道上。

使用金式律热式质量流量计,由于采用铂热电阻感测元件,对气体洁净度要求不高。若采用该公司生产的 BVR 系列的球阀泄取器,可不停气地进行清洗与维修。之外,其压力损失小到可忽略不计。计量准确度为 ±1.5%,读数 +0.5% 满量程,重复性为 ±0.25% 满量程。

关于流量计安装,由于型式不同安装方式各异,应用时宜参见产品说明书的要求。但有一点要注意的是:流量计上游应保证 $10D$,下游有 $5D$ 的直管段,以保证流道上有均匀的流动断面,传感部分应水平安装。还要注意的是,鉴于流体吸收热的速度直接与它的质量流量有关的原理,因而适用于单一气体或固定比例多组分气体测量。在多种气体混合物的天然气测量中应用必须慎重,并且宜在实流标定后应用。

第四节　天然气能量流量计量

一、天然气的发热量

1. 天然气各组分的发热量

天然气是从地层中采出的以甲烷为主的可燃气体和其他不可燃气体的混合物,不但油田气与气田气的组分有不同,就是同一个气田不同气层,同一气层不同开采时期所采出的天然气,其组分也不同。众所周知,天然气并不是一种纯物质,它含有甲烷、乙烷、丙烷等烃类组分和氮、二氧化碳等非烃类组分,而各组分的含量也不相同。介于天然气相互之间组成各不相同,同样体积的天然气所能产生的热量也不相同。不同气源的商品天然气,发热量差别较大,在 SY 7514—88《天然气》行业标准中,将天然气的高位发热量分为 A、B 两组,这两组有显著区别,见表 5-1。根据原中国石油天然气总公司天然气检测中心的检测,国内管输天然气的高位发热量最小为 $33.90MJ/m^3$,最大为 $47.39MJ/m^3$,二者相差 40%。也就是说,假若用户用相同的费用购买了同样立方米的天然气,发热量大的用户比发热量小的用户要多使用40%的能量。同时,国内各油气田供应城镇的天然气,虽然其高位发热量大都达到表5-1中A组指标,但由于气体气源和处理过后的气体组成的不同,其发热量也存在着一定的差别。国外,据美国26个城市的统计,商品天然气体积发热量最小为$36.1MJ/m^3$。而且,发热量的大小与燃烧状况和测试条件有关。综上所述,发热量比单纯用体积测量更能反映天然气的内在价值,因为用作燃料用的天然气的商品价值是其所含有的热量,即天然气销售、使用的实质是天然气的能量,而不是天然气体积。显而易见,能量计量比体积和质量计量更为合理与科学。

表5-1 我国商品天然气质量要求

项目		质量指标			
		1	2	3	4
高位发热量 MJ/m^3	A组	>31.40			
	B组	14.653~31.40			
总硫(以硫计)含量,mg/m^3		≤150	≤270	≤480	>480
硫化氢含量,mg/m^3		≤6	≤20	实测	实测
二氧化碳含量(体积分数),%		≤3			
水分		无游离水			

由于不同来源、不同组分的商品天然气,其热值差别较大,即天然气计量不但有量的计量,也有质的计量,在此给出管输天然气质量指标所涉及的主要内容,见图5-7。根据GB/T 11062《天然气发热量、密度、相对密度和沃泊指数的计算方法》标准,在已知天然气的组成(摩尔组成),用各纯组分的物性值可计算天然气的发热量。表5-2给出了天然气纯组分的理想高位发热量和理想低位发热量。

```
                    ┌ 大量组分(8个):甲烷、乙烷、丙烷、总丁烷、总戊烷、
                    │               C_{6+}、氮、二氧化碳
         ┌ 气体组成 ┤ 少量组分(5个):氢、总不饱和烃、氧、一氧化碳、氦
         │          └ 微量组分(5个):硫化氢、硫醇、羰基硫、总硫、水分
管输天然气│          ┌ 发热量和沃泊指数
质量指标 ┤ 物理性质 │ 相对密度
         │          │ 压缩因子
         │          └ 露点
         │          ┌ 在交接温度、压力下不存在液相的水和烃类
         └ 其他性质 ┤ 固体颗粒含量不影响输送和利用
                    └ 存在的其他气体不影响输送和利用
```

图 5-7 管输天然气质量指标涉及的内容

表 5-2 纯组分的理想高位发热量和理想低位发热量
（101.325kPa,293.15K）

组　分	H_s, kJ/m³	H_j, kJ/m³
甲　烷	37033	33356
乙　烷	64877	59362
丙　烷	92331	84978
丁　烷	119655	110463
二甲基丙烷	119307	110116
戊　烷	147063	136034
2-二甲基丁烷	146729	135700
2,2-二甲基丙烷	146250	135221
己　烷	174459	161589
2-甲基戊烷	174137	161268
3-甲基戊烷	174247	161378
2,2-二甲基丁烷	173751	160882
2,3-二甲基丁烷	174087	161218
庚　烷	201849	187141
2-甲基己烷	201555	186848

续表

组　分	H_s, kJ/m³	H_j, kJ/m³
3-甲基己烷	201697	186989
辛　烷	229219	212673
2,2,4-三甲基戊烷	228588	212041
环己烷	164393	153364
甲基环己烷	191329	178461
苯	137280	131765
甲　苯	164163	156809
氢　气	11889	10051
一氧化碳	11763	11763
硫化氢	23393	21555

天然气理想发热量由下式计算(单位体积发热量):

$$H_{(\mathrm{id})} = \sum_{j=1}^{n} X_j H_{j(\mathrm{id})} \tag{5-2}$$

式中　$H_{j(\mathrm{id})}$——j 组分的理想发热量,kJ/m³;

　　　$H_{(\mathrm{id})}$——天然气的理想发热量,kJ/m³;

　　　X_j——j 组分的摩尔分数;

　　　n——天然气的组分总数。

天然气真实发热量由下式计算:

$$H_{(\mathrm{re})} = \frac{H_{(\mathrm{id})}}{Z_n} \tag{5-3}$$

式中　$H_{(\mathrm{re})}$——天然气真实发热量,kJ/m³;

　　　Z_n——天然气在标准状态下的压缩因子。

天然气的能量计量是通过两个不相关的测量来完成的,即体积或质量流量测量和确定天然气单位体积或单位质量的发热量而进行计量的,体积(或质量)发热量可通过直接测量和间接测量两种。这两种方式计量天然气能量的计算公式如下：

$$E = V \times H \tag{5-4}$$

式中　E——天然气的能量,kJ；

　　　V——在标准条件下天然气的体积,m^3；

　　　H——在标准条件下天然气的体积发热量,kJ/m^3。

计算天然气能量首先要有同一基准压力下的天然气体积和单位体积的发热量。如果是不同压力基准下的体积和发热量,求出的发热量需要进行修正。可以将体积修正到单位体积发热量的基准或将单位体积发热量的状态修正到体积的基准状态。另外,干气单位体积的发热量大于饱和气单位体积的发热量。因此,在能量计算中有可能根据具体情况进行基准修正和水蒸气修正等,必须修正到同一标准状态条件下。

2.高位发热量和低位发热量的概念

1)高位发热量

高位发热量是指规定量的天然气在空气中完全燃烧时所释放出的热量。在燃烧反应发生时,压力 p 保持恒定,所有燃烧产物的温度降至与规定的反应物温度相同的温度,除燃烧中生成的水分在该温度下全部冷凝为液相外,其余所有燃烧产物均为气相。

当上述规定的气体量由摩尔、质量和体积给出时,则相应地称作摩尔发热量、质量发热量和体积发热量。

2)低位发热量

低位发热量是指规定量的天然气在空气中完全燃烧时所释放出的热量,在燃烧反应发生时,压力 p 保持恒定,所有燃烧产物的温度降至与指定的反应物温度相同的温度下,所有的燃烧产物均为气相。

高位发热量与低位发热量的不同点是天然气燃烧后生成的水分在规定温度下的气化热。要特别注意高位发热量与低位发热量的区别。发热量大小与燃烧状况和测试条件有关,由于天然气组分复杂,在不同的燃烧条件下化学反应有所不同。例如硫在空气中燃烧和在过氧燃烧时就不同；再如天然气燃烧后的烟气在高温下排出，则烟气将带走一部分热量，但若将烟气中的热量加以利用，把烟气温度冷却至室温后排出，则其中的水蒸气（由天然气中液态水蒸发及由燃烧化学反应产生的水蒸气）将冷凝而放出气化热，使测得的发热量增加。

天然气燃烧反应时，生成的水马上吸收燃烧反应生成的热而变成气相蒸发掉，不可能冷凝为液相而获得这一部分冷凝释放热，只能通过计算和热交换式热量计测量才能知道这一部分的冷凝释放热，在燃烧中人们真正能够利用到的发热量是天然气的低位发热量（有效发热量）。

3. 发热量计算标准（国内）

相关的天然气发热量计算标准如下：

GB/T 11062《天然气发热量、密度、相对密度和沃泊指数的计算方法》；

SY/T 6143—1996《天然气流量的标准孔板计量方法》；

GB 12206—90《城市燃气发热量测定方法》；

SY 7514—88《天然气》；

GB/T 13610《天然气的组成分析 气相色谱法》；

GB/T 11060—1.2《天然气中硫化氢含量的测定》；

GB/T 11061《天然气中总硫的测定》。

二、天然气发热量的直接测量方法

1. 基本原理

直接测量方法的原理是依据天然气实际的燃烧。

在直接测试中要使用气体热量计，并且是可记录热量计。在热量计中，天然气以常速经计量后流到一个燃烧部件。同时天然气在一个过剩空气中燃烧。燃烧产生的气流通过一个热交换器，在其中燃烧的热量被传递到一种交换媒介（水或空气），此媒介以常速流动。热交换媒介的温度升高值与天然气的发热量成比例。校准检验采用一种标准物质，例如高纯度的甲烷气或具有可溯源性和被检定过发热量的天然气。可记录的热量计一般可连续工作并提供连续的发热量记录。另外,数据系统应可以提供一段时间内发热量平均值(每小时或每天),可记录热量计要控制环境条件以达到准确度的最高要求。

2. 结构形式

测量天然气发热量的方法有多种,主要有水流吸热法、烟气吸热法和金属膨胀法。水流吸收法测燃气发热量是公认的最基本的测试方法。我国及多数工业发达国家均采用此法作为测量燃气发热量的国家标准,我国国家标准为 GB 12206—90《城市燃气发热量测定方法》。天然气是一种优质的城市燃气。

水流式吸热测量发热量方法主要由热量计本体、流量计与调压器等部件组成的量热系统(见图 5-8)。天然气经过调压、计量后进入热量计本体内的本生灯燃烧器进行完全燃烧。燃烧产生的热量被热量计中的水流吸收,被加热的水量可用量筒量得,这样,可通过热平衡方程式近似计算:

$$FVH_{re} = Wc\Delta t \qquad (5-5)$$

式中 H_{re}——热量计发热量,kJ/m^3;

V——天然气在一定时间内流过的体积,m^3;

F——由实测 V 折算为标准状态下天然气体积的折算系数;

W——与 V 相对应的在相同时间内流过的水量,kg;

c——水的质量热容,$kJ/(kg·K)$;

Δt——水被加热的温升,℃。

热量计所测发热量既非高位发热量,更不是低位发热量。如果量出在同一时间内流出热量计的冷凝水,并计算出单位天然气体积的凝结水潜热 q_w,可根据定义求得低位发热量

$$H_{sv} = H_{re} - H_w = \frac{Wc\Delta t}{FV} - H_w \qquad (5-6)$$

式中 H_w——每标米³ 天然气的冷凝水潜热,kJ/m^3。

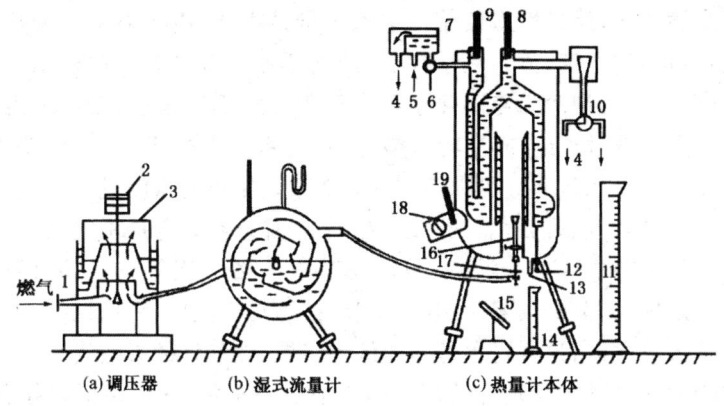

图 5-8 水流吸热式热量计
1—燃气入口;2—重块;3—钟罩;4—下水道接口;5—自来水入口;
6—水量阀;7—恒水位箱;8—热水温度计;9—冷水温度计;10—转向阀;
11—量筒;12—放水阀;13—冷凝水出口;14—冷凝水量筒;15—反光镜;
16—本生灯;17—一次空气调节板;18—烟气蝶阀;19—烟气温度计

1)调压器

调压器的作用是保证进入热量计中的天然气压力稳定,从而使天然气流量恒定。图 5-8(a)所示为一种小型湿式调压器。当天然气的压力升高时,气体托起钟罩 3,关小阀口;相反,压力降低时,钟罩下沉,开大阀口。这样可使天然气压力稳定。钟罩上的重块越重,则天然气压力越高,流量越大。可见,通过重块可调节天然气流量。

2)流量计

这里采用的是湿式气体流量计。

3)量筒

量筒是测量水量的设备,其容量为2500mL,也可以用相应的称量与感量磅称。

4)热量计本体

热量计本体是一个具有足够换热面积的热水器(也可以说是一个热效率接近 100% 的小锅炉)。天然气通过本生灯燃烧器 16

完全燃烧,水经过恒水位箱 7 进入热量计本体,由于多余水流出,故水流稳定不变,流入热量计本体的水吸收了燃烧产生的热量后,温度升高,用测冷水与测热水两支温度计分别计量进、出口水温,并可算出温升 Δt。通过转向阀 10,可把水注入量筒 11,从而测得水量。调节水量阀 6 可以控制进入热量计本体的水流量。水流量减少,可提高温升 Δt,但是 Δt 过高会增加量热计与周围空气的散热。为了略去这部分散热,可以调节适当的水流量使 $\Delta t = 10 \sim 12℃$ 之间,调节烟气蝶阀 18 可调节、控制烟气温度,应该控制烟气温度接近室温,这样可以近似地认为,进入热量计的天然气与空气的物理热与排出量热计的烟气的物理热相抵消,从而保证热平衡方程式的平衡关系。

3. 安装、使用与校准

1)安装、使用

水流式热量计测试系统的仪器及安装见图 5-9。

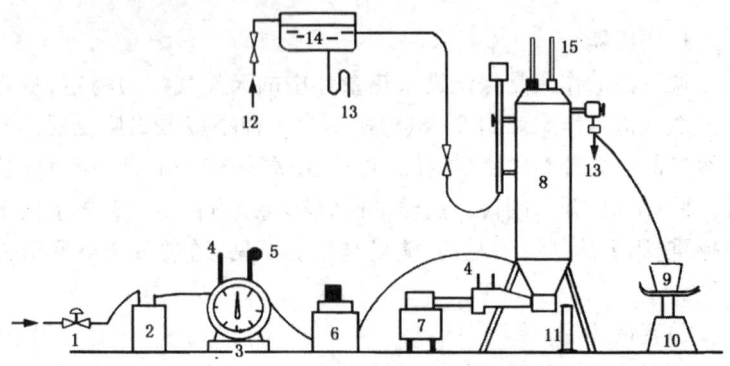

图 5-9 水流式热量计测试系统安装示意图
1—天然气初次调压器;2—天然气湿润器;3—湿式流量计;4—温度计;
5—压力计;6—天然气稳压器;7—空气湿润器;8—热量计本体;9—盛水器;
10—台秤;11—凝水量筒;12—上水;13—下水;14—水箱;15—水温温度计

(1)热量计应装在光线明亮,气流速度小于 0.5m/s,并不受辐射热影响的地方。环境温度在测试时间内应为 15~35℃,温度波动应小于 ±1℃。

(2)进入热量计的水温应低于室温 1.5~2.5℃,整个测试包括二组四次测试,每次测试的进水温度波动必须小于 0.1℃,如果该水温与周围环境温度相差过大时,会引起热量计外表面与周围空气进行热交换,从而引起误差。

(3)热量计的热负荷应保持标定时的热负荷。当负荷为 3.3~4.2MJ/h 时,燃烧器的喷嘴尺寸可为:①当高位发热量为 37.7~46.0MJ/m^3 时,选取喷嘴直径为 1.5mm; ②当高位发热量为 46.0~62.8MJ/m^3 时,选取喷嘴直径为 1.0mm。

(4)调节烟气蝶阀,使烟气温度接近环境温度。如果烟气温度过高,表明烟气带去较多热量,使测出的热值偏低。

(5)测试注意事项:

①本生灯在热量计本体内应连续不断地燃烧,不应灭火。当发现灭火时,应马上关闭天然气阀门。本生灯灭火可以通过反光镜观察出,也可以根据热水温度的下降发现。

②在发现灭火时应立即把天然气阀门关闭,并把本生灯取出,重新点燃后不要马上装进热量计中。因为本生灯灭火后,使热量计内存有未燃烧的天然气,如不排除而立即放入点燃的本生灯,有可能发生爆鸣。为排除热量计内存留的天然气,可用空气吹扫,也可把手伸入热量计内以驱散其中天然气。

③必须保证向热量计内注水,然后再装进点燃的本生灯。

④要防止天然气被测量系统中的水及橡胶管吸收或吸附而影响测量准确度,在正式测试前,应使天然气与胶管充分接触(有5~6h 即可),并让 60L 以上天然气通过天然气表后再正式测定。

(6)高位发热量的测量。

公式(5-5)中的 H_{re} 不是高位发热量,这是因为它没有表明进入热量计的水分与排出热量计的水分是否平衡,为此要测量高位发热量,可采用控制空气湿度法。

新型的水流式热量计都在热量计本体的空气入口处加一个空气加湿器(见 GB 12206),利用它可以控制进入热量计空气的湿度,进入热量计的天然气的相对湿度一般可控制为 100%。由于已有凝结水出现,所以排出热量计的烟气的相对湿度也是100%。根据热量计水分平衡的计算,在保持天然气与空气带进热量计的水分等于烟气排出热量计的水分的要求下,天然气和空气的相对湿度宜控制为81%。

因此,日本工业标准(JISk 2301)、中国计量科学研究院编制的JJG 412—86国家计量检定规程《水流型气体热量计》及GB 12206—90《城市燃气发热量测定方法》都规定控制空气湿度为80%±5%。

当控制进入热量计的空气相对湿度为80%±5%时,式(5-5)中的H_{re}值即为高位发热量H_{sv}。

(7)热量计修正系数。

不是所有的热量计都100%地将天然气燃烧产生的热量全部被水吸收。因此热量计在出厂前应根据JJG 412《水流型气体热量计》检定规程用已知发热量的纯度达99.99%的单一燃气进行标定,确定热量计的修正系数f_2。此f_2值最好在0.99以上,不宜低于0.98。热量计运行一段时间后(检定周期为一年),应通过计量单位重新标定。

在测量天然气发热量时,测试条件很重要,表5-3给出几个国家标准规定的条件。由表中数据可见,JJG 412属国家计量检定规程,故其测试条件比GB 12206要求严格。

表5-3 各国测试条件对照表

项　　目	德国 (TGL 28050/07)	苏联 (ГОСТ 223871)	日本 (K2301—1980)	中　国	
				JJG 412—86	GB 12206—90
进水温度,℃	低于室温 (1~10)	与室温差 不大于5	比室温低 2±0.5	比室温低 1.5~2.5	比室温低 1.5~2.5
进、出水温差,℃	8~12	8~12	10~12	10~12	8~12
燃烧器热负荷 (热流量),kW	1.05~1.16	1.16	1.05~1.16	1.05~1.16	1.0~1.16

续表

项 目		德国 (TGL 28050/07)	苏联 (ГОСТ 223871)	日本 (K2301—1980)	中 国	
					JJG 412—86	GB 12206—90
烟气温度,℃		与进水温差 0~4	与进水温差 0~4	比室温低 0.5	比室温低 0.5~1.0	与进水温差 0~2
实验温度,℃		16~25	16~25±1	采用空调	(18~28)±0.5	(10~30)±1
燃气耗量 L	<31.5 MJ/m³	8~11	8~11	10	/	/
	>31.5 MJ/m³	4~8	4~8	5	5	5

(8)测试步骤。

测试步骤按 GB 12206 中规定进行。

低位发热量 H_{iv} 的计算式为

$$H_{iv} = \frac{Wc(t_1 - t_2)}{FVf_2 \times 10^{-3}} f_1 - \frac{W_L H_w}{FV \times 10^{-3}}$$

式中
(5-7)

$$F = \frac{273.15(p_a + b - s)}{(273.15 + t) \times 101300}$$

式中 H_{iv}——天然气低位发热量,kJ/m³(标准状态条件下);

W——水量,g;

c——水的质量热容,kJ/(g·K);

t_1——进口水温,读 10 次,取平均值,℃;

t_2——出口水温,读 10 次,取平均值,℃;

V——天然气耗量,与 W 相对应的天然气量,L;

F——将实测 V 折算为标准状态条件下干天然气体积的折算系数;

t——天然气温度,℃;

p_a——测量过程的大气压力,Pa;

b——天然气表压力,Pa;

s——t℃下饱和蒸气压,Pa;

f_1——气体流量修正系数;

f_2——经过标定后的热量计修正系数;

W_L——在接凝结水时间内积存的水量,g;

V——与 W_L 对应的天然气耗量,L;

H_w——凝结水气化潜热,kJ/g。

高位发热量 H_{sv} 的计算式为

$$H_{sv} = \frac{Wc(t_1 - t_2)}{FVf_2 \times 10^{-3}} f_1 \qquad (5-8)$$

式中 H_{sv}——天然气高位发热量(标准状态条件下),kJ/m³;

其他符合解释同式(5-7)。

2)校准

(1)校准系统组成

热量计量系统应有一个包括校准标准的校准手段,这个校准系统由以下样气和设备组成:

①采用经过检定且具有可溯源性的标准气体进行校准,标准气体盛装在气瓶中。

②连接气瓶至测量仪器的管线并包括必要的减压设备所组成的专用管线。

③如需要,安装加热器进行加热以消除混合气体的冷凝。

(2)标准气质量

标准气体质量的好坏是校准系统中很关键的一环。作为校准用的标准气体混合物在预期的存储和使用条件下,应具有组分稳定的特性。用于热量计校准的单一组分气体应该被规定,如甲烷气体纯度被规定为 99.999%。并且校准气体应为纯净气体,具有已知的不确定度。高纯度甲烷对许多天然气气体都是比较适合的校准气体。

(3)校准过程应考虑的因素:

①经检定过发热量或校准气体组分的不确定度。
②被要求输出发热量的最大允许不确定度。
③适用于操作范围的校准气体的数量。
④校准频率是校准的时间间隔、测量设备稳定性和重复性的函数。
⑤热量计的校准测试时间。
⑥应建立校验用标准气体的溯源链。

三、天然气发热量的间接测量方法

1. 基本原理

直接测量天然气发热量是复杂和困难的,因此经常采用气相色谱仪分析天然气组分而进行间接测量天然气发热量。它可以是在线的,也可以是离线的。气相色谱仪是一种分析仪器,可以分离和测量出天然气中单一或复合组分的含量。通过将检测信号与组分已经明确并经过检定的标准气体信号进行比较和计算而得到。根据天然气的组分值和其他物理特性便可计算出发热量来。

2. 结构形式

我国的天然气计量与工业发达国家比较,技术上有一定的差距,尤其是能量计量方面,在线色谱仪全靠引进需花一定的外汇。目前,我国天然气的发热量以间接测量为主,其中又以离线分析天然气组分为主要方式,因此,从投资、维护管理及气田气在一定时间内相对较为稳定考虑,间接测定发热量法较为可靠。

气相色谱仪用的是一种物理方法,其将气体分成单一组分,然后测量混合气体中每种组分的量,以确定其分子构成。一旦确定了分子组成,该气体的发热量可通过计算确定。实际上,气相色谱仪由一个具有调节控制气体供应的取样注入系统,稳定的分离柱,一个检测器和一个记录仪构成。气相色谱仪的分析结果可以用来计算超压缩系数、相对密度和发热量等。

气相色谱仪可以分为三个部分,即:取样调节控制系统、分离处理系统和色谱仪控制器。

取样调节控制系统是保证获得一个具有代表性的样品,并经压力控制以保证不失去 C_6 以上的重组分。此外,要采取过滤和排液措施,以确保分析仪正常。

分离处理系统是将进入分析仪柱内的气样,通过加热将混合物每一组分分开,并由热导检测器检测出来,并以色谱峰形式输出。

色谱仪控制器实际上是微处理机的一个控制板,具有定时功能,控制样品的注入,分离柱的转换,完成自动校验和记录结果。另外,控制器还检测、识别由热导检测器输出的峰值,进行积分计算每一种组分的数。由于设备的位置和环境变化会影响检测器输出的峰值尺寸变化,因此,应该用高质量的标准校验这些仪器。

有关气相色谱仪的详细原理、结构型式见本书第六章第五节。表5-4给出了可供天然气分析选用的国内外气相色谱仪及色谱数据微处理机的一部分。

表5-4 国内外气相色谱仪及微处理机

生产厂	型号	最高柱温℃	程序升温	检测器	色谱柱	进样系统		适用范围			微机化	可选配的色谱数据微处理机
						气体进样	加热进样	自动进样	一般分析	痕量分析	工业分析	
北京分析仪器厂	SP-2305	350	+	TCD、FIB	双	+	+	-	+	-	-	-	
	SQ-204	300	可选	FID	单	+	+	-	+	+	-	-	
	SQ-206	300	可选	TCD、FID	双	+	+	-	+	+	-	-	
	SP-3420	400	+	TCD、FID	双	+	+	+	+	-	-	+	
	SP-3741	420	+	TCD、FID	双	+	+	+	+	-	-	+	
上海分析仪器厂	103	400	可选	可选 TCD、FID	双	+	+	-	+	-	-	-	1900微机 SP4600
	1102			FID	单	+	+	-	+	+	-	+	
	1002	400	+	可选 TCD、FID	双	+	+	-	+	+	-	+	
南京分析仪器厂	CX-6710			可选 TCD、FID		+	+	+	-	-	+	-	
日本岛津	GC-14BPTF		+	TCD、FID	双	+	+	+	+	+	-	+	C-R6A C-R7A
美国惠普	HP 5890-Ⅱ		+	TCD、FID	双	+	+	+	+	-	-	+	HP3394

3.安装、使用和校准

1)安装、使用

详细的安装、使用见第六章第五节。根据前面所述,首先分析出天然气的全组分,根据天然气的可燃气体部分的组分数据,按照 GB 11062 计算每一标准立方米天然气的低位发热量 H_{iv}(或高位发热量 H_{sv}),然后按 SY/T 6143—1966 计算出采用孔板流量计的天然气标准体积流量 Q_n,就可获得流经该套流量计的天然气能量流量(发热量流量)q_E。

然而根据天然气全组分的分析数据,按 GB11062 标准计算天然气的标准体积发热量不太那么普及。现就 SY/T 6143—1996 标准附录 B 的示范例题计算其能量流量 q_E,补充作为能量流量计算的示范例题。

该例题按 SY/T 6143—1996 标准计算出的标准体积流量值分别为:$Q_n = 8.1448 \text{m}^3/\text{s}$(法兰取压法);$Q_n = 8.1381 \text{m}^3/\text{s}$(角接取压法)。其标立方米体积低位发热量 H_{iv} 应根据表 B1 的天然气组分数据按照 GB 11062 标准计算如下:

每标立方米天然气理想低位体积发热量 H_{id} 为:

$$\begin{aligned} H_{id} &= \sum_{j=1}^{n} X_j H_{j(id)} \\ &= 0.8682 \times 33356 + 0.0625 \times 59362 + 0.0238 \times 84978 \\ &\quad + 0.0072 \times 110463 + 0.0064 \times 110116 + 0.0025 \times 136034 \\ &\quad + 0.0034 \times 135700 + 0.0027 \times 161589 + 0.004 \times 10051 \\ &\quad + 0.004 \times 0 + 0.0068 \times 0 + 0.0157 \times 0 = 37434 \text{ kJ/m}^3 \end{aligned}$$

在标准状态条件下天然气的压缩因子 Z_n 为:

$$Z_n = 1 - (\sum_{j=1}^{n} X_j \sqrt{b_j})^2 + 0.0005(2X_H - X_H^2)$$

$$\begin{aligned} \sum_{j=1}^{n} X_j \sqrt{b_j} &= 0.0368 + 0.0056 + 0.0032 + 0.0013 + 0.0011 \\ &\quad + 0.0006 + 0.0007 + 0.0008 + 0.0000 + 0.0001 \\ &\quad + 0.0009 \end{aligned}$$

$$= 0.0511$$
$$Z_n = 1 - 0.0511^2 = 0.0005 \times (2 \times 0.0004 - 0.0004^2)$$
$$= 0.9974$$

每标立方米天然气真实低位体积发热量 H_{iv} 为：

$$H_{iv} = H_{id}/Z_n = 37434/0.9974 = 37532 \text{ kJ/m}^3$$

由此可得 SY/T 6143—1996 标准附录 B 示范例题的能量流量 q_E 分别为

法兰取压法：$q_E = 8.1448 \times 37532 = 305691$ kJ/s
角接取压法：$q_E = 8.1381 \times 37532 = 305439$ kJ/s

(上述各式符号含义见 SY/T 6143—1996 和 GB 11062 或本书有关章节)。

少数配备有引进的在线气相色谱仪的计量站点，由随机应用软件所计算的低位或高位发热量信号送入在线计算机实时计算天然气的能量流量。

2) 校准

(1) 热量计量系统应有一个包括校准标准的校准手段。这个校准系统由以下组成：

① 采用经过检定且具有可溯源性的标准气体进行气相色谱系统的校准，标准气体盛装在气瓶中。

② 连接气瓶至测量仪器的管线和包括必要的减压设备所组成的专用管线。

③ 如需要，安装加热器进行加热以消除混合气体的冷凝。

(2) 标准气体质量的好坏是校准系统中很关键的问题。作为校准用的标准气体混合物在预期的存储和使用条件下，应具有组分稳定的特性。应利用称重法配制高准确度的标准混合气体，且校准气体的发热量和组分应尽可能相近于被测试气体。

(3) 校准过程应考虑以下因素：

① 经检定过发热量或校准气体组分的不确定度。

② 被要求输出发热量的最大允许不确定度。

③适用于操作范围内的校准气体的数量。

④校准频率是校准的时间间隔、测量设备稳定性和重复性的函数。

⑤气相色谱仪系统校验管路。

(4)校准时要求

标准气体组分应相近于预设的被测气体的组分,也可以采用多点校准程序。后一种情况的标准气体用来校准超出已规定预期的被测气体发热量或组分含量的系统。应建立校验用标准气体的溯源链。

第六章 天然气流量计量用辅助测量设备

第一节 天然气取样

一、实验室分析用样品的取样

为了确定管道中天然气的化学组成和物性参数,可采集气样进行分析。气体组成和物性的测定很大程度上取决于取样技术。取样系统的设计、构造、安装及维护,以及样品的转移和运输条件都至关重要。待测的试样只能是样品本身,因此取样时,应采集具有代表性的样品,即采集的样品与被取的天然气具有相同的组成,能代表管道中流动天然气的性质。

1. 取样设备

取样设备包括取样探头、取样接头、取样导管和样品容器等。对试验前接触试样的设备和材料应满足对气样不渗透、不吸收、无化学活性的要求,对可能污染试样的设备,如湿式流量计应安装在样品容器和试验装置之后。一般情况下,天然气接触到的所有表面均推荐使用不锈钢材料。阀座和活塞密封圈应使用柔韧性材料,以适应其特殊用途。湿气、高温气体或者含有硫化氢或二氧化碳的气体,在取样时存在的材料问题更多。这些类型的气体可能要求使用特殊材料或对取样系统内部涂层。建议对用于酸性气体取样的气瓶进行聚四氟乙烯或环氧涂层。可能的话,活泼组分如硫化氢和汞应用直接取样的方法在现场分析,因为即使有涂层的容器也不能消除对这些组分的吸附。

应避免使用黄铜、紫铜和铝等软金属,因为它们很容易产生腐蚀、金属疲劳等问题。但在某些对样品容器的反应性要求高的场合,允许采用铝制的样品容器。

由于天然气中可能存在少量的含硫化合物、汞、二氧化碳等,所有的装置和接头都应使用不锈钢,或者在低压下使用玻璃。

取管道气样时,应取管内流动气体。取样口的取样探头应伸入管内径的 1/6~1/3 处,如图 6-1 所示。应采取措施避免取到管内壁上的积液,如取样口不得设在气源管线的低凹段或横卧管段的下方。

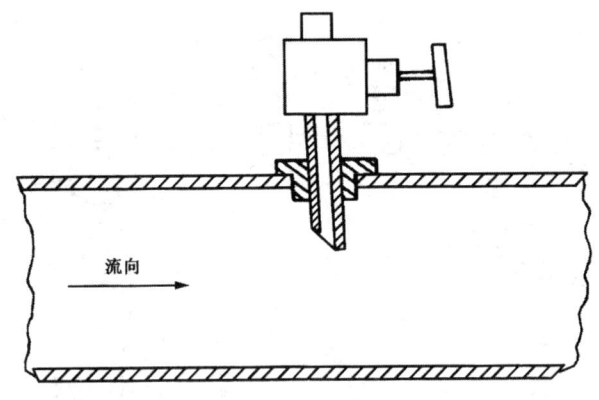

图 6-1 管道取样口安装示意图

取样接头应具有足够的强度和密封性能,并尽可能少用。

取样管线也要尽可能短,内径一般为 2~4mm。为了避免重组分凝结,必要时取样导管应保温和加热。

样品容器可选用 0.1~40L 的双阀或单阀不锈钢瓶。耐压样品容器必须定期作强度和气密性试验。

2. 取样方法

采集气样可采用很多种方法。为了获得有代表性的试样,必须注意试样的分析项目和试验方法、气源类型、取样方式、设备、用量和安全条件等各方面的因素。取样方式取决于取样目的。取样时可采用定点、定时或瞬时 3 种方式中的一种或几种。一系列连续定时取样获得的试样可视为平均试样,也可按一定时间内(如 8h)收集连续试样至样品容器内的方法获得平均试样。

最小取样量取决于分析项目和试验方法,必须满足吹扫试验装置和供再次正常试验所需的用量。

采用样品容器取样有3种不同的方法:吹扫法、抽空容器法和封液置换法,见 GB/T 13609。对于计量级别要求较高的准确测量,不得采用封液置换法。

吹扫法:吹扫法取样时,气源压力应大于常压,保持样品容器的温度不低于气源温度,如图6-2所示。

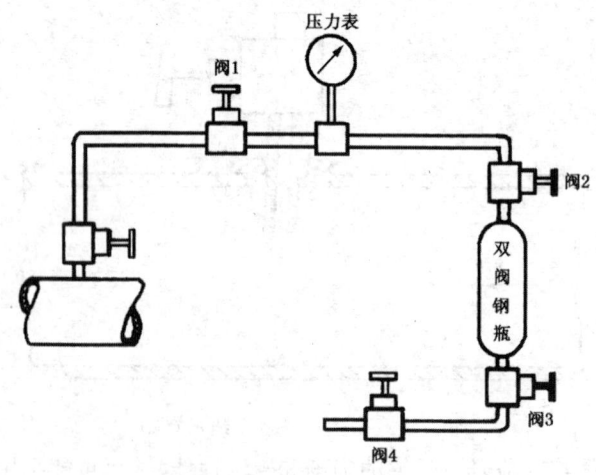

图6-2 吹扫法取样示意图

第一步:缓慢吹扫取样导管和样品容器。

第二步:吹扫数分钟后,才允许使样品容器内压升高到需要的压力。

二、在线分析仪器的取样系统

许多在线分析仪器在线应用的成功与否很大程度上取决于分析系统整体上的完整性和取样系统的性能。

试样取样系统包括取样、输送、预处理(清除对分析有干扰的物质,调整样品的压力、温度和流量),以及样品的排放等整个系统。目的是要得到一个有代表性的、及时的、干净的,压力、温度和流量都符合分析仪器要求的样品,供给分析仪器进行分析。某些分析仪器,如 H_2S、H_2O 在线分析仪,在出厂时已配置了一些预处理装置,如过滤器、调压器、旁通管路等,这样就简化了取样系统,使其很简单。

1. 取样点的选择

取样点应满足下列要求:

(1)能正确反映被测组分变化的地点。

(2)不存在泄漏。

(3)试样不发生堵塞现象。

2. 取样探头

如果工业管线管壁易附着脏物,或者是为使样品更具代表性,最好采用专门的取样探头,如图6-3所示,从工艺管线中心取样。一般情况下,采用图6-4所示的取样点结构。

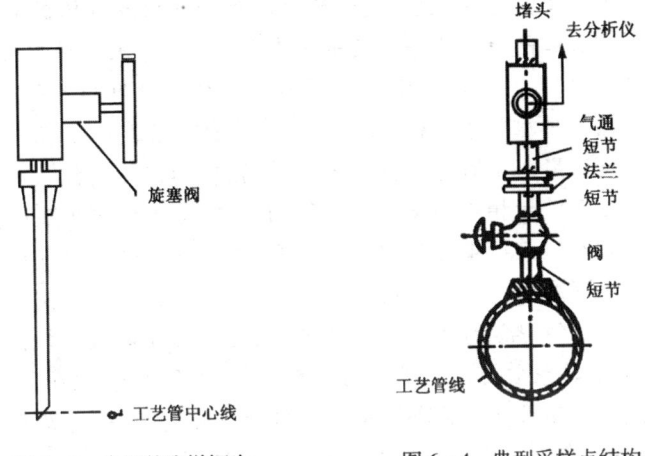

图6-3 专门的取样探头　　图6-4 典型采样点结构

3. 样品的输送及预处理

由于天然气在线分析仪已带了一些预处理装置,因此样品输送及预处理较简单。为了及时了解生产状况,减少时滞等,样品输送及预处理需考虑:

(1)样品输送管线选用内径为4~6mm不锈钢管。如果在试样输送过程中冷却而产生冷凝,则应安装加热伴管,还可设置冷凝液的收集器。

(2)如果工艺管道中取得的是较高压力试样,则应在取样点设法降压。

(3)尽可能缩短取样导管的长度。

(4)试样放空。多台分析仪安装在一起,若混合后的背压波动对分析仪影响不大,可先接至集合管,然后一起排空,否则单独排空。在排空管上加阻火器,排空管的直径不小于DN40。

第二节 露点仪或水分分析仪

一、概述

根据道尔顿定律,混合气体的总压等于各组成气体的分压之和。每种气体的分压比等于其所占体积百分比。水气是天然气中的一种组分,混合气体的压力、温度决定气体所吸收的水气量。

天然气中水气的存在,减少了输气管道的输送能力,降低了天然气的发热量。由流量计算公式可见,密度与差压对流量测量准确度的影响处于相同的地位。水气的存在,对气体密度有一定影响。当天然气被压缩或冷却时,水气会从气流中析出,形成液态水。在一定温度、压力下,液态水和气流中的烃类、酸性组分等其他物质一起将形成像冰一样的水化物。水化物的存在会增加输气压降,减少输气管道通过能力,严重时还会堵塞阀门和管道,影响正常供气。在节流装置和孔板上形成的水化物,会引起流动条件的不确定,产生一次元件误差,进而带来计量误差。在输送含有酸性组分的天然气时,液态水的存在会加速酸性组分(H_2S、CO_2)对管壁、阀件的腐蚀,减少管道的使用寿命。因此,天然气一般必须经过脱水处理,达到规定的水气含量指标后,才允许进入输气干线。

管输天然气的水气含量指标,有"绝对含水气量"及"露点温度"两种表示方法。绝对含水气量指单位体积天然气中含有的水气的质量。常用的水分分析仪则以水气的体积分数表示,由于现行仪表仍采用 ppm 的表示方法,在此,本章仍用 ppm 来表示。天然气的露点温度,是指在一定压力下天然气中水气冷凝析出第一滴水的温度。0℃以下有时结成霜,称为霜点。露点仪是在样气压力下测量露点。水分分析仪则通常将样气降至大气压后引入分析室(池)内进行分析,水气体积分数不变。

不同压力下露点与体积分数对比关系见图 6-5;在 101.325 kPa 下,露点温度与体积分数(ppm)或质量浓度(g/m^3)的对照表见表 6-1。

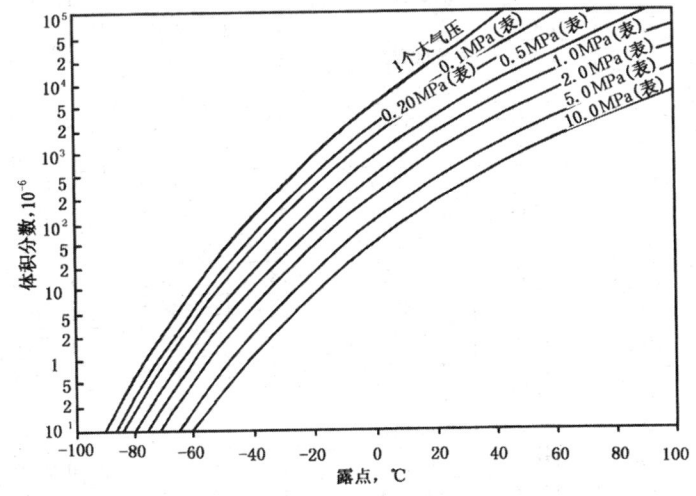

图 6-5 不同压力下,露点与体积分数对照图

可使用几种露点仪或水分分析仪来决定露点或水分,可以是在线型的,也可以是实验室型的。在线式露点仪中,一些采用了镜面冷却原理,可用来连续测量非腐蚀性气体的露点,其中高准确度(± 0.1℃)的品种还常当作标准仪器使用;另一些则利用陶瓷阻抗变化来测量水露点或水分。

在线式水分分析仪中,一些利用两个极板间的电容变化来显示水分的变化;另一些则使用压电吸附装置来比较两个涂有吸湿层的石英晶体振荡器,从振荡器频率的变化便可知水分。

表6-1 气体的水露点温度与体积分数 ppm 或 质量浓度 g/m³ 对照表(在 101.325kPa 下)

露点温度 ℃	体积分数 ppm	按20℃换算 g/m³	露点温度 ℃	体积分数 ppm	按20℃换算 g/m³
-80	0.5409	0.0004052	-39	142.0	0.1064
-79	0.6370	0.0004772	-38	158.7	0.1189
-78	0.7489	0.0005610	-37	177.2	0.1327
-77	0.8792	0.0006586	-36	197.9	0.1482
-76	1.030	0.0007716	-35	220.7	0.1653
-75	1.206	0.0009034	-34	245.8	0.1841
-74	1.409	0.001055	-33	273.6	0.2050
-73	1.643	0.001231	-32	304.2	0.2279
-72	1.913	0.001433	-31	333.0	0.2532
-71	2.226	0.001667	-30	375.3	0.2811
-70	2.584	0.001936	-29	416.2	0.3118
-69	2.997	0.002245	-28	461.3	0.3456
-68	3.471	0.002600	-27	510.8	0.3826
-67	4.013	0.003006	-26	505.1	0.4233
-66	4.634	0.003471	-25	624.9	0.4681
-65	5.343	0.004002	-24	690.1	0.5170
-64	6.153	0.004609	-23	761.7	0.5706
-63	7.076	0.005301	-22	840.0	0.6292
-62	8.128	0.006089	-21	925.7	0.6934
-61	9.322	0.006983	-20	1019	0.7633
-60	10.68	0.008000	-19	1121	0.8397
-59	12.22	0.009154	-18	1233	0.9236
-58	13.96	0.01046	-17	1355	1.015
-57	15.93	0.01193	-16	1487	1.114
-56	18.16	0.01360	-15	1632	1.223
-55	20.68	0.01549	-14	1788	1.339
-54	23.51	0.01761	-13	1959	1.467
-53	26.71	0.02001	-12	2145	1.607
-52	30.32	0.02271	-11	2346	1.757
-51	34.34	0.02572	-10	2566	1.922
-50	38.88	0.02913	-9	2803	2.100
-49	43.97	0.03294	-8	3059	2.291
-48	49.67	0.03721	-7	3333	2.500
-47	56.05	0.04199	-6	3639	2.726
-46	63.17	0.04732	-5	3966	2.971

续表

露点温度 ℃	体积分数 ppm	按 20℃ 换算 g/m³	露点温度 ℃	体积分数 ppm	按 20℃ 换算 g/m³
-45	71.13	0.05328	-4	4317	3.234
-44	80.01	0.05994	-3	4699	3.520
-43	89.91	0.06735	-2	5109	3.827
-42	100.9	0.07558	-1	5553	4.160
-41	113.2	0.04880	0	6032	4.519
-40	126.8	0.09499			

另一种水分分析仪则让样气恒速通过电解池,其水分被池内作为吸湿剂的五氧化二磷吸收并电解为氢和氧,由电解电流度量气样中的含水量。

二、陶瓷阻抗式水露点分析仪

1. 测量原理和结构

陶瓷阻抗式水露点分析仪通过监测陶瓷阻抗的变化在线测量水露点或水分。

图 6-6 给出了在大气压力下分析水露点或水分的示意图。被测气体经过分子筛过滤器,进入调压器减压(一级或二级调压,样气压力大于 7.0MPa,选电加热式调压器,防止冷凝而影响准确度),降至大气压下的气体进入陶瓷阻抗水分传感器进行检测。样气流量由流量控制器控制,最后排放到大气。样气压力可达 10.0MPa。

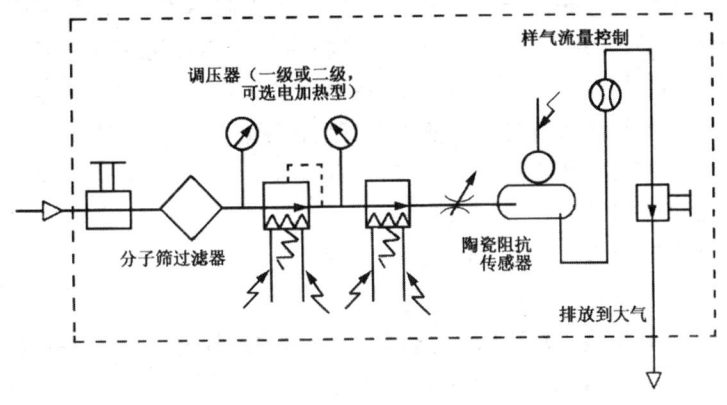

图 6-6 在大气压力下分析露点或水分示意图

图 6-7 给出了在管线压力下分析水露点的示意图。被测气体经过聚集过滤器,进入陶瓷阻抗水分传感器进行检测。然后样气经过减压、流量控制返回到高、低压排放系统。样气压力可达 30.0MPa。

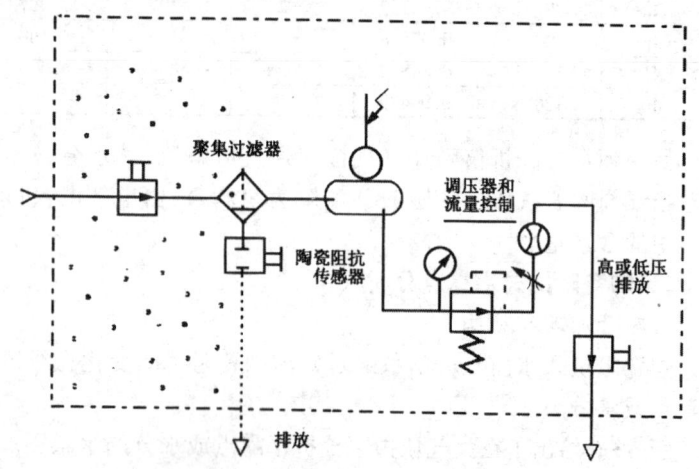

图 6-7 在管线压力下分析水露点示意图

2. 使用

传感器无可动部件、老化部件,操作简单、可靠、准确。传感器抗乙二醇和其他过程产生的液体污染,不受 H_2S、硫醇及其他硫化物的污染,使用寿命长,达 15d。已标定的传感器可现场替换,确保准确度。现场维护和再标定,用已知水分的样气通过传感器,且仅需对系统进行标定。传感器的标定由制造厂完成。对采用推荐的取样系统应用于天然气,标定周期为 6 个月。该产品价格适中,主要技术指标为

测量范围: $-80 \sim 20℃(0.5 \sim 23625ppm)$;

准确度: $\pm 2℃$;

反应速度:对阶跃变化,达 90% 响应;小于 $1min(-75 \sim 10℃)$;小于 $30min(+10 \sim -75℃)$;

机壳内温度控制: $0 \sim 50℃$;

环境温度：-20~+60℃；
入口压力：达 30.0MPa；
操作压力：103kPa；
样气流速：1~5L/min；
输出：4~20mA DC，数字显示 3½，分辨率 0.1℃；
防爆等级：EExia Ⅱ CT$_6$。

三、晶体振荡式水分分析仪

1. 测量原理和结构

晶体振荡式水分分析仪通过监控吸湿敏感的、交替暴露于干、湿气体中的石英晶体的频率变化在线测量水分（图 6-8 所示）。样气被分成两路："样气"和"参比气"，它们交替地通过测量的石英晶体，每一路的标准周期为 30s。在进入石英晶体前，参比气通过分子筛干燥器去除可能的所有水分。

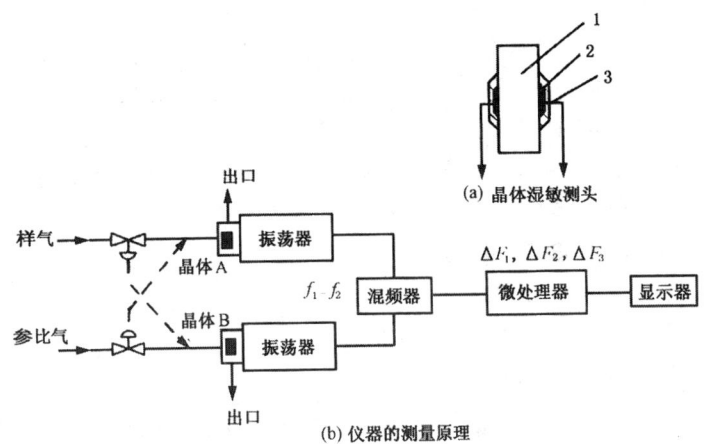

图 6-8 晶体振荡式水分分析仪测量原理图
1—石英晶体；2—吸湿薄膜；3—电极

当样气流过测量晶体时，水分由晶体的吸湿涂层吸收，因此产生振动频率变化。在 30s 周期末尾，微处理器读出并存储此石英晶体与密封的本机振荡石英晶体的频率差 ΔF_1，然后切换气流将石英晶体置于干燥的参比气中 30s,以干燥石英晶体。这一 30s 周期末尾,处理器再读出和存储两个石英晶体的振荡频率差 ΔF_2,然后两者相减产生 ΔF_3,该信号与此周期的样气中的水分成比例。水分量通过一个与 ΔF_3 相关的多项式表达,多项式的常数在工厂标定工作室标定时被确定。微处理器利用这一表达式为每个 ΔF_3 计算水分,并乘以现场调节的敏感系数而获得最终输出结果。

2. 使用

由于石英晶体化学性质稳定,机械性能以及频率变化线性好,并在结构上采用对水的单一选择性吸附膜,克服干扰;采用固态电子设备、微处理器控制流程切换、晶体工作室的温度控制以及内部标定使其易于使用,维护量少,从而使其广泛用于气体处理厂及输气贸易计量站,但价格较贵。仪器的主要技术指标如下。

测量范围:0~5ppm(低量程);0~20000ppm(高量程);

准确度:±1ppm 或 ±5%;±2ppm 或 ±10%;

反应时间:对水分增加,在几秒钟内作出反应;对突然下降(1000ppm 到 10ppm),在 1min 内达到气体水分变化的 90%;

样气温度:0~52℃;

环境温度:-18~52℃(现场单元),0~52℃(控制单元);

操作压力:103kPa(表压);

入口压力:207~690kPa;

样气流速:250mL/min;

输出:4 位数字显示,4~20mA DC;

防爆等级:EExd Ⅱ CT_6。

四、电解式水分分析仪

1. 测量原理和结构

电解式水分分析仪根据吸湿电解原理工作。气样流经一个特殊构造的电解池(图 6-9)时,其水分被池内强烈吸湿性的 P_2O_5 膜层吸收,同时被电解为氢

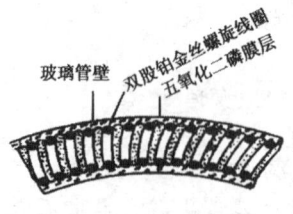

图 6-9 电解池纵剖面

和氧排出，P_2O_5 得以再生。电解电流正比于气样中的含水量。

根据气体定律和法拉第电解定律可以导出电解电流和水蒸气浓度之间的关系：

$$I = \frac{QpT_0FV_p \times 10^{-4}}{3p_0TV_0} \quad (6-1)$$

式中 I——电解池的电解电流，μA；
Q——通过电解池的气体流量，mL/min；
F——克当量电解常数，96500C（C 为库仑）；
T——气体热力学温度，K；
p——气体绝对压力，Pa；
T_0——气体在参比状态时的温度，273K；
p_0——气体在参比状态时的压力，1.0133×10^5Pa；
V_0——1g 分子气体在参比状态时的体积，22.4L；
V_p——被测气体的水蒸气浓度，ppm。

将公式(6-1)简化，得到

$$I = 3.869 \times 10^{-2} \frac{QpV_p}{T} \quad (6-2)$$

可见电解电流 I 除受样气温度 T 和压力 p 的影响外，还与气体的流量 Q 及水蒸气浓度成比例。当理想气体处于一个大气压力和20℃的标准状态条件下，以 100mL/min 的流量通过电解池，且气样含水量为 1ppm 时，由公式(6-2)可计算出电解电流为 13.4μA。仪器即依此关系，按 ppm 标度。

电解法水分分析仪流程如图 6-10 所示。被测气体进入仪器后分两路，一路通过滤器和电解池，用稳流阀和流量计

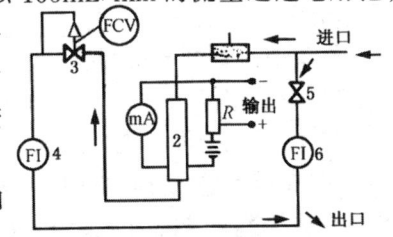

图 6-10 电解法水分分析仪示意图
1—过滤器；2—电解池；3—稳流阀；
4,6—流量计；5—针阀

来恒定与监视气体的测试流量,使保持在 100mL/min;另一路用针阀和另一流量计来控制旁通流量,采用旁通技术是为了减少取样污染,使测量能迅速准确进行。

2. 使用

由于采用法拉第的电解定律确定电流,此类仪器被用作一级标准。我国的行业标准 SY/T 7507 天然气中含水量的测定采用了电解法。

此类仪器具有使用方便,反应较快,可直接读数,价格最低等优点,因此在实验室和输气计量站上获得广泛的应用。

此外,由于该电解池仅对水发生反应,便排除了测量时烃露点会引起水露点的测量误差的可能性。仪器主要技术指标如下。

测量范围:$0\sim1000$ppm;$0\sim10000$ppm($Q=10$mL/min);

准确度:$\pm5\%$;

反应时间:达到气样含水量的 63% 时,上升或下降时间小于 1min;

样气温度:$<100℃$;

样气入口压力:$0.07\sim7.0$MPa;

操作压力:103kPa(表);

样气流速:100mL/min;10mL(min)(高范围);

旁通流速:200mL/min;

输出:数字显示 $0\sim5$V,$0\sim100$mV DC,$4\sim20$mA;

防爆等级:EExd Ⅱ CT_6。

使用中注意以下几点:

(1)不能用于水分低于 5ppm 以下的测试。

(2)必须保持样气流量恒定。

(3)在样气进入分析仪前,去除其中的馏出物和乙二醇,以免电解池被其污染,阻止 P_2O_5 吸收水分,造成电解池故障。

(4)电解池需要定期(3~6 个月)用化学剂清洗,用 10% 的磷酸水溶液涂敷,然后干燥。每次安装新电解池时,取样系统也应进行清洗和干燥。

第三节 密度计或相对密度计

物质的密度是指单位体积物质的质量。气体相对密度是指在确定的温度和压力条件下,气体的密度与干空气的密度之比。

工业上常用的气体密度计(或相对密度计)按其使用的目的不同可分为以下两类:

(1)用于测定气体成分的密度计。

这类密度计是在环境条件下,将被测定气体的密度和空气的密度相比较,而测定其相对密度。

(2)用密度计和体积流量计来测量气体的质量流量。

这类密度计是在工作条件下,测定被测气体的密度,结合体积流量计而达到测量气体质量流量的目的。

如果气体密度可直接测量,可减少被测变量(压力、温度等),从而简化气体流量测量方程,并获得以质量单位表示的流量。

密度测量大体上分为直接测量和推导测量。直接测量法局限于实验室内或某些测试设备使用。在这种情况时,气体收集于一定容器中,而且其重量已精确控制。推导测量法包括了与浮力有关的平衡式、与动能有关的振动式以及与辐射衰减有关的核辐射式密度计。

相对密度是流量方程式中的变量,可由下列条件之一进行核准:协定;现场测试;以时间和流量为基础的累积取样;连续的记录。应根据相对密度变化和校正这一变化的各种方法所需花费的比较结果来作出选择。注意相对密度中的每1%变化会在计算流量上产生0.5%的变化。

测量方法分为实验室法和在线测量两种。实验室法在取样检查和校准时使用,可先作气体分析,然后从这个分析和 GB/T 11062 给出的天然气相对密度计算方法计算其相对密度。另一种常用方法是在线测量。在线测量有粘滞式(或冲量式)、振动式、离心式密度计或相对密度计以及在线色谱分析仪。在线色谱分析仪详见第五节。

一、振动式密度计

1. 基本原理和结构

振动元件的形式通常是一个圆柱或音叉,利用某种电子系统来维持着谐振。所有这些仪器的工作原理都一样,也和质量弹簧系统的原理一样,如图 6-11 所示。当待测气体密度变化时,就改变了它的振动质量,这可从它的谐振频率的变化来测量,其关系式如下:

$$\rho = k(k_0 + k_1\tau + k_2\tau^2) \qquad (6-3)$$

式中 ρ ——密度,kg/m³;

τ——周期,s;

k, k_0, k_1, k_2——常数。

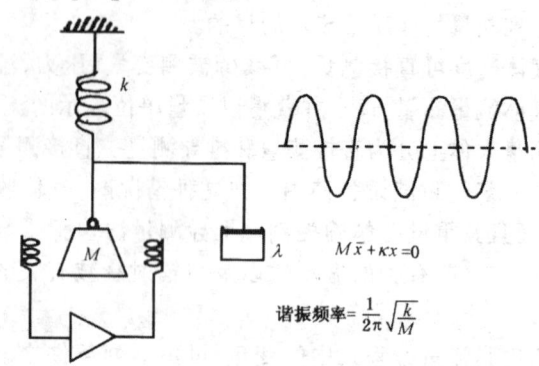

图 6-11 振动式密度计原理图

2. 使用

振动式密度计无运动部件,准确度高,具有极好的稳定性和可靠性,寿命长,价格适中,常用于大型的计量站。

主要技术指标如下。

工作范围:0~400kg/m³;

准确度:±0.2%(读数);

最大操作压力:15.0MPa(直接插入),25.0MPa(热偶套保护);

温度范围：$-20\sim 85℃$；
输出：频率信号；
防爆等级：EExia Ⅱ cT$_6$。

注意事项：

(1)直接安装在管道上，按制造商的要求考虑通过装置的速度效应。

(2)密度计的温度、压力应与计量的温度、压力相同；应对密度计进行保温处理；

(3)使用过滤器，使进入振动圆柱的气体保持清洁，并定期清洗。

(4)过程气必须干燥。

二、振动式气体相对密度计

1.基本原理和结构

气体的相对密度(G)基本上是它的相对分子质量(M)与标准干空气相对分子质量的比值。在设定的温度(T)与压力(p)状态下，要考虑压缩系数(Z)的影响。

相对密度计由一恒定体积的参比室与置于其中的振动式密度传感器组成，见图6-12。整个装置的参比室首先充以取样气体，然后关上参比室的控制阀，将它完全密封。随后，通过密度传感器将气体压力加到膜片的下面，当它开始超过密封室内的压力时，膜片升起且打开了压力控制阀。气体从出口排出，直至膜片两边的压力达到平衡，稳定在与参比室内同样的压力水平。样气通过温度稳定器使其温度与参比室内气体温度一致。对于环境温度变化，按气体定律固定体积的参比室内的压力也随之改变，从而引起气体密度传感器内的样气压力变化，这种效应是自行补偿的。

2.使用

振动式气体相对密度计准确度高，自动补偿气体的压缩性，响应快，价格适中。广泛用于输配气计量站。

主要技术指标如下。

工作范围：不限，由相关的电子部件确定；

准确度：$\pm 0.1\%$（读数）；

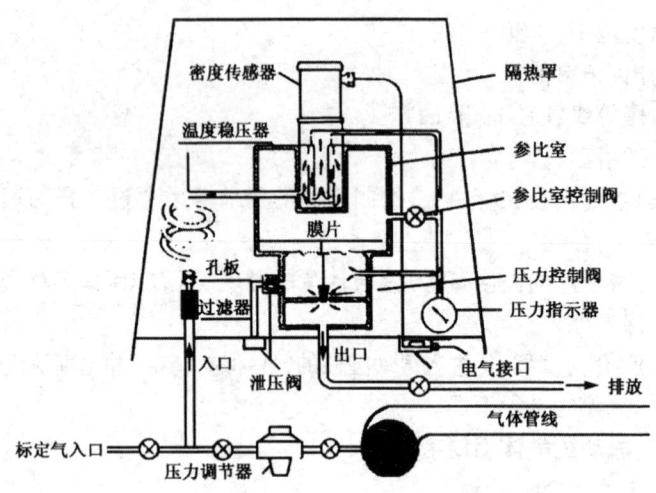

图 6-12 气体振动式相对密度计原理图

样气温度:-30~50℃;
参比压力:0.126~0.70MPa;
样气压力:最小:参比压力+15%;
　　　　　最大:参比压力+100%;
样气流速:11.8~1180mL/min;
输出信号:5V(峰与峰)频率信号;
响应速度:10s 至 2min,取决于流速和参比压力;
标定:用已知相对密度的样气,精确到小数后 4 位;
防爆等级:EExia Ⅱ cT$_6$。

注意事项:

(1)标定用甲烷和氮气作标准气体,用纯甲烷标定下限,纯氮气建立上限。必须避免使用混合气体。

(2)高压使用时,必须在传感器上游加调节阀降低压力。

(3)确保管线压力稳定。

三、粘滞式气体相对密度计

1.基本原理和结构

粘滞式气体相对密度计将主动轮泵入空气产生的力矩与另一

主动轮泵入测量气体产生的力矩相比较。两个力矩间的比率与空气和被测气体的浓度有一定关系,由此可测出气体的相对密度,如图 6-13 所示。

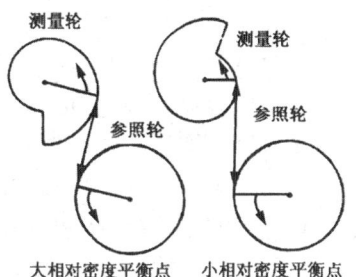

图 6-13 粘滞式气体相对密度计原理图

该仪表由两个圆柱测量容器组成,其中一个容器置于另一个的上面。这两个容器是气密性的,都有输入和输出连接口。每个容器有主动轮和被动轮,分别安装在不同的轴上,两个轮是相对的,但互不接触。一电动机和驱动带带动主动轮以相同的速率和相同的方向旋转。

主动轮不断地将气体和干燥的参比空气吸入各自的容器,并且由旋转气体带动被动轮的叶轮。旋转的被测气体和空气撞击在叶轮上产生力矩,其值分别与被测气体密度和空气密度成一定比例关系。力矩由被动轮的旋转轴从容器内传到外面的测量轮上,气体测量轮有一个螺旋形的边缘,以反应被测量气体随相对密度变化的力矩;空气测量轮边缘为圆形,以提供一个恒定的空气参比力矩。韧性胶带交叉的套在测量轮边缘,使力矩产生两个相反的力,从而限制测量轮旋转,但转矩差允许整个系统有限的移动。

2. 使用

该仪器灵敏度高,响应迅速,结构简单,牢固,抗蚀,价格便宜。主要技术指标如下。

工作范围:0.4~1.0;

准确度:±0.5%(读数);

反应时间:小于 20s;

操作压力:0.1MPa;

环境温度:-18~54℃;

样气流速:7000~9500mL/min;

输出:(1)记录卡片(速度:24h,7d);

(2)可选电信号;

防爆:Classl, GroupD, Divisionl;

Classl, GroupB, Divisionl。

粘滞式相对密度计测量精度不受测量带长度的影响,也不受驱动电机的速度变化的影响,但需注意:

(1)进入气室的气体和空气的温度、压力应相同。

(2)进入气室的空气应通过内含硅胶的附加干燥器。

(3)气体中的固体、灰尘必须过滤。

第四节 硫化氢分析仪

一、概述

硫化氢(H_2S)是一种无色的、剧毒的、重于空气的气体。H_2S在很小的浓度时,也散发臭鸡蛋般的臭味。在燃烧状态时,H_2S的火焰为蓝色,产生二氧化硫(SO_2),也含有强烈刺激的气味。

吸入高浓度的H_2S会即刻导致死亡。即便只在低浓度状态下,也会刺激眼睛、鼻和喉。H_2S浓度的增大会增大危险性,吸入H_2S有很大的危险,但无叠加作用,见表6-2。如前所述,H_2S是可燃气体,当空气中H_2S的含量大于4.3%,小于46%时,如遇火便会爆炸。湿天然气中,当H_2S的含量大于20mg/m³时,会导致设备和管道的腐蚀。

表6-2 H_2S的生理效应

空气中浓度(体积分数)		生 理 效 应
%	ppm	
0.000013	0.13	明显的、难闻气味,在0.13ppm易察觉,在4.6ppm很明显,随浓度增加,感觉器官麻木,不能分辨气体怪味
0.002	20	国家OSHA标准允许的可接受的最高浓度

续表

空气中浓度（体积分数）		生 理 效 应
%	ppm	
0.005	50	在 OSHA 可接受最高浓度之上可接受的最大泄漏,每 8h 只能出现一次 10min,此时无其他可测危险出现
0.01	100	3~15min 后,咳嗽、眼睛刺激,失去嗅觉、喉咙刺激,延长接触,这些症状会更加严重
0.02	200	很快失去嗅觉,眼和喉烧伤
0.05	500	昏厥、失去判断能力和平衡能力;几分钟内呼吸困难,伤员应即刻进行人工呼吸
0.07	700	立刻失去知觉、呼吸停止。不进行立刻抢救会有生命危险,进行人工呼吸
0.10+	1.000+	立刻失去知觉,永久性大脑损伤或死亡,除非对人员进行人工呼吸和抢救

注:参照 API《推荐常例——用于指导涉及硫化氢的油气生产操作》改编,API RP55。(Washington)特区,美国石油协会 1987)P7

天然气中 H_2S 的测定有现场试验法——亚甲蓝法、碘量法。有在线自动测量仪,如分光光度计 H_2S 分析仪,醋酸铅法 H_2S 分析仪。

H_2S 具有较强的化学活性和吸附性,接触材质常用铝、氟塑料、不锈钢等。

二、现场试验法

1. 亚甲蓝法

方法提要:

用乙酸锌溶液吸收气样中的硫化氢,生成硫化锌。在酸性介质中和三价铁离子存在下,硫化锌同 N,N—二甲基对苯二胺反应,生成染料亚甲蓝。通过用分光光度计测量溶液吸光度的方法测定生成的亚甲蓝。按 GB/T 11060.2 计算硫化氢的含量,其吸收装置如图 6-14 所示。

主要技术指标如下。

测量范围：$0\sim23\text{mg/m}^3$；

精密度：10%重复性。

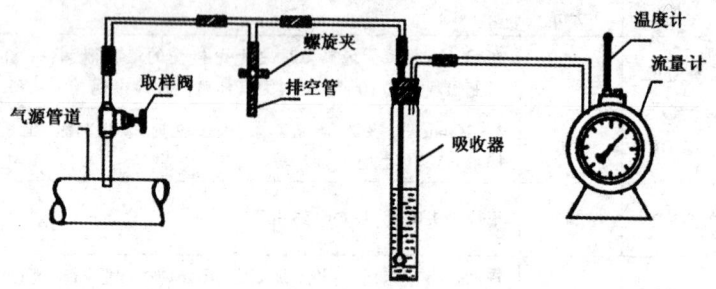

图6-14 硫化氢吸收装置

2.碘量法

方法提要：

用过量的乙酸锌溶液吸收气样中的硫化氢，生成硫化锌，剩余的碘用硫代硫酸钠标准溶液滴定。按GB 11060.1计算硫化氢的含量，其吸收装置如图6-15所示。

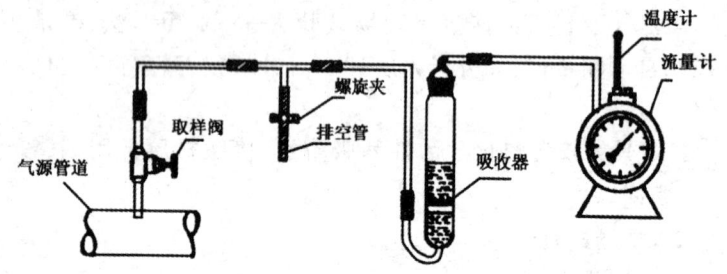

图6-15 硫化氢吸收装置

主要技术指标如下。

测量范围：$0\sim500\text{mg/m}^3$；

精密度：重复性小于或等于12mg/m^3，再现性小于或等于12mg/m^3。

现场试验的注意事项：

(1)在吸收、滴定过程中应避免日光直射；

(2)H_2S的吸收必须在现场完成，不允许用任何类型的容器将样品气运回实验室。

三、用醋酸铅法的 H_2S 分析仪

1. 基本原理和结构

H_2S试样以恒定的流速流入试样小室的反应窗，在该反应窗处经过一条浸渍醋酸铅的感光带曝光表面，反应窗中的H_2S试样使醋酸铅感光带形成硫化铅而变暗。该曝光带的变暗速率与H_2S的含量成正比。通过一特殊的光电速率计检测，将测量光电池和参比光电池的信号送至速率读数电路，从而使表针产生偏转。零点漂移和感光带的干扰通过对速率电路中的一次微分方法求解而消除，由参比光电池对光强度的变化给予补偿，见图6-16。

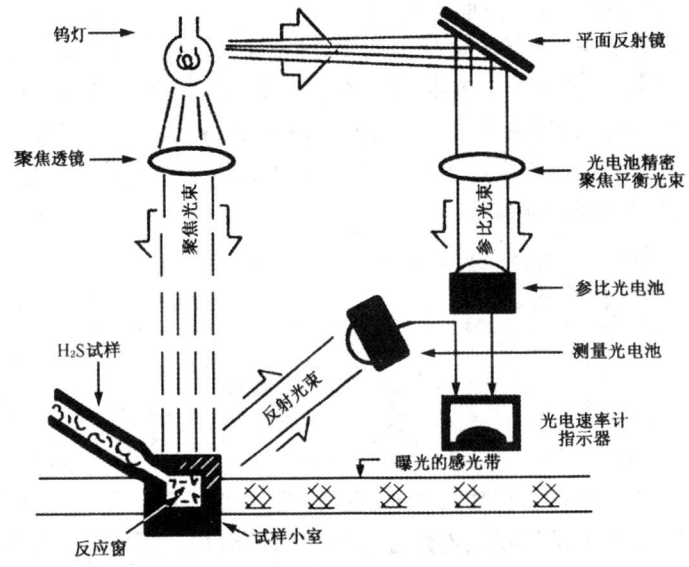

图6-16 醋酸铅法 H_2S 分析原理图

分析仪由感光带输送部件、流量系统、光学系统、光电速率计、控制板组成。

2.使用

主要技术指标如下。

测量范围:0～30ppm,0～100%(附加装置);

准确度:±2%;

重复性:±1%;

响应时间:0.6ms(分析仪);

测量周期:2～20min;

环境温度:10～40℃,可选隔热型或恒温型;

操作压力:0.1MPa;

样气流量:100～2400mL/min;

输出:4～20mA DC;

标定:用标定专用工具产生标准样气;

防爆:Classl, GroupD, Divisionl。

实践表明,仅 H_2S 会产生有色产物,故醋酸铅法无背景干扰,精密度高,该技术的分析精密度获 ASTM 认可(ASTM D4084—82)。其线性化特性使其易于维护,只需单点标定。

采用上述方法需满足下列条件,方可获得上述结果:

(1)过量的醋酸铅。

(2)H_2S 的浓度恒定。

(3)充足的水分。

第五节 气相色谱仪

一、概述

气相色谱是一种分离技术,它可将混合物进行分离、定性和定量。由此常采用气相色谱法分析天然气的组成,并计算出气体的相对密度、发热量等计量必需的参数,从而实现标准体积流量计量和能量计量。

气相色谱仪随使用方式的不同,分为:

(1)实验室分析仪。由使用者按天然气的取样方法(见 GB/T

13609)从管道气中取样,然后在实验室内用气相色谱仪分析天然气组成(GB/T 13610)。

(2)在线分析仪。仪器直接从过程中取样自动分析。分析内容和数据处理方式以及色谱柱、检测器、色谱操作条件等都是预先选定的,运行中不能变更,在无人管理条件下,长期自动运行。

(3)便携式分析仪。直接从过程中取样进行自动分析,但短时运行,可方便地测量不同管道、设备中的气体。其特点是:准确、经济、维护工作少。

二、基本原理结构

气相色谱仪中载气以适当的恒定流量流经进样阀、色谱柱和检测器,这些部分的温度恒定于需要的操作值。用进样阀将已知体积的、经过预处理的样品注入,然后由载气带入色谱柱进行分离。色谱柱内的固定相是一些吸附剂或吸收剂,某些吸附剂或吸收剂对不同的物质具有不同的吸附能力或不同的吸收能力。因此,当包含样品的流动相流过固定相表面时,样品中各个组分在流动相和固定相中的分配比例不同,使得各组分在色谱柱中流动的速度不同,进而使各组分离开色谱柱进入检测器的时间不一样。检测器根据样品到达的先后次序测定各组分及浓度信号,得到色谱图。由此得出的是定性分析。在实验室内分析时,必须用已知标准混合气在同样的操作条件下,用气相色谱仪进行分离,将二者相应的各组分进行比较,用标气的组成数据计算气样相应的组成。计算时可采用峰高、峰面积,或者二者均采用。在过程分析仪或便携式分析仪中,存有标气标定数据,自动比较,计算得出气样的相应的组成、相对密度和发热量等。气相色谱仪原理如图6-17所示;天然气的典型色谱如图6-18所示。

气相色谱仪由分析器、程序控制器、信息处理器和专用记录仪等组成。

检测器通常采用热导式检测器(TCD);火焰光度检测器(FPD)用于含硫、磷化合物测量。

三、使用

主要技术指标如下。

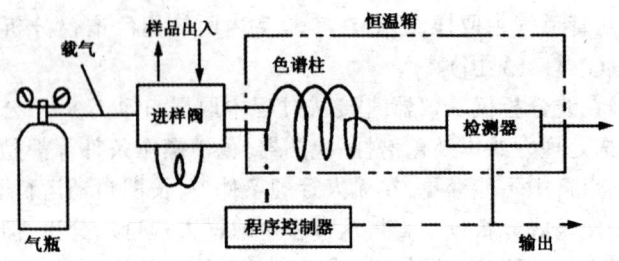

图 6-17　气相色谱仪原理图

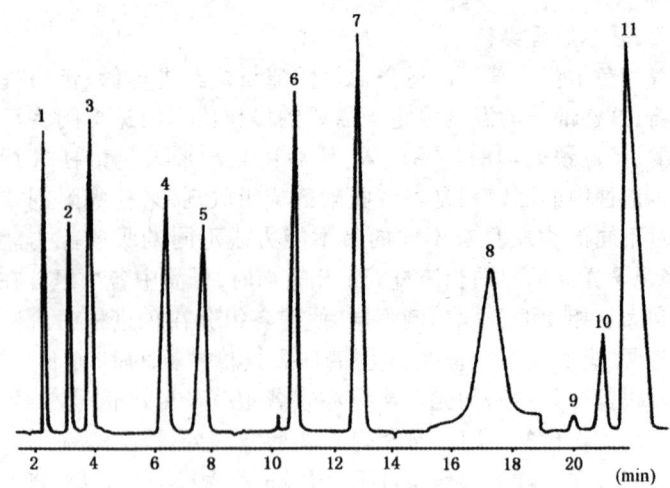

图 6-18　天然气的典型色谱图(多柱应用)
1—丙烷；2—异丁烷；3—正丁烷；4—异戊烷；5—正戊烷；6—二氧化碳；
7—乙烷；8—己烷及更重组分；9—氧；10—氮；11—甲烷

适用范围：表 6-3 分别给出了实验室型色谱仪和在线或便携型色谱仪的分析范围；

精密度：实验室型　　重复性小于 ±0.3%，再现性小于 ±0.6%；

在线或便携型　　发热量重复性小于 ±0.1%；

分析时间：几分钟或几十分钟(实验室型)，几分钟(在线或便携型)。

在线型其他技术指标如下。

表 6-3 色谱仪分析适用的天然气的组分及浓度范围

组 分	实验室型浓度范围 Y %	在线或便携型浓度范围 Y %
氦	0.01~5	—
氢	0.01~5	—
氧	0.01~10	—
氮	0.01~20	0~50
二氧化碳	0.01~10	0~20
甲烷	50~100	0~100
乙烷	0.01~20	0~20
丙烷	0.01~20	0~10
异丁烷	0.01~10	0~5
正丁烷	0.01~10	0~5
异戊烷	0.01~2	0~1
正戊烷	0.01~2	0~1
己烷和更重组分	0.01~2	0~0.7

环境温度:-18~54℃;

样气压力:14~210kPa;

样气流量:50mL/min;

载气压力:0.63MPa;

载气流量:12mL/min

样气回路数:达 5 路(其中 4 路自动标定);

输出:(1)4~20mA DC 信号:

(2)串口输出:300~9600 波特(打印机);300~2400 波特(计算机);

(3)色谱报告及标定报告;

防爆等级:Classl, Group C, & D, Divisionl。

使用注意事项:

在线色谱仪价格昂贵,通常用于大型输配站场,监测发热量、组分等指标,保证气质及结算用。

(1)在进样阀前必须配备干燥器,干燥器只脱水而不能脱除待测组分。

(2)保持恒温,变化在±0.3℃以内。

(3)载气流量保持恒定,变化在±1%以内。

(4)选择载气。常用氦气,或氮气、氩气(用于分离氢和氦时)。

(5)载气的纯度很重要,一般用钢瓶气。

(6)所有气样应保持在露点之上。如果气样被冷却到露点以下,使用前需在高于露点10℃或更高温度下加热几小时,如露点未知,应把气样加热到取样温度。

第七章 天然气流量计量系统不确定度评估与校准

天然气流量计量是多参数的、多组分的气体连续测量,在工程上具有不可多次回复测量之特性,其测量存在某些不确定性因素是必然的。随着天然气的日趋更广泛应用,经济价值越来越高,测量的准确性日趋受到关注,必须公正、准确计量,以保护天然气供、需双方的合法权益。

根据天然气计量的实际状况,设计、采用合理的、适宜的计量装置,对影响其测量准确性的主要因素进行分析评估,有针对性地进行检查,并按规定进行校准,是确保天然气准确测量的重要手段。

第一节 天然气流量测量不确定度的评估

一、基本概念

天然气流量测量的不确定度定义为这样一个数值范围,在此范围内测量的真值按置信概率为95%进行估算。实际上,这样规定的不确定度是相当于统计学中的标准偏差的两倍,也即是标准不确定度的两倍。流量测量不确定度一般由若干分量组成。一般来讲,流量测量不确定度主要由以下三个方面的不确定因素引起:

(1)测量装置(如一次元件、二次仪表、计算输出设备等)在满足标准的技术要求前提下,由于各个装置自身及环境条件因素引起的不确定因素。

(2)流量计算方程描述流动状态真实性的不确定性因素,以及脉动流、多相流、漩涡流、不对称流动等不符合标准规定,引起测量示值偏离标准规定的不确定度范围。

(3)天然气实际特性的不确定因素,如组分变化及取样、分析误差,以及实际物性变化影响仪表正常工作等对流量值的不确定度产生影响。

流量测量不确定度的合成中,假定各个分量是小的、大量的和彼此无关的(忽略造成偏差的二阶小量)。

在工程实践中,很多影响天然气流量测量的不确定因素按非统计学方法估算其大小,值得注意的二点:一是对各种不同影响分量进行分析估算时,不确定度分量必须不重复、不漏项,并不得混入不应有的成分,且要特别注意大误差项;其二是,各个不确定度分量进行合成时必须具有相当的置信概率,不同置信概率的不确定度分量应统一到置信概率均为 68% 的标准不确定度值,或同是置信概率为 95% 的前提下进行合成。

二、不确定度分析和评估的内容

天然气计量系统的不确定度分析、评估一般应包括以下内容:

(1)测量结果的保留系统不确定度,依据仪表校准给出的测量结果,或者完全符合标准要求,由标准推荐的不确定度值。

(2)流量传感器及其管路安装引起的不确定度值,如直管段因素、扰流元件等引起的偏差。

(3)计量系统的使用条件与检定(或校准)条件不同,以及单台仪表安装引起的不确定度。

(4)对于非自动计量,应对人为干预测量值的部分引起的不确定度加以评估。

(5)根据再标校结果或已知性能的流量计的时间漂移特性,评估漂移引起的不确定度。

(6)标准(或检定)设备的不确定度影响的评估,但如检验设备的不确定度(绝对值)小于被检定(或校准)参量的不确定度的十分之一时,该项可忽略不计。

(7)其他影响因素引起的附加不确定度。

一般情况下,只对上述(1)、(2)、(3)项不确定度进行分析、评估。

三、天然气流量测量的不确定度估算

管输天然气流量常用差压式流量计及速度式流量计进行测量,并用质量流量或标准状态条件下的体积流量表示。

1. 差压流量计的不确定度估算

差压式流量计的流量计算公式如式(7-1)：

$$q_m = C \cdot E\varepsilon \cdot \frac{\pi}{4} \cdot d^2 \sqrt{2\Delta p \rho_1} \qquad (7-1)$$

经几何检验法检定合格的孔板流量计，在安装、使用完全符合标准要求的前提下，其不确定度由式(7-2)估算：

$$\frac{\delta q_m}{q_m} = \left[\left(\frac{\delta C}{C}\right)^2 + \left(\frac{\delta \varepsilon}{\varepsilon}\right)^2 + \left(\frac{2\beta}{1-\beta^4}\right)^2 \cdot \left(\frac{\delta D}{D}\right) + \left(\frac{2}{1-\beta^4}\right) \cdot \right.$$

$$\left. \left(\frac{\delta d}{d}\right)^2 + \frac{1}{4}\left(\frac{\delta \Delta p}{\Delta p}\right)^2 + \frac{1}{4}\left(\frac{\delta \rho_1}{\rho_1}\right)^2 \right]^{1/2} \qquad (7-2)$$

式中 $\dfrac{\delta q_m}{q_m}$——质量流量不确定度；

$\dfrac{\delta C}{C}$——流出系数不确定度，当安装、使用中完全满足要求，当 $\beta \leqslant 0.6$ 时，其值为 $\pm 0.6\%$，当 $\beta > 0.6$ 时，其值为 $\pm \beta\%$；

$\dfrac{\delta \varepsilon}{\varepsilon}$——可膨胀性系数不确定度，其值为 $\pm 4\left(\dfrac{\Delta p}{p_1}\right)\%$（$\Delta p$、$p$，应为相同单位）；

$\dfrac{\delta D}{D}$——测量管内径不确定度，在测量管使用过程中，一直保持检定时状态的情况下，其值取 $\pm 0.4\%$；

$\dfrac{\delta d}{d}$——孔板开孔直径的不确定度，其值为 $\pm 0.07\%$；

$\dfrac{\delta \Delta p}{\Delta p}$——差压测量的不确定度，其值按式(7-3)计算；

$\dfrac{\Delta \rho_1}{\rho_1}$——天然气密度的不确定度，其值按测量方法确定。

$$\frac{\delta \Delta p}{\Delta p} = \frac{2}{3} \xi_{\Delta p} \frac{\Delta p_k}{\Delta p_{com}} \qquad (7-3)$$

式中 $\xi_{\Delta p}$——差压计的不确定度(差压计的准确度 $\pm X\%$);

Δp_k——差压计量程;

Δp_{com}——差压计常用示值。

密度取值按测量方法的不同而异,其一为直接密度测量,由密度计直接决定其值;其二是根据静压、温度、全组分等特性确定,其密度计算式如式(7-4)。

$$\rho_1 = \frac{M_a Z_n}{R Z_a} \cdot \frac{G_r p_1}{T Z_1} \quad (7-4)$$

式中,空气相对分子质量 M_a,通用气体常数 R,空气在标准状态条件下的压缩因子 Z_a,天然气在标准状态下的压缩因子 Z_n 所具有的不确定度分量可以忽略不计,则天然气密度测量的不确定度可由式(7-5)计算:

$$\frac{\delta \rho_1}{\rho_1} = \left[\left(\frac{\delta G_r}{G_r}\right)^2 + \left(\frac{\delta Z_1}{Z_1}\right)^2 + \left(\frac{\delta T_1}{T_1}\right)^2 + \left(\frac{\delta p_1}{p_1}\right)^2\right]^{1/2} \quad (7-5)$$

式中 $\dfrac{\delta G_{nr}}{G_{nr}}$——天然气相对密度测量的不确定度。对在线色谱分析仪和积累取样,其值由色谱仪重复性和样气准确度决定;对定期取样,该不确定度分量除上述值外,还应考虑两次取样之间气质变化对测量值的影响,对稳定气质,其值在 $\pm 0.5\% \sim \pm 1.5\%$ 之间;

$\dfrac{\delta Z_1}{Z_1}$——天然气压缩因子计算不确定度值,如采用 PAR NX-19,其值为 $\pm 0.5\%$;如采用 AGA NO8 其值为 $\pm 0.1\%$;

$\dfrac{\delta T_1}{T_1}$——温度测量不确定度,一般情况下按式(7-6)估算,必要时进行更详细的分析;

$\dfrac{\delta p_1}{p_1}$——天然气流动时上游侧的绝对压力测量的不确定度，一般情况下可按式(7-7)估算，必要时进行更详细的分析。

$$\frac{\delta T}{T} = \pm \frac{2}{3} \xi_T \frac{T_k}{T_{\text{com}}} \qquad (7-6)$$

式中　ξ_T——温度仪表的准确度等级；

　　　T_k——温度仪表的量程；

　　　T_{com}——温度仪表常用测量值(绝对温度)。

$$\frac{\delta p_1}{p_1} = \pm \frac{2}{3} \xi p_1 \frac{p_{1k}}{p_{1\text{com}}} \qquad (7-7)$$

式中　ξ_{p1}——压力仪表的准确度等级；

　　　p_{1k}——压力仪表的量程；

　　　$p_{1\text{com}}$——压力仪表常用测量值(绝对压力)。

天然气体积流量测量不确定度估算公式如式(7-8)：

$$\begin{aligned}\frac{\delta Q_n}{Q_n} = &\left[\left(\frac{\partial C}{C}\right)^2 + \left(\frac{\delta \epsilon}{\epsilon}\right)^2 + \left(\frac{2\beta^4}{1-\beta^4}\right)^2\left(\frac{\delta D}{D}\right)^2 + \left(\frac{2}{1-\beta}\right)^2\right.\\ &\left(\frac{\delta d}{d}\right)^2 + \frac{1}{4}\left(\frac{\delta G_{\text{nr}}}{G_{\text{nr}}}\right)^2 + \frac{1}{4}\left(\frac{\delta Z_1}{Z_1}\right) + \frac{1}{4}\left(\frac{\delta T}{T}\right)^2 \\ &\left.+ \frac{1}{4}\left(\frac{\delta p_1}{p_1}\right)^2 + \frac{1}{4}\left(\frac{\delta \Delta p}{\Delta p}\right)^2\right]^{0.5}\end{aligned} \qquad (7-8)$$

2.速度式流量计流量测量的不确定度估算

速度式流量计的质量流量计算公式如下：

$$q_m = Q_f \rho_1 \qquad (7-9)$$

式中　q_m——天然气的质量流量；

　　　Q_f——工作状态条件下体积流量；

ρ_1——工作状态条件下的气体密度。

如采用温度、压力补偿及物性计算进行密度测量,则不确定度按式(7-10)估算:

$$\frac{\delta q_m}{q_m} = \left[\left(\frac{\delta Q_f}{Q_f}\right)^2 + \left(\frac{\delta \rho_1}{\rho_1}\right)^2\right]^{0.5} \qquad (7-10)$$

式中 $\dfrac{\delta q_m}{q_m}$——天然气质量流量不确定度;

$\dfrac{\delta Q_f}{Q_f}$——工作状态下天然气体积流量不确定度,可按(7-11)估算;

$\dfrac{\delta \rho_1}{\rho_1}$——工作状态下天然气密度测量的不确定度,按(7-5)计算。

$$\frac{\delta Q_f}{Q_f} = \frac{2}{3} \xi_{Q_f} \frac{Q_k}{Q_{com}} \qquad (7-11)$$

式中 ξ_{Q_f}——流量计的准确度等级;

Q_k——流量计量程;

Q_{com}——流量计常用测量值。

四、影响天然气流量测量准确性的因素

在天然气流量测量中,除本节前述的不确定度分量在规定的标准条件(标准规定的各种要求)下仍存在测量的偏差,其引起偏差的范围是可以估计的,而在流量计的加工及现场使用中还存在其他的多种影响因素,且引起偏差的范围目前一般难于定量分析。

引起测量值偏差主要有3个方面:一次元件、二次仪表、取样及计算引入的不确定度。

不论是差压式流量计,还是速度式流量计对旋涡流、不对称流都有不同程度的不适应性,天然气流量计量仪表均要求具有一定长度的上、下游直管段或按规定设置流动调整器(或称整流器)。

速度式流量计经定期检定后,其一次元件引起的偏差相对差

压式流量计而言相对少一些,而流量测量中的温度、压力、组分测量的不确定性因素是相似的。

1. 一次元件引起流量测量偏差的因素

1)标准孔板流量计不确定性因素

标准孔板流量计不确定因素见表7-1。

表7-1 偏离标准的影响因素表

项 目	影 响 因 素
结构的偏离	(1)孔板入口直角锐利度
	(2)孔板厚度
	(3)孔板上游端面平面度
	(4)取压位置
	(5)取压孔加工不规范或堵塞
	(6)管径尺寸与计算不符
	(7)节流件附件产生台阶、偏心
	(8)环室尺寸产生台阶、偏心
	(9)焊接不平整、焊缝突出
	(10)节流件偏心(不同轴)
	(11)孔板上游端面粗糙度不符合标准规定
	(12)β 值接近极限值,Re_D 太低
管线布置的偏离	(1)阻流件靠近节流装置,上游直管段不足或未考虑第二阻力件的存在
	(2)流动调整器的应用不符合标准规定
使用中的偏离	(1)孔板方向装反,弯曲(变形),孔径取值错误
	(2)上游端面沉积脏物
	(3)上游测量管沉积脏物
	(4)孔板入口直角边缘变钝、破损
	(5)气体绕过节流孔径漏失
	(6)脏物导致孔板阀的孔板不能按规定定位
管道粗糙度的影响	(1)管道粗糙度增加,如硫化铁粉尘、油脂粘污
	(2)管道粗糙度变化不定,测量管很难做到定期清洗

2)部分速度式流量计不确定性因素

涡轮流量计的轴承少油或磨损,叶轮损坏或变形,介质中固液物质的粘污、卡阻,介质的粘度变化等均会引起测量值的偏差。

气体超声波流量计的探头被粘污,探头的机械定位发生变化就影响仪表的读数。

值得注意的是,上述影响因素中,大多数影响因素导致流量读数负偏差。

2.二次仪表引起测量偏差因素

1)引压管线

(1)引压管线内径太小或过长都会引起测量偏差,引压管线应按最短距离敷设。在含凝液或粉尘的场合,其内径不小于13mm,长度应在16m以内。

(2)因粉尘堆积或水化物的形成,或引压管线倾斜度不够形成引压管路中积液或引压管路中使用非全通径截止阀,或焊瘤突入管内而造成引压管线不畅通或堵塞。

(3)差压流量计中平衡阀漏气或未关死。

(4)引压管线漏气。

2)二次仪表

(1)二次仪表(包括压力、差压、温度或密度)的量程选择不合适。使用在极低量程时,使仪表的读数相对偏差增加,使用在接近满量程时若测量值波动,会导致测量值偏低。

(2)二次仪表的零位、静压漂移超差,随时间、温度变化示值超差。

(3)影响二次仪表最终读数的偏差有:

①双波纹管差压计。

a.安装倾斜度超标(应不超过10°)或安装不牢靠,轻微触动即摇晃;

b.正、负压室压力相等时(平衡时),差压不为0,或不正确的调零;

c.膜盒或波纹管被腐蚀,卡阻严重或疲劳泄漏;

d. 连杆装置摩擦力过大;

e. 记录笔在卡片上的摩擦力可能过大,墨水导管质地过硬,制约记录笔正常工作;

f. 记录笔笔尖不圆滑,记录笔之间可能存在摩擦等导致阻力过大;

g. 仪表存在不规则的校验特性,且不可修正,或可能存在校准误差;

h. 表静压值误为绝对静压值,因大气压引入偏差;

i. 墨水溢出或不流动,或人为补描记录曲线;

j. 记录纸不符要求(偏心或刻度偏差大)记录纸因高湿度卷曲,引起示值偏差;

k. 记录仪驱动器走时不准或停止;

l. 其他引起读数偏差的现象。

②电动仪表。

电动仪表的示值一般通过变送器送出 4~20mA DC(1~5V DC)电信号,经信号传输线传输至信号分配器,安全栅到记录仪,或经 A/D 转换卡到计算机。

引起测量值偏差的因素有:

a. 变送器与信号分配器,A/D 转换卡因不同接地点造成的测量偏差;

b. 信号传输线未屏蔽或屏蔽接地不良等;

c. 仪表保护接地不良,造成易受雷击而损坏仪表;

d. 信号分配器,A/D 转换卡的性能指标不稳定,随时间、温度、电压变化而发生变化,影响示值。

3. 取样、计算方法及计量器具对流量值的影响

在天然气流量测量中,天然气组分测量是不容忽视的重要环节,而计算方法的选择及采用不同的计算器具也对流量值产生一定影响。

1)天然气组分测量的影响因素

(1)取样。

目前,天然气组分多采用定时、定点周期性取样,这种方法在组分变化不大(如变化量不超过±0.5%)、测量要求不高时是可取的,但当组分波动较大的场合(如不同气藏的交汇点),就会引起较大的测量偏差,并具有一定滞后效应。在要求较高准确度的场合,应采用在线自动连续采样分析,或采用连续累积取样定期分析。

(2)样气。

目前普遍采用气相色谱仪分析天然气组分,气相色谱仪用标准样气进行校准,样气的准确与否直接影响组分分析,国内现阶段生产的天然气标准气多为一、二级样气(准确度分别为±0.5%;±1.0%)。

2)计算方法及计量器具对流量测量结果的影响

在多组分、连续进行的天然气流量测量中,选择不同的计算方法,采用不同的标准,以及不同的计算工具均对流量测量结果有一定影响。

(1)在计算压缩因子时,采用不同的标准具有不同的不确定度范围。

(2)不同累积流量的计算方法在流量波动时产生不同影响。

(3)测量数据录入偏差,特别是流量波动频繁或在低量程运行时。

(4)卡片求积仪或计算机计算程序的影响。

(5)节流装置、仪表停运时,流量追补方法的影响。

(6)未授权或不正确的气量修正。

第二节 天然气流量测量系统的检定与实流校准

用于贸易计量的天然气流量计量系统,其各组成部分均应进行强制检定合格后,产生的计量数据才是合法、有效的。用于生产过程管理的计量(亦称内部计量)也可参照相应检定规程进行检定。

计量系统应按规程全部进行单参数检定,也可按实际工作状态条件进行实流校准(亦称系数检定)。当差压式流量计的制造和使用超出标准规定的极限时,节流装置必须进行实流校准;速度式流量计的传感器必须进行系数检定。标准孔板节流装置的几何检验法,主要针对标准孔板、孔板夹持器及上、下游直管的管道进行,其检定周期一般不超过2年。

一、单体仪表的检定

当用标准表或标准装置检定单体仪表时,其不确定度值应小于被测量的不确定度值的1/3,当在实验室进行检定时,环境温度应为20℃±2℃,相对湿度应为60%~70%。当在现场对单体仪表进行检定时,必须考虑标准表或标准器受现场的温度、湿度、大气压力,甚至运输对它们的准确度的影响,必须首先对其进行修正,最好是带有自动补偿功能,以补偿环境条件变化对标准表或标准器的影响,将其影响量降到可以接受的范围。

所有仪表必须按规定周期检定,并加封记,不得随意折封;同时,经检定合格者须出具检定合格证书。

1. 差压变送器或差压计

差压计主要计量性能要求如下:

(1)差压计基本误差限,回程误差和重复性上限应满足表7-2的要求。

表7-2 差压计的准确度等级

准确度等级	0.2(0.25)	0.5	1.0	1.5	2.5
基本误差限 E_e	±0.2(0.25)	±0.5	±1.0	±1.5	±2.5
回程误差 E_h	0.16(0.2)	0.4	0.8	1.2	2.0
重复性上限 $E_{r\Delta p}$	0.08(0.1)	0.2(0.25)	0.4	0.6	1.0

注:表中的误差是输出量程的百分数。

(2)单向静压(正、负压室分别进行),给压值为公称压力,撤压后的技术指标仍全部符合表7-2的要求(允许调整下限)。

(3)过载范围(或称超量程)分别在正、负压室施加1.25倍的测量上限值,其输出下限值的变化量和量程变化量应小于表7-3的值。

表7-3 差压计下限值和量程变化量

准确度等级	0.2(0.25)	0.5	1.0	1.5	2.5
下限值和量程变化量	0.1	0.25	0.4	0.6	1.0

注:表中的变化量是输出量程的百分数。

(4)静压:同时对正、负压室施加公称静压,撤压后输出下限值的变化量应小于表7-3的值。

差压计或差压变送器的检定周期一般不超过1年。必要时还应考察差压计或差压变送器的稳定性及温漂,以及考察差压变送器受电(气)源波动的影响量,具体的测试方法及指标详见JJG 640—94差压式流量计。

2.压力变送器

压力变送器各项性能指标应满足安装使用说明书的要求。

压力变送器主要性能指标;

(1)准确度等级及示值允许误差见表7-4。

表7-4 压力变送器准确度等级与示值允许误差表

准确度等级	示值允许误差(以量程的百分数表示),%
0.05	±0.05
0.1	±0.1
0.2	±0.2
0.5	±0.5
1	±1

(2)回程误差及静压零位误差均应不大于压力计允许误差值。

(3)零位漂移在一小时内应不大于允许误差绝对值的1/2。

3.温度传感器及温度变送器

温度传感器至少应在操作范围内进行校准,温度传感器与温度变送器可分别校准,变送器的准确度等级及其允许误差见表7-5,回程误差不超过表7-6的规定。

表7-5　温度传感变送器准确度等级与允许误差表

准确度等级	0.2	0.5	1.0	1.5	2.5
允许误差(输出量程的百分数),%	±0.2	±0.5	±1.0	±1.5	±2.5

注：变送器的准确度等级一般是根据输入量(电压、电阻)的大小确定的。

表7-6　温度传感变送器准确度等级与回程误差表

准确度等级	0.2	0.5	1.0	1.5	2.5
允许回程误差(输出量程的百分数),%	0.2	0.25	0.4	0.6	1.0

4．电子仪表的联校

电动仪表加上计算机进行流量测量的应用越来越广泛,应对单参数最终测量值和数学模型进行检验。从计算机得到的单参数测量值应与变送器的标准输入值进行比较(即联校),联校时,应考虑到组成计算机上显示值的各个环节(如信号分配器或安全栅和A/D转换卡的可能偏差),所造成的附加不确定度的影响。

二、天然气流量测量系统的动态实流校准

动态实流校准是在接近工作状态条件下,对流量计进行系统检定。动态实流校准可以在国家授权的计量机构或天然气计量站进行,也可以由授权的计量检定机构,使用符合校准要求的移动式标准流量计在现场进行。

在动态实流校准中,可分为具有量值传递性质的由高准确度(其不确定度至少为被校表的1/2)传递标准校准工作仪表,以及由同等准确度的不同计量系统之间的比对检验两类。

实流校准应在与操作条件相近的条件下进行,然而,如果将条件差异引起的不确定度估算考虑在内,在不同条件下校准也是可行的。

现场实流校准的注意事项如下：

(1)安装方式及要求。

①标准流量计的安装除满足校准技术要求外,必须在安全方

面完全符合有关标准和规定的要求。

②标准流量计应与被校流量计串联,并不得改变和影响被校流量计的计量性能,一般最好在被校流量计下游。

③应切实保证这两台流量计之间的非计量流入(出),应确认这两台流量计之间的内、外漏为零。

(2)校准方法。

①应在流量计预计工作流量范围内进行不少于5个点的全量程校准(一般在预计的固定工作压力下进行),对于大口径流量计允许按被校准流量值的1.2倍使用。

②每个流量点重复校准的次数宜为3~6次。

③校准结果一般按各流量点的平均值,用最小二乘法拟合成流量特征系数与流量值(或雷诺数)的对应关系曲线,同时给出其不确定度。

④当校准的目的在于获得校准曲线时,被校准流量计应在校准前后分别进行单体仪表的校准。如现场校准是检查或仲裁时,被校流量计应保持其原来固有的工作状态。

(3)校准结果的使用。

经国家法定检定机构或授权的专业计量站的校准结果,由校准部门出具校准证书,该证书应作为流量计整体的一部份。使用者应直接采用证书给定的流量特征系数公式进行流量测量或计算,或替代按统计规律获得的相应标准推荐的流出系数。

第八章 天然气计量管理

第一节 概　　述

一、基本概念

天然气计量管理是指协调天然气计量技术管理、计量经济管理、计量行政管理及计量法制管理的总和。天然气计量管理是计量工作中不可缺少的组成部分,甚至是更重要的因素。"计量就是计钱"这句老话充分体现了计量管理的重要性。

天然气计量管理体制的范围,不仅要对现场计量器具的使用及相应人员进行管理,而且应包括所采用的方法,以及对影响计量值的计量条件、环境、计量站的设计,计量器具的采购、检验等环节进行管理,也就是天然气计量管理要对影响其测量结果的各个方面、各个环节,进行全过程的、动态化的科学管理。

天然气计量管理要逐步从测量设备的管理发展到测量数据的管理。

二、天然气计量管理特征

天然气计量管理除具有通用计量管理的统一性、准确性、法制性、社会性和技术性的基本特性外,还有其自身明显的特征,主要表现在以下几个方面。

1. 法制管理与科学管理相结合

天然气作为商品时,其贸易计量属国家强制检定项目,必须进行法制管理。天然气计量是复合量的测量,多为管道连续输送、交接,除罐装的LNG、GNG外,其测量一般不能重新回复多次测量,是一项专业性很强的综合测量,故应重视运用现代管理的科学成果,进行科学管理。抓天然气计量既要抓好法制管理,又要重视科学管理,努力做到两者有机结合。

2. 微观管理和宏观监督相结合

天然气管理从宏观上讲,既要遵从行业主管部门的计量行政管理,又要遵从国家计量行政部门的监督管理。微观上企业依法通过企业内部行政统一管理,将国家计量法规落实到天然气计量的全过程。这样国家计量法制监督才能具体落实到基层。

3. 统一性和系统性相结合

由于计量的特性之一是统一性,即促使天然气计量单位统一和量值准确一致。如国家制定的统一的"天然气商品量管理暂行办法"(计燃[1987]2001号)。其中明确规定,天然气体积计算的状态标准为20℃(293.15K),绝对压力101.325kPa(1标准大气压);"在用气结算时,以供气方的测量值为准。"又如国家计委发布的《原油、天然气和稳定轻烃销售交接计量管理规定》明确规定,"交接计量方式由供方根据需要选择确定。计量器具由供方负责操作,买方监护。计量员(监护员)必须持有省、部级计量主管部门或其授权的计量技术机构颁发的操作证书。"

国家规定的这些条文,统一了天然气计量的基本规定,是天然气管理统一的基本依据的重要组成部分。由于天然气计量工作是一个系统工程,其计量管理必需建立和完善管理体系,如计量确认体系、计量保证体系、计量检测体系等。只有实现了体系管理,才能真正、有效地实现统一管理。

4. 社会性和高度分散性

天然气计量涉及到天然气产、销的各个环节,与诸多的经济部门、团体和人民日常生活密切相关。同时,天然气计量点、站高度分散,点多面广,数量多,用气量负荷变化范围非常大,计量器具的品种较多,这些导致了天然气管理具有高度的分散性,管理难度也随之加大。

另外,天然气计量管理还应十分重视计量中的安全工作。

三、天然气计量管理的法制规定

国家对天然气计量管理的法制要求概括有下列5条:

(1)统一执行国家法定计量单位。

(2)按照国家计量法,认真贯彻实施计量法的有关规定。国家对石油、天然气行业所建立的最高计量标准器实施建标考核,并授权。获得国家授权的,有国家原油大流量站的10000L、准确度为±0.1%,以空气作介质的常压钟罩,作为常压的一级空气标准装置。

作为天然气流量标准装置,获得国家授权有作为法定计量技术检定机构的国家原油大流量站成都天然气分站的mt装置,其流量范围250～10000m^3/h,工作压力0.3～4.0MPa,装置的总不确定度为±0.1%,作为国家唯一的天然气流量一级标准装置。

商品天然气计量,其计量器具由政府计量行政管理部门实行定点、定周期的强制检定,也可以经考核合格后授权企业实行强制检定。目前天然气计量器具强检大多采用后一种方式。

(3)对社会开展天然气计量检定、测试,需经政府计量行政部门考核和授权。

(4)对计量器具的制造、修理实行许可证制度,即CMC标志。

(5)对因计量器具准确度引起的计量纠纷,国家计委1990年943号文规定,"应当先由当事人协商解决或通过领导机关协商解决。协商不成时,任何一方均可向上级主管部门或国家法定的管理机关申请调解仲裁,直至向人民法院经济法庭起诉"。"计量仲裁检定"是以国家法定计量技术检定机构的基准或标准器检定数据为依据。

第二节 天然气计量体系的建立

一、天然气计量是一项系统工程

天然气计量是一项复杂的系统工程,"系统工程"的定义是"用事实上定量化的系统思想和方法处理大型复杂系统的问题,无论是系统的设计和组织建立,还是系统的经营管理,都可以统一地看成一类工程实践,统称为系统工程"。

目前,中国石油天然气集团公司提出的计量管理要由计量器具管理向数据管理,制定起草涉及到全过程的天然气计量系统技术要求,建立、完善一系列天然气检定、检测手段,对计量站实行认可制度等措施,无一不是建立和完善天然气计量体系的新步骤。

建立和完善天然气计量体系是通过采用科学的、适宜的计量技术和管理方法,合理的分配计量资源,严密组织,最大限度维护供需双方的合法经济利益,提高企业的综合经济效益。

二、计量体系的内容

(1)保证所有计量检测设备符合天然气开采、输送和营销要求。

(2)对所有计量检测设备应建立验收、运输、储存、保管及发放管理制度。

(3)在规定周期,规定必要的条件下对每台计量检测设备进行正确的量值溯源。

(4)对包括计量检测设备以及人员、程序和环境造成的所有测量不确定度进行评估和计算,并充分考虑累计不确定度的影响。

(5)对计量检测设备应在必要的受控环境下进行校准、调试和使用。

(6)应保证所有的计量确认工作都由具备相应资格,受过培训,有经验,有能力并受到监督的人员来实施。

(7)对某些计量检测设备在确认的适当阶段,可进行封记或采用其他防护措施,以防止随意改动。

(8)应保存有关计量检测设备的基本情况及校准结果的详细记录。

(9)对不合格的计量检测设备要采取纠正和处理措施。

三、组织机构

计量组织机构一般由专职机构,专职人员和兼职人员构成,形成计量网络。天然气计量管理有计量器具、计量数据、计量人员"三位一体"的集中管理方法;也有各级都有计量机构,层层抓计量的分级管理模式;然而最常见是集中、分级管理相结合的方式。这种管理方式把计量器具维护和使用结合起来,集中优势,节省人力,物力和资金。计量管理系统一般组织结构如图8-1。

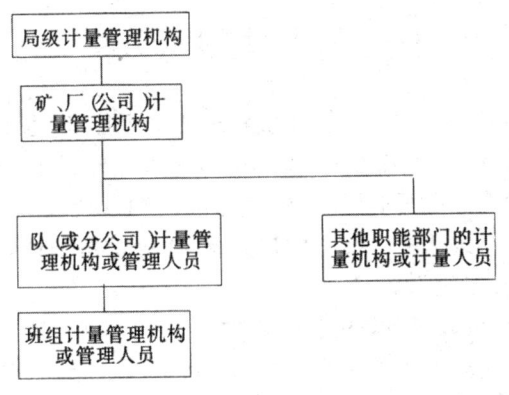

图8-1 计量管理系统示意图

四、职责

天然气计量管理机构的主要职责如下:

(1)贯彻实施各项计量法令。在商品天然气计量中,必须严格执行国家计委943号文关于"交接计量所使用的计量器具,必须按国家规定由法定计量技术机构或有关人民政府计量行政授权的技术部门进行周期检定,经检定合格后方可使用。无合格证书,超过检定周期、铅封损坏或不合格的计量器具不准使用"的规定。

(2)负责编制和修订本企业的检定或校准图。

(3)制定、修改计量检定或校准工作的规章制度。

(4)制定、修定本企业的天然气计量管理及监督办法。

(5)协调、仲裁企业内部天然气计量纠纷。

(6)监督管理天然气计量的各项检测数据。

(7)组织参与审查天然气计量场站的新建及改造方案。负责组织或参与计量场站的验收。

(8)编制天然气计量器具的更新、报废计划。

(9)组织、开展天然气计量科学技术研究项目,推广应用新技术,开展国内外学术交流活动。

(10)负责审查天然气购销合同的计量附件。

第三节　计量器具的管理

计量器具管理是天然气计量管理的重要环节,也是比较容易出现漏洞的环节,必须在天然气计量器具的流转、封缄、标记、分类管理等方面形成严密的制度,在全过程中严格执行。条件成熟时,可将有关资料按照相对统一的格式,建立计量器具管理的动态数据库,加强管理和监督。

一、天然气计量器具的流转管理

企业应建立天然气计量器具的验收、装卸、运输、储存和发放制度,防止滥用、误用、损坏,以及使其功能和外观发生超过允许范围的变化。

天然气计量器具受控的主要环节有:

(1)计量管理部门审查计量器具采购申请计划。

该计划包括由设计部门提出的新开工及改造项目的计量器具的设备表,以及由使用部门提出的更新、添置计划。计量管理部门应从法制管理要求和专业技术上审查把关,符合要求并签署意见后,交由其他部门(如计划、财务、资产等)审批。

(2)入库检定或验收。

购回的计量器具需经计量部门或指定的计量技术机构验收和检定。合格后入库,并建立台帐,否则退货,禁止入库。

重要的是,购进的计量器具凡无制造许可证标志和证号的一律不认为合格。计量器具的使用者不得直接外购、委托加工计量器具,这是天然气计量现场管理必须重视的。

(3)发放制度。

天然气计量器具的发放是建立在对每件器具进行建帐登记、编号、立卡,专人管理的基础上,确定校准周期后发放使用,必须履行发放、交接、验收及签字手续。

(4)降级、报废、销号。

对于计量器具的确认,要严格按确认规范进行,合格后具有证书和合格封记。对于无法确保原来准确度的计量器具应经授权人员按规定的程序进行降级处理。无修理价值,经确认后报废。报废的计量器具应即时抽卡销号。

二、天然气计量设备的封缄管理

天然气计量特别是商品天然气计量设备的封缄管理,国家有明文规定:"封记损坏或不合格的计量器具不准使用",这项规定说明了封记对天然气计量的重要性。天然气计量器具封记是法制计量的要求,也是天然气供用双方建立相互信任的重要基础。

在校准的适当阶段,应对计量器具上影响其性能的可调部分进行封缄或采取其他防护措施,以防未经授权人员的改动。封缄的设计应使一旦改动即可出现明显的痕迹。

在贸易交接的天然气计量器具中,应对速度式流量计及所有的二次仪表进行封缄,对流量计算机的参数设置或修改,应设置密码,由指定的持证人员进行,并要求永久保存记录修改内容及时间。

应明确规定计量器具封缄的使用规范,包括范围、使用权限、启封、封记被损坏后的处理措施等内容。

需要指出的是,封记范围不包括需要操作者按规定自行调整的装置(或部位),如零位调整器。如要求操作者在出现零位漂移时,立即调整,而且操作者对此能够自校,达到弥补制造或环境引起的不准确,因此不需封印。

三、不合格计量器具及其数据处理

1. 不合格计量器具的处理

(1) 不合格计量器具的判断

任何计量器具出现下列任何情形之一,则视为不合格:

①已经损坏;

②过载或误操作;

③显示记录不正常;

④功能出现了可疑;

⑤超过了规定的检定或校准周期;

⑥封缄的完整性已被损坏。

这些不合格的计量器具均应停止使用,隔离存放,作出明显的标签或标志。

(2)不合格计量器具的检校和再使用

要求不合格计量器具应排除不合格原因并经确认合格后,才能重新投入使用。

在调整、修理前,如果确认计量器具在以往的测量中出现了明显的误差风险,而且误差范围不能被接受,应采取必要的措施,直到准确性等指标符合要求,方可重新投入使用。

如果上述措施不能成功,则应考虑降级或报废,计量器具的降级,仍要经过校准,并经过授权人员的许可。

2.不合格计量器具出具数据有效性确认

确认不合格计量器具出具的数据的有效性非常重要。天然气计量中应制定已出具的数据追溯程序和方法。具体包括:

①如何确认不合格现象发生的时间;

②不合格的超差严重程度;

③是否对出具的数据进行全面清理、复核;

④什么情况下,不合格现象可以不追踪已测量的数据;

⑤制定预防措施,及早发现,防止不合格现象再次发生。

第四节 计量资料的管理

天然气计量资料管理涉及到天然气计量全过程的各个方面,既有相对稳定的资料如法律文本、法规、规章、技术标准、规范、设计文件、供气合同计量附件、授权证书等的管理,又有动态资料如:通过载体(记录纸、磁盘、磁卡等)记录所有天然气计量参数,各种计量器具(含标准器具)的检定或校准合格证,计量器具台帐,使用维护记录,检查评定结果记录等的管理。总之,天然气计量的资料管理是一项极为重要的、基础性的管理工作。

一、关于计量法规文本

天然气计量的专职管理部门和专门的技术机构,应配备最新发布的、有效的各种计量法规文本,长期保存,并及时清理过时或作废的有关文本。

第一层次是法律,也就是计量法。

第二层次是法规:

(1)国务院依据计量法所规定(或批准)的计量行政法规,如:

①计量法实施细则;

②关于在我国统一实行法定计量单位的命令;

③全国推行法定单位的意见;

④强制检定的工作计量器具检定管理办法(含目录);

⑤进口计量器具监督管理办法等;

(2)省、直辖市人大或常委制定的地方性计量法规。

第三层次是规章和规范:

(1)国家质量技术监督(计量行政)部门制定的各种全国性的单项计量管理办法和技术规范。如:

①计量法条文解释;

②计量标准考核办法;

③标准物质管理办法;

④计量检定人员管理办法;

⑤计量检定印、证管理办法;

⑥仲裁检定与计量调解办法;

⑦计量授权管理办法等。

(2)国务院有关主管部门制定的部门计量管理办法,如:

①国家计委、能源部联合发布的《原油、天然气和稳定轻烃销售交接计量管理规定》;

②国家计委、国家经委、财政部、石油部联合发布的文件《关于颁发天然气商品量管理暂行办法的通知》。

二、关于天然气计量技术文件

天然气计量有关的国家,行业技术标准文本,所使用的计量器具的检定规程,校准方法的有效文本,应在有效期内保存,文本目录可参阅本书第二章有关内容。

三、主管部门或上级制定的有关管理制度

(1)如原中国石油天然气总公司的有关规定;

①原中国石油天然气总公司计量管理办法;

②关于计量人员考核发证和管理工作的规定;

③原中国石油天然气总公司计量主考人员管理规定。

(2)本单位制定的《天然气计量监督管理办法》及《天然气计量管理规定》。

四、天然气供气合同计量附件

为了明确天然气供需双方在其计量方面的权利和义务,双方根据国家法律、法规及相应标准,经过协商,可以在经济合同中签订有关计量的专门条款,形成合同计量附件,应包括下列主要内容:

(1)标准状态条件。标准压力 $p=101.325\text{kPa}$,标准温度 $t=20℃$(即热力学温度 $T=293.15\text{K}$)。

(2)所采用的标准代号、名称以及仪器、设备明细表:

①流量传感器;

②二次仪表;

③流量积算装置及附件;

④天然气的组分测量设备及方法;

⑤天然气物性参数,尤其是压缩因子。

(3)单位:标准立方米(标准体积流量)或公斤(质量流量)或兆焦耳(能量流量)。

(4)仪表的日常管理及校准:

①仪表的检查、清洗制度;

②仪表的校准制度;

③仪表的检定。

(5)对可能出现的流量计量计算值的补偿修正、调整规定。

①正常供气时,仪表常规校验时,仪表停止计量的供气量补偿

方法。

②仪表失准的认定,供气量的调整方法,它包括:

a. 仪表失准量的确定;

b. 仪表失准时间的确定,从已知的或认同的失准时间算起,直至失准结束;

c. 如仪表失准的确切时间不能确认,修正的起始时间从前次仪表校准时至本次仪表校准时间的一半算起;

d. 仪表工作在极低量程或超量程范围的供气量确认方法;

e. 计量装置出现故障,不能计量时,供气量的计算方法。

(6) 仲裁方法。

(7) 双方职责。

五、天然气计量动态资料的管理

(1) 长期集中管理、保存的主要资料有:

①本单位的标准计量器具档案,检定系统图;

②本单位的流量计量报表;

③本单位的气量统计月报。

(2) 有限期内(如2年)集中管理、保存的主要资料有:

①本单位天然气计量参数设置报表(如 k 值、组分等);

②重点仪表调校、运行情况记录;

③本单位组织的计量检查评定记录;

④气量更改、调整汇总表。

(3) 现场计量机构管理保存的主要资料有:

①本单位上报的上述各项资料,保存期与集中保存期一致;

②标准计量器具检定证书,稳定性记录和使用说明书保存至计量设备销号;

③流量计量记录、日报表保存期一年;

④流量计清洗检查记录,孔板更换记录保存期一年;

⑤如允许操作人员调整仪表零位时,零位调整记录保存期一年;

⑥气量更改、调整记录;

⑦现场计量机构组织的定期计量检查评定记录保存期一年。

第五节 防止非计量漏失

一、概述

非计量漏失的天然气意味着企业资源损失,也就是企业财产损失。开采出的天然气量及送入输配系统的天然气量与企业作为商品天然气卖掉的、已知的天然气量是有差别的。这种输出量与输入量之差称为输差。天然气生产、销售企业销售的、委托加工或交换的、自耗的、施工作业放空燃烧的和管网存积量的变化值,以及管线事故爆管和泄放而损失的天然气量均应是知道的。输差就是天然气未被计量或者说是非计量漏失造成的。

通常,非计量漏失是由管路系统内、外泄漏、错误计量、盗气、计算和记录不正确,或其他类似原因造成的。

为了平衡气量,应该把全部输入和输出的天然气量均准确地、连续地(每天)列在清单上。尽管由于天然气进、出口众多,供气状态也常常变化,但出于企业经济利益的考虑,这样做也是必须的、有价值的。例如,一个供气量很小的站(如平均流量为 $50m^3/h$)出现非计量漏失,长年累月供气的漏失量也会高达几十万立方米,会造成企业巨大的经济损失。

造成非计量漏失的原因有两个方面:

(1)因技术或设备原因,出现非计量漏失;

(2)人为的失误或考虑不周到和盗气行为,引起非计量漏失。

因技术或设备原因引起的计量误差已在本书第七章叙述,不再重复。下面主要就人为影响造成的非计量漏失进行分析。

二、大量民用气不进行压力温度补偿的非计量漏失

这种非计量漏失包括以下三个方面:

(1)当以固定压力值补偿,计量民用天然气时,由于压力随用气量的波动影响很大,固定压力补偿存在较大的误差。另外,如选取大流量的平均压力为压力修正平均值,当小流量时,压力也上升

一定幅度,作为销售企业,就可能蒙受与压力上升幅度不一致产生计量偏差造成计量漏失。

(2)天然气温度或测量引起的计量偏差。

当温度未采用自动测量或补偿时,会导致计量偏差。当以全年平均气温修正民用天然气用气量时,仍然会出现用户用气的非计量漏失。一种原因是冬季的用气量大于夏季的用气量,冬夏两季气量差值部分就会因为其平均气温高于冬季实际温度而产生计量偏差造成计量漏失。

另一种原因是供气管线多是地下埋设,实际天然气气温平均值可能低于大气环境温度下的天然气平均温度,以大气环境温度下所测得的气流平均温度(或大气平均温度)进行天然气量修正也会造成计量值偏低。再一种原因是调压节流,同样引起天然气温度下降,如流量计在调节阀下游,由压力脉动同样导致计量值偏低。即便是每天四次(甚至更多次)读取温度值,也难取准高峰气量时的天然气温度,仍然出现偏差。故不论民用天然气的气量大小,从长远的经济效益观点看,均应在线实时进行压力、温度补偿,才能避免计量值偏差的漏失。

(3)由于民用气计量流量仪表量程很难选择,往往要考虑民用气的高峰用气量逐步发展的需要。量程选择偏大,在民用气高峰过后,流量变小,流量计长时期在小量程段或不灵敏区运行,这样也会引起较大的计量偏差造成非计量漏失。

三、人为读数错误或误报形成的非计量漏失

由于目前天然气计量还存在人为干预的现象。人工计算时,可能产生计算误差;读表时,也会产生读数据差,如看错数据的倍率;计算数据传递或累加也会出现误差。这些差值也可能长时期的存在,就可能引起较大的非计量漏失。

四、由于气量统计时间的不一致造成非计量漏失

只有全面实行输配气管线的遥测遥讯时,才能随时掌握管网的气量平衡情况。一些没有按统一的统计时段计量天然气的例子

也会造成计量的偏差现象,气量难以平衡。

五、管线破裂、放空

当输气管线因紧急情况而破裂或施工作业需要人为放空,以及清扫管线时,应按拟定的方式估计天然气损失量。在抢险或正常作业中均应安排人员作出正确的记录。记录的内容主要应包括线路管径、距离、压力变化情况,裂缝或破口尺寸,所经历的时间和所处的位置,为较为准确地估算气量损失收集基础资料。

六、管网的内、外泄漏

天然气管网的内、外泄漏应该制止。这部分气量损失一般是难于估计的,除非有大量的历史数据,如具有较为稳定的或可比的用气耗量指标。

外泄一般可通过巡回检查发现后,及时整改。内漏存在工艺管线及仪表的引压管线中,一般来讲,计量管路旁通应严格检查,宜选用可检漏的零泄漏阀门,或在情况许可时,将计量旁路用盲板盲死。

仪表的引压管路应定期检查,排除泄漏情况,并派专人不定期检查,确保无泄漏现象。

七、防止盗气

严格执行天然气计量的各项法令、制度、办法是杜绝人为盗气行为的关键。

(1)要加强操作人员的教育、培训、管理和监督,对严重违纪违章人员取消其计量操作资格,并作出其他的相应处罚。

(2)要充分发挥监督、约束机制,检查、评定不走过场,发现问题查处不手软。

(3)要重视和依靠科学技术进步,用先进技术收集、分析天然气计量数据,尽可能的减少操作人员对天然气计量的不必要的干预,堵塞漏洞。

防止非计量漏失是天然气计量管理的一项重要而极为复杂的工作,为了企业的综合经济效益,必须狠下工夫,常抓不懈。

附　录

计量术语:
(1)计量:实现单位统一和量值准确可靠的测量。
(2)计量学:有关测量知识领域的一门学科。
(3)流量:单位时间内流过管道横截面或明渠横断面的流体量。
(4)质量流量:流体以质量表示的流量。
(5)体积流量:流体以体积表示的流量。
(6)平均流量:在测量时间内流量的平均值。
(7)额定流量:流量计在规定性能或最佳性能时的流量值,它可用最高或(和)最低限值表示。
(8)管流:流体充满管道的流动。
(9)定常流:在被测横截(断)面上各流动要素(流速、压力)不随时间显著变化的流动。
(10)脉动流:流过测量横截(断)面的流量以某一常数值为中心随时间有波动的流动。
(11)多相流:两种或两种以上不同相态的流体一起流动。当只有两相流体一起流动时通常称为两相流。
(12)临界流:流体经节流装置(例如喷嘴、文丘里管)喉部,下游与上游侧绝对压力比等于或小于临界值的流动。
(13)雷诺数:雷诺数表征流体流动时惯性力与粘性力之比的无量纲值。
(14)热容比:定压比热与定容比热的比值。
(15)等熵指数:在等熵过程中,气体介质压力相对变化与密度相对变化的比值。
(16)静压:在流体中不受流速影响而测得的压力值。
(17)动压:流体单位体积具有的动能,其大小通常用 $\rho u^2/2$ 计算。

(18)表压:流体的绝对压力与测量地点大气压力的差。

(19)总压:静压与动压之和。当流体静止时总压等于静压。

(20)标准状态:压力 $101325N/m^2$ 和温度 20℃下的状态。

(21)流量范围:流量计可测的最大与最小流量的范围,该范围在正常使用条件下测量误差不超过允许值。

(22)流量量程:流量计可测的最大与最小流量值的代数差。

(23)量程比:流量计可测的最大与最小流量的比值。

(24)速度分布:管道横截面上流体流速轴向分量的图形。

(25)整流器:具有消除旋涡,把流动调整成规则速度分布的装置,也称整直器或流动调整器。

(26)过滤器:安装在流量计上游的设备,装有金属网或其他过滤介质,可消除流体中杂质的装置。

(27)直管段:管道轴线是直的,而且各横截面面积和形状都不变的一段管道。

(28)流出系数:流过管道的实际流量与理想条件下的理论流量之比。

(29)压力损失:流体克服阻力(例如流过设置在管道中的流量计及阻力件等)所引起的不可恢复的压力值。

(30)旋涡角:管道横截面上某点的局部流速与管道轴线的夹角。

(31)流体工作温度:按照规定技术条件测得的流过流量计的流体温度。

(32)流体工作压力:按照规定技术条件测得的流过流量计的流体静压。

(33)流体工作密度:按照规定技术条件测得的流过流量计的流体密度。

(34)流体工作粘度:按照规定技术条件测得的流过流量计的流体粘度。

(35)流量标准装置:能提供确定准确度流量值的测量设备。

(36)称量法:称量在测量时间内流入容器的流体质量以求得

流量的方法。

(37)容积法:计量在测量时间内流入定容容器的流体量,以求得流量的方法。

(38)气体流量标准装置:以气体为试验介质的流量标准装置。

(39)PVTt 法气体流量标准装置:在某一时间间隔 t 内气体流入容积为 V 的容器中,根据气体绝对压力 p 和温度 T 求得气体质量的装置。

(40)差压式流量计:由节流装置和差压计等二次仪表组成的流量计,也称节流式流量计。

(41)节流装置:节流装置是包括节流件、取压方式(如孔板夹持器)和前 $10D$ 后 $5D$ 直管段在内的整个装置。当流体流经装在管道中的节流件如孔板等时,流体将在节流件的上、下游侧产生压力差(差压),该差压与流经节流件的流体流量有确定的数值关系,在已知流体状态、节流装置形式及管道几何尺寸下,可以通过差压求得流量。

(42)节流件:节流装置中造成流体流动截面收缩的部件。例如孔板、喷嘴等。

(43)节流孔或喉部:节流件横截面面积最小的开孔。

(44)直径比:节流孔直径(内径)与上游管道直径(内径)之比。

(45)取压孔:位于管壁或法兰或均压环上,用于把节流件两面的压力引出的孔。

(46)管壁取压孔:管壁上开的环形或圆形孔,其边缘与管内壁平行,由此取压孔取出的压力等于紧靠管内壁的流体在这一点上的静压。

(47)角按取压:在孔板或喷嘴上下游侧开的管壁取压孔,角接取压包括单独钻孔取压和环室取压。在取压孔轴线与孔板或喷嘴上下游侧端面之间的距离等于取压孔直径的一半或取压环隙宽度的一半。

(48)法兰取压:在孔板上下游侧法兰上开的取压孔,其轴线与孔板上下游侧端面之间的距离分别为 25.4mm。

(49)均压环:将设置在一个横截面上的两上或多个取压孔连接起来的压力平衡装置,它可以在管道或节流件之外,或与管道和节流件组成一体。

(50)环室:夹持孔板并嵌装于管道法兰间的均压环。

(51)孔板:按照规定技术条件制造的带通孔的圆板。它的节流孔圆筒形柱面与孔板上游端面垂直,孔板厚与孔板直径相比是较小的。例如标准孔板、偏心孔板、圆缺孔板、锥形入口孔板。

(52)喷嘴:按照规定技术条件制造,由入口收缩部分及圆筒形喉部组成。例如标准喷嘴、长径喷嘴。

(53)文丘里:按照规定技术条件制造,由入口圆筒段、圆锥收缩段、圆筒形喉部、圆锥扩散段组成。例如经典文丘里管、文丘里喷嘴。

(54)差静比:节流件上、下游侧的差压与上游侧取压孔取出的静压之比。

(55)可膨胀性系数:是一个经验表达式,用以修正天然气通过孔板时因密度的变化而引起的流量变化。

(56)临界流流量计:利用临界流原理求得气体质量流量的流量计。例如音速喷嘴、音速文丘里喷嘴流量计。

(57)滞止压力:流体以等熵过程使其静止后的压力,等于绝对静压与动压之和。

(58)滞止温度:流体以等熵过程使其静止后的温度。

(59)临界压力比:临界流流量计喉部绝对静压力与滞止压力之比值。在此压力下通过流量计的质量流量最大。

(60)节流临界压力比:在临界流动下流量计出口绝对静压力与上游绝对滞止压力之比值。

(61)容积式流量计:利用机械测量元件把流体连续不断地分割(隔离)成单个的体积部分,然后计量流体总体体积量的流量计。例如椭圆齿轮流量计、腰轮流量计以及湿式气体流量计、膜式家用煤气表等。

(62)测量室:测量元件在运动过程中与流量计壳体构成具有

固定容积的空间。

(63)涡轮流量计:利用悬置于流体中带叶片的转子或叶轮感受流体平均流速来推导出流量和(或)总量的流量计,通常由涡轮流量传感器(变速器)和显示仪组成。

(64)振动式流量计:利用流体流经阻碍物或某种器具面而产生振荡,通过其振动或振动频率来确定流量的流量计。例如涡街流量计、旋进旋涡流量计等。

(65)热式流量计:利用流体流量(流速)与热源热量的交换量关系来测量流量的流量计。

(66)超声流量计:利用超声波在流体中的传播特性来测量流量的流量计。例如传播速度法(时差法、频差法、相差法)超声流量计、多普勒超声流量计、相关法超声流量计。

(67)皮托管:带有一个或多个取压孔的圆管状装置,它通过一个空心杆插入管道。

(68)粗糙度高度参数:粗糙度高度参数为偏离被测轮廓平均线的算术平均偏差。所谓平均线是指该线与有效表面之间的距离之平方和为最小。许多管道采用相对粗糙度、等效绝对粗糙度。

参 考 文 献

[1] 孙延祚译.流量测量工程手册.北京:机械工业出版社,1990
[2] 周春晖编.过程控制工程手册.北京:化学工业出版社,1993
[3] 金志钢编.燃气测试技术手册.天津:天津大学出版社,1994
[4] 中国石油天然气总公司编.石油地面工程设计手册(第三册).气田地面工程设计.东营:石油大学出版社,1995
[5] 中国石油天然气总公司编.石油地面工程设计手册(第五册)天然气长输管道工程设计.东营:石油大学出版社,1995
[6] 天然气与石油《计量专辑》.天然气与石油,1981(6)
[7] 黄俊钦编.测试误差分析与数学模型.北京:国防工业出版社,1985
[8] GB/T 2624—93《流量测量节流装置用孔板、喷嘴和文丘里管测量充满圆管的流体流量》
[9] GB/T 11062—1998《天然气发热量、密度、相对密度和沃泊指数的计算方法》
[10] GB/T 13609—92《天然气的取样方法》
[11] GB/T 17291—1998《石油液体和气体计量的标准参比条件》
[12] SY/T 6143—1996《天然气流量的标准孔板计量方法》
[13] ISO 5167—1《用差压装置测量流体流量第一部分:安装在充满流体的圆形截面管道中的孔板、喷嘴和文丘里管》(第二版)
[14] ISO 12765《密闭管道流体测量—用传播时间法的气体超声流量计》
[15] ISO 9300《用临界流音速文丘里喷嘴进行气体流量的测量》
[16] 大庆油田设计院编译.美国石油学会天然气流体孔板计量标准汇编.北京:石油工业出版社,1996
[17] AGA NO9《气体测量用超声流量计》,1998

[18] JJG 640—94《差压式流量计》
[19] JJG 198—94《速度式流量计》
[20] 黄明昌.保证天然气流量测量精度的几个基本环节.天然气工业,1990(4)
[21] 喻平仁.消减气流脉动的机理及其对计量误差的影响.天然气工业,1992(2)
[22] 张福元.天然气物性参数计算.天然气工业,1992(4)
[23] 陈赓良.标准气在天然气分析测试中的应用.天然气工业,1995(1)
[24] 游明定.统一计量方法搞好天然气流量计量.天然气与石油,1992(2)
[25] 郭绪明等.LQCJ微机气体超声波流量计.天然气与石油,1991,(1)
[26] 游明定.天然气标准孔板流量计设计与误差.天然气与石油,1992(2)
[27] 廖凯等.SY L04-83-1型天然气微机计量仪.天然气与石油,1993(3)
[28] 魏廉敦.音速喷嘴在天然气流量现场标定中的应用.天然气与石油,1994(3),(4)
[29] 游明定.天然气流量计量现状与发展.天然气与石油,1995(1)
[30] 黄和.孔板在使用中出现部分偏离标准规定的处理与探讨.天然气与石油,1997(2)
[31] 孙淮清.天然气流量技术的发展.石油工业技术监督,1995(5)
[32] 张立希.商品天然气体积计量的缺陷与改进.石油工业技术监督,1997(12)